普通高等职业教育“十二五”规划教材

工程材料试验

主　编　范　兵
副主编　高　燕
主　审　王东亮

黄河水利出版社
·郑州·

内 容 提 要

本书为普通高等职业教育"十二五"国家级规划教材。全书共六个单元,主要介绍砂石材料试验、水泥试验、水泥混凝土材料试验、沥青材料试验、沥青混合料试验、建筑钢材试验。

本书既可作为交通土建专业、道路桥梁工程技术专业、工程检测与工程监理专业教材,也可作为工程施工、工程监理与试验检测等相关专业人员学习参考用书。

图书在版编目(CIP)数据

工程材料试验/范兵主编. —郑州:黄河水利出版社,2011.9

普通高等职业教育"十二五"规划教材

ISBN 978-7-5509-0114-8

Ⅰ.①工… Ⅱ.①范… Ⅲ.①工程材料-材料试验-高等学校-教材 Ⅳ.①TB302

中国版本图书馆 CIP 数据核字(2011)第 181352 号

出 版 社:黄河水利出版社

地址:河南省郑州市顺河路黄委会综合楼 14 层　邮政编码:450003

发行单位:黄河水利出版社

发行部电话:0371-66026940、66020550、66028024、66022620(传真)

E-mail:hhslcbs@126.com

承印单位:郑州市海华印务有限公司

开本:787 mm×1 092 mm　1/16

印张:19.25

字数:469 千字　　印数:1—3 000

版次:2011 年 9 月第 1 版　　印次:2011 年 9 月第 1 次印刷

定价:38.00 元

前　言

工程材料是道桥、建筑等专业的主干课程之一。近年来，由于工程建设领域科学技术的快速发展，工程材料的研究也进入了突飞猛进的发展阶段，许多材料的检测标准、规范，特别是复合材料的配合比设计都发生了一定程度的变化。为了使学生的学习内容贴近生产实际，体现高等职业教育的特点和优势，满足新技术、新工艺、新规范的要求，我们编写了此书。

本书在介绍变得日益先进的传统建筑材料的同时，还介绍了当前具有广泛应用价值和前景的新型工程材料。在编写中，力求做到理论联系实际，注重科学性、实用性和针对性，采用了国家和交通部发布的最新标准和规范，如《公路工程岩石试验规程》（JTG E41—2005）、《公路工程集料试验规程》（JTG E42—2005）、《公路工程水泥及水泥混凝土试验规程》（JTG E30—2005）、《公路沥青路面施工技术规范》（JTG F40—2004）、《公路水泥混凝土路面施工技术规范》（JTG F30—2003）、《混凝土结构工程施工质量验收规范》（GB 50204—2002）、《普通混凝土配合比设计规程》（JGJ 55—2000）、《公路工程沥青及沥青混合料试验规程》（JTJ 052—2000）等。

本书具有以下特点：

（1）贯彻了交通部发布的最新的行业标准和规范，保证了实效性，使教学与实际紧密结合。

（2）为了突出高等职业教育的特点，本书的编写人员以双师型教师为主，并吸收了部分企业的技术人员参加教材的编审工作，使教材更贴近实际，更能反映公路工程建设中最新的技术、工艺和方法。

（3）本书以够用、实用为原则，将理论知识与实际操作融为一体。基础理论知识，以讲清概念、强化应用为重点；专业课加强了针对性和实用性，强化了实践教学，重点培养学生的动手能力和思维方法。

（4）本书每单元前有“学习目标”，每个试验后有“工作计划表”、“任务工单”、“任务评价表”，更利于学生学习和复习。

（5）本书以学生好学、教师上课方便为宗旨，将教学改革成果引入到教材中，并将陆续配备电子教案、学习指导等，力争为一线教师提供较全面的立体化教材。

（6）在教材内容的选取上，以三年制教学为主，也充分考虑了两年制教学的要求，可供三年制和两年制教学使用。

本书由郑州交通职业学院组织编写，具体编写分工如下：千银敏编写第 1 章，高燕编写第 2 章，孙小菊编写第 3 章，韩娟编写第 4 章，范兵编写第 5 章，沈寒峰编写第 6 章。本书由范兵担任主编，由高燕担任副主编，由郑州交通职业学院交通工程系主任王东亮担任主审，在此表示感谢。

由于我国工程材料的快速发展，新材料、新工艺不断出现，且由于编写时间仓促和编者水平有限，不妥与疏漏之处恳请读者批评指正。

编　者

2011 年 6 月

目　录

单元1　砂石材料试验

学习目标

1. 能描述砂石材料的基本性质。
2. 能掌握砂石材料的物理性质的基本测定方法。
3. 能掌握砂石材料的力学性质的试验方法。
4. 了解砂石材料的化学性质。
5. 能正确地操作砂石材料各种物理性质试验。

任务描述

岩石是组成地壳的基本物质，是由造岩矿物在地质作用下按一定的规律聚集而成的自然体。按岩石的形成条件可将岩石分为岩浆岩、沉积岩、变质岩三大类，不同类型的岩石，其结构构造也不同。工程中常用的岩石类型有花岗岩、玄武岩、辉长岩、石灰岩、砂岩、石英岩、片麻岩等。

岩石材料是道路与桥梁建筑中用量最大的一种材料，其由岩石风化或加工而成，可直接用于道路与桥梁工程的结构材料，亦可加工成各种尺寸的集料，作为水泥混凝土和沥青混合料的集料。

学习任务1　岩石单轴抗压强度试验

相关知识

岩石的技术性质主要从物理性质、力学性质和化学性质三方面进行评价。

1　物理性质

岩石的物理性质包括物理常数（如真实密度、毛体积密度、孔隙率）、水理性（吸水率、保水率等）和耐候性（抗冻性和坚固性）。

1.1　物理常数

岩石的物理常数是反映岩石矿物组成、结构状态的参数。岩石的内部结构主要由矿质实体和孔隙（包括与外界连通的开口孔隙和不与外界连通的闭口孔隙）组成。岩石各部分质量与体积的关系如图1-1所示。

1.1.1　真实密度

真实密度是指石料在规定试验条件（(105 ± 5)℃烘干至恒重，温度(20 ± 2)℃）下单位真实体积（不含开口孔隙和闭口孔隙的体积）的质量，用ρ_t表示，其表达式为

$$\rho_t = \frac{m_s}{V_s} \tag{1-1}$$

式中　ρ_t——岩石的真实密度，g/cm³；

m_s——岩石矿质实体的质量，g；

V_s——岩石矿质实体的体积，cm³。

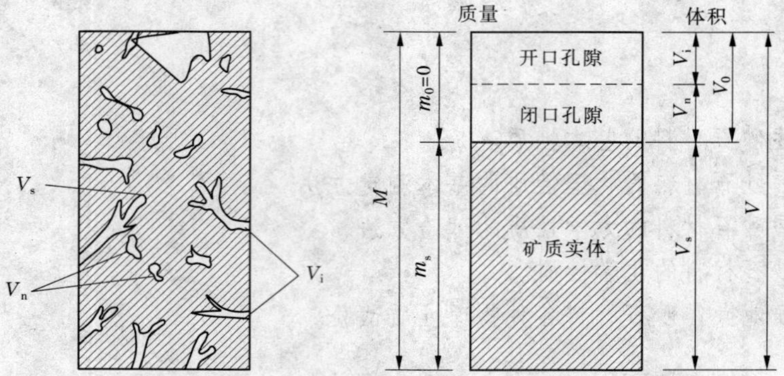

图 1-1　岩石组成结构示意图

由于测定岩石的密度是在空气中称量的，所以岩石中的空气质量近似为零，矿质实体的质量就等于岩石的质量，即 $m_s = M$，故式(1-1)又可改写为式(1-2)

$$\rho_t = \frac{M}{V_s} \tag{1-2}$$

岩石真实密度的测定方法按我国现行《公路工程岩石试验规程》(JTG E41—2005)采用密度瓶法。

1.1.2　毛体积密度

毛体积密度是指石料在规定试验条件下，单位毛体积(包括矿质实体和孔隙的体积)的质量，用 ρ_h 表示，其表达式为

$$\rho_h = \frac{m_s}{V_s + V_n + V_i} \tag{1-3}$$

式中　ρ_h——岩石的毛体积密度，g/cm³；

V_n——岩石中闭口孔隙的体积，cm³；

V_i——岩石中开口孔隙的体积，cm³。

由于 $m_s = M$，岩石的矿质实体体积与孔隙的体积之和即为岩石的毛体积，故式(1-3)又可改写为式(1-4)

$$\rho_h = \frac{M}{V} \tag{1-4}$$

式中　V——岩石的毛体积，cm³；

M——岩石的质量，g。

岩石毛体积密度的测定方法按我国现行《公路工程岩石试验规程》(JTG E41——2005)采用蜡封法、量积法、水中称量法三种方法。量积法适用于能制成规则试件的各类岩石，水中称量法适用于除遇水崩解、溶解和干缩湿胀外的各类岩石，蜡封法适用于不能用量积法或水中称量法进行试验的岩石。

1.1.3　孔隙率

孔隙率是指石料孔隙体积占其总体积的百分率。石料孔隙率的大小可反映其组成结构

状况,也可以间接反映其强度,其表达式为

$$n = \frac{V_0}{V} \times 100 \tag{1-5}$$

式中　n——岩石的孔隙率(%);

V_0——岩石的孔隙(包括开口孔隙和闭口孔隙)的体积,cm^3。

岩石的孔隙率也可以由毛体积密度和真实密度计算求得。由式(1-5)得

$$n = \left(1 - \frac{\rho_h}{\rho_t}\right) \times 100 \tag{1-6}$$

岩石的物理常数(真实密度、毛体积密度、孔隙率)不仅能反映岩石的内部组成结构状态,而且能间接地反映岩石的力学性质(如相同矿物组成的岩石,孔隙率越低,其强度越高)。

1.2　水理性

1.2.1　吸水性

石料的吸水性是指石料在规定的条件下吸收水分的能力,与孔隙率的大小及孔隙特征有关。吸水性用吸水率和饱水率两个指标表示。

1.2.1.1　吸水率

在室内常温((20 ± 2)℃)和标准大气压条件下,石料试件最大吸水质量占烘干((105 ± 5)℃干燥至恒重)石料试件质量的百分率称为吸水率。

1.2.1.2　饱水率

石料在室内常温((20 ± 2)℃)和真空抽气(抽至真空度为残压 2.67 kPa)后的条件下,石料试件最大吸水质量占烘干石料试件质量的百分率称为饱水率。

测定方法:直接浸水法和真空抽气法。

1.2.2　透水性

岩石能被水透过的性能称为岩石的透水性。它主要取决于岩石空隙的大小、方向及其相互连通的情况。

1.3　耐候性

道路与桥梁都是暴露于大自然的建筑物,经常受到自然因素的影响。所以,用于道路与桥梁建筑的岩石必须具有抵抗大气自然因素作用的能力,这种能力就称为岩石的耐候性。

评价岩石的耐候性的方法按照《公路工程岩石试验规程》(JTG E41—2005)有抗冻性试验和坚固性试验。

岩石的抗冻性是指岩石在饱水状态下,抵抗多次冻结和融化作用而不发生显著破坏,同时也不严重降低强度的性质。岩石的抗冻性试验通常采用直接冻融法。

如无条件进行冻融试验,也可用坚固性简易快速测定方法,这种方法是用饱和硫酸钠溶液进行多次浸饱与烘干循环后来测定的。

2　力学性质

在结构工程中,岩石具有一定的抗压强度、抗剪强度和抗折强度,还应具备如抗磨耗、抗冲击和抗磨光等力学性能。

2.1 单轴抗压强度

我国现行《公路工程岩石试验规程》(JTG E41—2005)中规定,将岩石制备成标准试件,经吸水饱和后,在单轴受压并按规定加载的条件下,达到极限破坏时,单位面积承受的荷载称为岩石的单轴抗压强度。按式(1-7)计算

$$R = \frac{P}{A} \tag{1-7}$$

式中 R——岩石的单轴抗压强度,MPa;

P——试件破坏时的荷载,N;

A——岩石试件的受力截面面积,mm^2。

2.2 磨耗性

磨耗性是指岩石抵抗撞击、剪切和摩擦等综合作用的性能,用磨耗损失表示。

岩石的磨耗性测试是采用洛杉矶磨耗试验。将规定质量且有一定级配的试样和一定质量的钢球置于洛杉矶磨耗试验机中,以 30 ~ 33 r/min 的转速转动至要求次数停止后,取出试样过筛并称量。岩石的磨耗损失采用式(1-8)计算

$$Q = \frac{m_1 - m_2}{m_1} \times 100 \tag{1-8}$$

式中 Q——岩石的磨耗损失(%);

m_1——装入试验机圆筒中的岩石试样质量,g;

m_2——试验后在 1.7 mm 筛上洗净烘干的岩石试样质量,g。

3 化学性质

在道路工程中,通常按照 SiO_2 含量将岩石划分为酸性、中性、碱性,按克罗斯的分类法:岩石化学组成中 SiO_2 含量大于65%的岩石称为酸性岩石,如花岗岩、石英岩等;SiO_2 含量为52% ~65%的岩石称为中性岩石,如闪长岩、辉绿岩等;SiO_2 含量小于52%的岩石称为碱性岩石,如石灰岩、玄武岩等。

4 任务过程

岩石单轴抗压强度试验

(1)目的和适用范围。

单轴抗压强度试验是测定规则形状岩石试件单轴抗压强度的方法,主要用于岩石的强度分级和岩性描述。

本方法采用饱和状态下的岩石立方体(或圆柱体)试件的抗压强度来评定岩石强度(包括碎石或卵石的原始岩石强度)。

在某些情况下,试件含水状态还可根据需要选择天然状态、烘干状态或冻融循环后状态。试件的含水状态要在试验报告中注明。

(2)仪器设备。

①压力试验机或万能试验机。

②钻石机、切石机、磨石机等岩石试件加工设备。

③烘箱、干燥器、游标卡尺、角尺及水池等。

(3)试件制备。

①建筑地基用的岩石试验，采用圆柱体作为标准试件，直径为(50 ±2)mm、高径比为2∶1，每组试件共6个。

②桥梁工程用的石料试验，采用立方体试件，边长为(70 ±2)mm。每组试件共6个。

③路面工程用的石料试验，采用圆柱体或立方体试件，其直径或边长和高均为(50 ±2)mm，每组试件共6个。

有显著层理的岩石，分别沿平行层理方向和垂直层理方向各取试件6个。试件上、下端面应平行和磨平，试件端面的平面度公差应小于0.05 mm，端面对于试件轴线的垂直度偏差不应超过0.25°。对于非标准圆柱体试件，试验后抗压强度试验值要进行换算。

(4)试验步骤。

①用游标卡尺量取试件尺寸(精确至0.1 mm)。对于立方体试件，在顶面和底面上各量取其边长，以各个面上相互平行的两个边长的算术平均值计算其承压面面积；对于圆柱体试件，在顶面和底面分别测量两个相互正交的直径，并以其各自的算术平均值分别计算底面面积和顶面面积，取其顶面面积和底面面积的算术平均值作为计算抗压强度所用的截面面积。

②试件的含水状态可根据需要选择烘干状态、天然状态、饱和状态、冻融循环后状态。试件烘干状态、饱和状态、冻融循环后状态应符合相关条款的规定。

③按岩石强度性质选定合适的压力机。将试件置于压力机的承压板中央，对正上、下承压板，不得偏心。

④以0.5～1.0 MPa/s的速率进行加荷直至破坏，记录破坏荷载及加载过程中出现的现象。抗压试件试验的最大荷载记录以N为单位，精度为1%。

(5)结果整理。

①岩石的抗压强度按下式计算

$$R = \frac{P}{A}$$

式中 R——岩石的抗压强度，MPa；

P——试件破坏时的荷载，N；

A——试件的截面面积，mm^2。

岩石的软化系数按式(1-9)计算

$$K_p = \frac{R_w}{R_d} \tag{1-9}$$

式中 K_p——软化系数；

R_w——岩石饱和状态下的单轴抗压强度，MPa；

R_d——岩石烘干状态下的单轴抗压强度，MPa。

②单轴抗压强度试验结果应同时列出每个试件的试验值及同组岩石单轴抗压强度的平均值；有显著层理的岩石，应分别列出垂直层理方向与平行层理方向的试件强度的平均值。计算值精确至0.1 MPa。

软化系数计算值精确至0.01，3个试件平行测定，取算术平均值；3个值中最大值与最小值之差不应超过平均值的20%，否则应另取第4个试件，并在1个试件中取最接近的3个值的平均值作为试验结果,同时在报告中将 4 个值全部给出。

③试验记录。

单轴抗压强度试验记录应包括岩石名称、试验编号、试件编号、试件描述、试件尺寸、破坏荷载、破坏形态。

任务实施

1 任务相关知识描述

岩石单轴抗压强度试验的主要内容如下:

(1)试验目的。

(2)试验适用范围。

(3)试验仪器设备。

(4)试验方法步骤。

(5)试验结果计算。

2 信息资料收集与分组

(1)试验仪器工具准备。

(2)试验材料准备。

(3)试验技术准备。

(4)安全操作注意事项。

(5)分组并产生组长,明确任务。

3 制定计划

(1)以小组讨论的方式制定岩石单轴抗压强度试验计划。

(2)与学生讨论工作计划并最终定稿。

(3)填写工作计划表(见表 1-1)。

4 实施计划

(1)学生按既定工作计划完成检查并填写任务工单(见表 1-2)。

(2)教师监控学生操作过程,及时更正学生的错误。

5 检查结果

(1)检查学生是否填写完整任务工单。

(2)回答学生所提出的问题。

(3)学生以小组讨论方式进行工作评估。

评价反馈

(1)对小组工作进行综合评价。

(2)提出改进意见和注意事项。

(3)填写任务评价表(见表 1-3)。

表 1-1　岩石单轴抗压强度试验工作计划表

姓名：	学号：	班级：	组别：
任务名称			
个人工作实施计划			
小组其他计划特色点			
辅导教师意见			
个人工作实施计划定稿			

表 1-2　岩石单轴抗压强度试验任务工单

<table>
<tr><td>姓名：</td><td>学号：</td><td>班级：</td><td>组别：</td></tr>
<tr><td colspan="2" rowspan="2">评价等级：</td><td>教师签字：</td><td>成绩：</td></tr>
<tr><td>日期：</td><td>学时：</td></tr>
<tr><td>任务名称</td><td colspan="3">岩石单轴抗压强度试验</td></tr>
<tr><td>能力目标</td><td colspan="3">1. 能够说出任务目的和适用范围；
2. 能够准备任务所需仪器和材料；
3. 能够独立操作任务过程；
4. 能够正确取得任务结果；
5. 能够做好仪器保养。</td></tr>
<tr><td>任务准备</td><td colspan="3">相关仪器设备和任务试样的准备</td></tr>
<tr><td>信息获取</td><td colspan="3">1. 任务目的和适用范围(15 分)
目的：____________________
____
____
适用范围：____________________
____
____
2. 任务所需仪器设备(15 分)
____
____
____
____
____
____
____
____________________</td></tr>
</table>

续表 1-2

任务操作与要点	3. 任务准备(15 分) 4. 任务步骤(40 分) 5. 结果整理(15 分)

表 1-3　岩石单轴抗压强度试验任务评价表

<table>
<tr><th rowspan="2">评价内容</th><th rowspan="2">评价指标</th><th colspan="3">评价等级</th></tr>
<tr><th>自我</th><th>小组</th><th>教师</th></tr>
<tr><td rowspan="4">专业能力</td><td>A. 具有安全、文明生产和环境保护的相关知识和技能。(10 分)</td><td rowspan="4"></td><td rowspan="4"></td><td rowspan="4"></td></tr>
<tr><td>B. 高质量地完成工作任务，操作娴熟，任务工单得 85 分以上。(10 分)</td></tr>
<tr><td>C. 任务工单中数据真实，步骤完整，能用来描述整个过程。(10 分)</td></tr>
<tr><td>D. 具备了独立完成工作任务的能力。(10 分)</td></tr>
<tr><td rowspan="4">社会能力</td><td>A. 具有良好的职业道德，遵守实验室管理规定。(5 分)</td><td rowspan="4"></td><td rowspan="4"></td><td rowspan="4"></td></tr>
<tr><td>B. 具有较强的口头和书面表达能力，良好的人际交流沟通能力。(10 分)</td></tr>
<tr><td>C. 具有良好的团队合作精神和客户服务意识。(10 分)</td></tr>
<tr><td>D. 具有良好的心理素质和克服困难的能力。(5 分)</td></tr>
<tr><td rowspan="4">方法能力</td><td>A. 能够制定完善的工作计划。(5 分)</td><td rowspan="4"></td><td rowspan="4"></td><td rowspan="4"></td></tr>
<tr><td>B. 能够借助网络、文件资料等手段查找所需信息。(10 分)</td></tr>
<tr><td>C. 能够独立完成任务。(5 分)</td></tr>
<tr><td>D. 能够检查评估工作任务，并能从个案中寻找共性。(10 分)</td></tr>
<tr><td rowspan="2">辅导教师关于此次任务的改进意见</td><td colspan="4"></td></tr>
<tr><td></td><td>总评</td><td colspan="2"></td></tr>
</table>

粗集料磨耗试验(洛杉矶法)

(1)目的和适用范围。

①测定标准条件下粗集料抵抗摩擦、撞击的综合能力,以磨耗损失(%)表示。

②本方法适用于各种等级规格石料的磨耗试验。

(2)仪器设备。

①洛杉矶磨耗(隔板式)试验机:圆筒内径(710±5)mm,内侧长(510±5)mm,两端封闭,投料口的钢盖通过紧固螺栓和橡胶垫与钢筒紧闭密封。钢筒的回转速率为30~33 r/min。

②钢球:直径约4.68 mm,质量为390~445 g,大小稍有不同。

③电子秤:感量5 g。

④标准筛:符合要求的标准筛系列以及筛孔为1.7 mm的方孔筛一个。

⑤烘箱:能使温度控制在(105±5)℃范围内。

⑥容器:搪瓷盘等。

(3)试验准备。

①将不同规格的集料用水冲洗干净,置烘箱中烘干至恒重。

②对所使用的集料,根据实际情况按表1-4选择最近的粒级类别,确定相应的试验条件。按规定准备集料,筛分。其中,水泥混凝土用集料宜采用A级粒度。对用于沥青路面及各种基层、底基层的粗集料,表1-4中的16 mm筛孔也可用13.2 mm筛孔代替。对非规格材料,应根据材料的实际粒度,从中选择最接近的粒级类别及试验条件。

(4)试验步骤。

①分级称量(精确至5 g),称取总质量(m_1),装入磨耗试验机圆筒中。

②选择钢球,使钢球的数量及总质量符合表1-4的规定。将钢球加入圆筒中,盖好筒盖,紧固密封。

③将计数器调整到零位,设定要求的回转次数:对于水泥混凝土集料,回转次数为500 r,对于沥青混合料集料,回转次数应符合规范要求。开动磨耗机,以30~33 r/min的转速转动至要求的回转次数。

④取出钢球,将经过磨耗后的试样从投料口倒入接收容器(搪瓷盘)中。

⑤将试样用1.7 mm的方孔筛过筛,筛去试样中被撞击磨碎的细屑。

⑥用水冲净留在筛上的碎石,置(105±5)℃烘箱中烘干至恒重(通常不少于4 h),准确称量(m_2)。

(5)结果整理。

①按下式计算粗集料洛杉矶磨耗损失,精确至0.1%

$$Q = \frac{m_1 - m_2}{m_1} \times 100$$

式中 m_1——装入试验机圆筒中的岩石试样质量,g;

m_2——试验后在1.7 mm筛上的洗净烘干的岩石试样质量,g。

②试验报告应记录所使用的粒级类别和试验条件。粗集料的磨耗损失取两次平行试验结果的算术平均值为测定值，两次试验的差值应不大于2%，否则需重做试验。

表1-4　粗集料洛杉矶试验条件

粒度类别	粒级组成(mm)	试样质量(g)	试样总质量(g)	钢球数量(个)	钢球总质量(g)	转动次数(r)	适用于粗集料	
							规格	公称粒径(mm)
A	26.5～37.5 19.0～26.5 16.0～19.0 9.5～16.0	1 250±25 1 250±25 1 250±10 1 250±10	5 000±10	12	5 000±25	500		
B	19.0～26.5 16.0～19.0	2 500±10 2 500±10	5 000±10	11	4 850±25	500	S6 S7 S8	15～30 10～30 15～25
C	9.5～16.0 4.75～9.5	2 500±10 2 500±10	5 000±10	8	3 330±20	500	S9 S10 S11 S12	10～20 10～15 5～15 5～10
D	2.36～4.75	5 000±10	5 000±10	6	2 500±15	500	S13 S14	3～10 3～5
E	63～75 53～63 37.5～53	2 500±50 2 500±50 2 500±50	10 000±100	12	5 000±25	1 000	S1 S2	40～75 40～60
F	37.5～53 26.5～37.5	5 000±50 5 000±25	10 000±75	12	5 000±25	1 000	S3 S4	30～60 25～50
G	26.5～37.5 19～26.5	5 000±25 5 000±25	10 000±50	12	5 000±25	1 000	S5	20～40

任务实施

1 任务相关知识描述

粗集料磨耗试验(洛杉矶法)的主要内容如下:

(1)试验目的。

(2)试验适用范围。

(3)试验仪器设备。

(4)试验方法步骤。

(5)试验结果计算。

2 信息资料收集与分组

(1)试验仪器工具准备。

(2)试验材料准备。

(3)试验技术准备。

(4)安全操作注意事项。

(5)分组并产生组长,明确任务。

3 制定计划

(1)以小组讨论的方式制定粗集料磨耗试验(洛杉矶法)计划。

(2)与学生讨论工作计划并最终定稿。

(3)填写工作计划表(见表1-5)。

4 实施计划

(1)学生按既定工作计划完成检查并填写任务工单(见表1-6)。

(2)教师监控学生操作过程,及时更正学生的错误。

5 检查结果

(1)检查学生是否填写完整任务工单。

(2)回答学生所提出的问题。

(3)学生以小组讨论方式进行工作评估。

评价反馈

(1)对小组工作进行综合评价。

(2)提出改进意见和注意事项。

(3)填写任务评价表(见表1-7)。

表 1-5　粗集料磨耗试验(洛杉矶法)工作计划表

姓名:		学号:	班级:	组别:
任务名称				
个人工作实施计划				
小组其他计划特色点				
辅导教师意见				
个人工作实施计划定稿				

表 1-6　粗集料磨耗试验(洛杉矶法)任务工单

<table>
<tr><td>姓名:</td><td>学号:</td><td>班级:</td><td>组别:</td></tr>
<tr><td colspan="2" rowspan="2">评价等级:</td><td>教师签字:</td><td>成绩:</td></tr>
<tr><td>日期:</td><td>学时:</td></tr>
<tr><td>任务名称</td><td colspan="3">粗集料磨耗试验(洛杉矶法)</td></tr>
<tr><td>能力目标</td><td colspan="3">1. 能够说出任务目的和适用范围;
2. 能够准备任务所需仪器和材料;
3. 能够独立操作任务过程;
4. 能够正确取得任务结果;
5. 能够做好仪器保养。</td></tr>
<tr><td>任务准备</td><td colspan="3">相关仪器设备和任务试样的准备</td></tr>
<tr><td>信息获取</td><td colspan="3">1. 任务目的和适用范围(15 分)
目的:________________
____
____
适用范围:________________
____
____
2. 任务所需仪器设备(15 分)
____
____
____
____
____
____
____
________________</td></tr>
</table>

续表 1-6

任务操作与要点	3. 任务准备(15 分) ______ ______ ______ ______ 4. 任务步骤(40 分) ______ ______ ______ ______ ______ ______ ______ ______ ______ 5. 结果整理(15 分) ______ ______ ______ ______ ______ ______ ______

表 1-7　粗集料磨耗试验(洛杉矶法)任务评价表

评价内容	评价指标	评价等级		
		自我	小组	教师
专业能力	A. 具有安全、文明生产和环境保护的相关知识和技能。(10 分)			
	B. 高质量地完成工作任务,操作娴熟,任务工单得 85 分以上。(10 分)			
	C. 任务工单中数据真实,步骤完整,能用来描述整个过程。(10 分)			
	D. 具备了独立完成工作任务的能力。(10 分)			
社会能力	A. 具有良好的职业道德,遵守实验室管理规定。(5 分)			
	B. 具有较强的口头和书面表达能力,良好的人际交流沟通能力。(10 分)			
	C. 具有良好的团队合作精神和客户服务意识。(10 分)			
	D. 具有良好的心理素质和克服困难的能力。(5 分)			
方法能力	A. 能够制定完善的工作计划。(5 分)			
	B. 能够借助网络、文件资料等手段查找所需信息。(10 分)			
	C. 能够独立完成任务。(5 分)			
	D. 能够检查评估工作任务,并能从个案中寻找共性。(10 分)			
辅导教师关于此次任务的改进意见		总评		

学习任务2　集料密度试验

相关知识

集料是指在混合料中起骨架或填充作用的粒料，包括岩石天然风化而成的砾石（卵石）、砂以及岩石经过人工轧制成的各种尺寸的碎石、石屑。不同粒径的集料在水泥（或沥青）混合料中起的作用不同，对它们的技术要求也不同。为此，工程上将集料分为粗集料和细集料两类。在沥青混合料中，粒径大于2.36 mm的称为粗集料，粒径小于2.36 mm的称为细集料。在水泥混凝土中，粒径大于4.75 mm的称为粗集料，粒径小于4.75 mm的称为细集料。

1　粗集料的物理性质

在计算粗集料的物理常数时，不仅要考虑颗粒中的孔隙（开口孔隙和闭口孔隙），还要考虑颗粒间的空隙，粗集料的体积和质量的关系如图1-2所示。

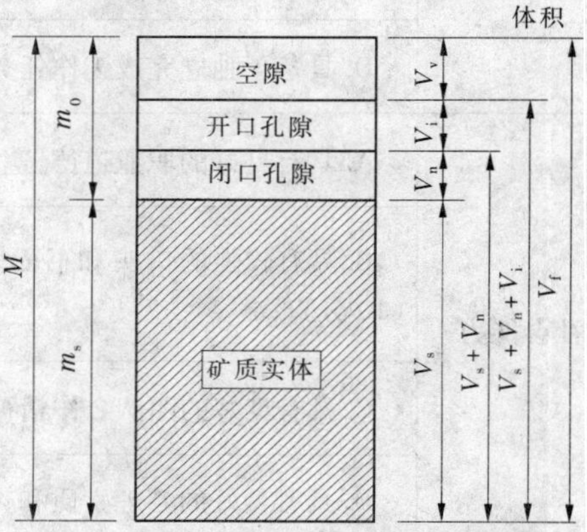

图1-2　粗集料的体积和质量的关系

1.1　表观密度（视密度）

粗集料的表观密度是在规定条件下（(105 ± 5)℃）烘干至恒重单位表观体积（包括矿质实体和闭口孔隙）的质量，用ρ_a表示，其表达式为

$$\rho_a = \frac{m_s}{V_s + V_n} \tag{1-10}$$

式中　ρ_a——集料的表观密度，g/cm^3；

m_s——矿质实体质量，g；

V_s——矿质实体的体积，cm^3；

V_n——矿质实体中闭口孔隙的体积，cm^3。

粗集料表观密度的测定方法是按照《公路工程集料试验规程》（JTG E42—2005）中的规定，采用网篮法测定。

1.2　毛体积密度

粗集料毛体积密度是指在规定条件下，单位毛体积（包括矿质实体开口孔隙、闭口孔隙）的质量，用ρ_b表示，其表达式为

$$\rho_b = \frac{m_s}{V_s + V_n + V_i} \tag{1-11}$$

式中　ρ_b——粗集料毛体积密度，g/cm^3；

V_s、V_n、V_i——粗集料矿质实体、闭口孔隙和开口孔隙的体积，cm^3；

m_s——粗集料矿质实体的质量，g。

1.3　表干密度（饱和面干毛体积密度）

表干密度是指粗集料在规定的条件下，单位毛体积（包括矿质实体、闭口孔隙和开口孔

隙)的饱和面干质量,用ρ_s表示,其表达式为

$$\rho_s = \frac{m_f}{V_s + V_n + V_i} \tag{1-12}$$

式中 ρ_s——粗集料表干密度,g/cm^3;

m_f——粗集料饱和面干质量,g。

1.4 堆积密度

堆积密度是粗集料单位体积(包括矿质实体及其闭口孔隙、开口孔隙体积及颗粒间空隙体积)的质量,用ρ表示,其表达式为

$$\rho = \frac{m_s}{V_s + V_n + V_i + V_v} \tag{1-13}$$

式中 ρ——粗集料的堆积密度,g/cm^3;

V_v——集料颗粒间空隙的体积,cm^3。

粗集料的堆积密度包括自然堆积状态、振实状态和捣实状态下的堆积密度。

堆积密度的测定方法按《公路工程集料试验规程》(JTG E42—2005)中的规定进行。

1.5 空隙率

粗集料的空隙率是指粗集颗粒之间空隙的体积占集料总体积的百分率,用n表示,其表达式为

$$n = \left(1 - \frac{\rho}{\rho_a}\right) \times 100 \tag{1-14}$$

式中 n——粗集料的空隙率(%)。

1.6 含水率

粗集料的含水率是指粗集料在自然状态下的含水量的大小。粗集料的含水率用ω表示,其表达式为

$$\omega = \frac{m_1 - m_2}{m_2 - m_0} \times 100 \tag{1-15}$$

式中 ω——粗集料的含水率(%);

m_1——未烘干试样与容器的总质量,g;

m_2——烘干试样与容器的总质量,g;

m_0——容器质量,g。

1.7 吸水率

粗集料的吸水率是指粗集料吸水能力的大小,用ω_x表示。

$$\omega_x = \frac{m_2 - m_1}{m_1 - m_3} \times 100 \tag{1-16}$$

式中 ω_x——粗集料的吸水率(%);

m_1——烘干后的试样与容器的总质量,g;

m_2——吸水至恒重的试样与容器的总质量,g;

m_3——容器质量,g。

1.8 集料粒径与筛孔

1.8.1 集料最大粒径

集料最大粒径是指集料100%都要求通过的最小的标准筛筛孔尺寸。

1.8.2　集料公称最大粒径

集料公称最大粒径是指集料可能全部通过或允许有少量不通过(一般容许筛余量不超过10%)的最小标准筛筛孔尺寸,通常是指集料最大粒径的下一级粒径。

1.8.3　标准筛

对颗粒材料进行筛分试验应用符合标准形状和尺寸规格要求的系列样品筛。

1.9　级配

粗集料中各组成颗粒的分级和搭配称为级配。级配通过筛分试验确定。筛分试验就是将一定质量的粗集料经过一系列规定筛孔尺寸的标准筛(标准筛为方孔筛,筛孔尺寸为75 mm、63 mm、53 mm、37.5 mm、31.5 mm、26.5 mm、19 mm、16 mm、13.2 mm、9.5 mm、4.75 mm、2.36 mm、1.18 mm、0.6 mm、0.3 mm、0.15 mm、0.075 mm),测出存留在各筛上的集料质量,根据集料试样的质量与存留在各标准筛上的集料质量,可求得一系列与集料级配有关的参数,如分计筛余百分率、累计筛余百分率和通过百分率。各参数的计算方法详见集料筛分试验部分。

1.10　粗集料针、片状颗粒含量

粗集料的颗粒形状以立方体为佳,不宜含有过多的针、片状颗粒,否则将显著影响混合料的强度和施工,针状颗粒是指颗粒长度大于平均粒径(平均粒径是指该粒级上、下粒径平均值)2.4倍的颗粒,片状颗粒是指颗粒厚度小于平均粒径0.4倍的颗粒。按《公路工程集料试验规程》(JTG E42—2005)规定,粗集料针、片状颗粒含量可采用规准仪法和游标卡法测定。

1.11　坚固性

除前述的将原岩加工成规则试块进行抗冻性和坚固性试验外,对已轧制成的碎石或天然卵石,亦可采用规定级配的各粒级集料,按《公路工程集料试验规程》(JTG E42—2005)的规定,选取规定数量的集料,分别装在金属网篮中浸入饱和硫酸钠溶液中进行干湿循环试验,经一定的循环次数后,观察其表面破坏情况,并用质量损失百分率来计算其坚固性。

2　细集料的物理性质

工程中用的细集料主要是砂,砂按来源分两类:一类为天然砂,它是由自然风化、水流冲刷、堆积形成的粒径小于4.75 mm的岩石颗粒,按生存环境分为河砂、山砂、海砂;另一类为人工砂,它是经人为加工处理得到的符合规格要求的集料,常见的石屑、机制砂、矿渣砂、煅烧砂都属于人工砂。人工砂表面多棱角,较洁净,但造价高,如无特殊情况,多不采用。

细集料的物理常数主要有表观密度、毛体积密度、堆积密度和空隙率等,其含义与粗集料完全相同。细集料的物理常数计算方法与粗集料相同,详见粗集料的技术性质。

3　任务过程

粗集料密度及吸水率试验(网篮法)

(1)目的与适用范围。

本方法用于测定碎石、砾石等各种集料的表观相对密度、表干相对密度、毛体积相对密度、表观密度、表干密度、毛体积密度,以及粗集料的吸水率。

(2)仪具与材料。

①天平或浸水天平:可悬挂吊篮测定集料的水中质量,称量应满足试样数量称量要求,感量不大于最大称量的0.05%。

②吊篮:耐锈蚀材料制成,直径和高度为150 mm左右,四周及底部用1~2 mm的筛网编制或具有密集的孔眼。

③溢流水槽:在称量水中质量时能保持水面高度一定。

④烘箱:允许控温在(105±5)℃。

⑤标准筛。

⑥其他:温度计、盛水容器(如搪瓷盘)、刷子、毛巾等。

(3)试验准备。

①取来的试样用4.75 mm或2.36 mm(对于2.36~4.75 mm的集料)用标准筛过筛,用四分法缩分至要求的质量,分两份备用。对于沥青路面用粗集料,应对不同规格的集料分别测定,不得混杂,所取的每一份集料试样应基本上保持原有的级配。

②经缩分后供测定密度和吸水率的粗集料质量应符合表1-8的规定。

③将每一份集料试样浸泡在水中,仔细洗去附在集料表面的尘土和石粉,经多次漂洗干净至水清澈。清洗过程中不得散失集料颗粒。

表1-8　测定密度所需要的试样最小质量

公称最大粒径(mm)	4.75	9.5	16	19	26.5	31.5	37.5	63	75
每一份试样的最小质量(kg)	0.8	1	1	1	1.5	1.5	2	3	3

(4)试验步骤。

①取试样一份装入干净的搪瓷盘中,注入洁净的水,水面至少应高出试样2 cm,轻轻搅动石料,使附着在石料上的气泡逸出。在室温下保持浸水24 h。

②将吊篮挂在天平的吊钩上,浸入溢流水槽中,向溢流水槽中注水,水面高度至水槽的溢流孔为止,将天平调零。

③调节水温在15~25 ℃范围内。将试样移入吊篮中,溢流水槽中的水面高度由水槽的溢流孔控制,维持不变。称取集料的水中质量(m_w)。

④提起吊篮,稍稍滴水后,将试样倒入浅搪瓷盘中,或直接将粗集料倒在拧干的湿毛巾上,注意不得有颗粒丢失,或有小颗粒附在吊篮上。稍稍倾斜搪瓷盘,用毛巾吸走漏出的自由水,用拧干的湿毛巾轻轻擦干颗粒的表面水,至表面看不到发亮的水迹,即为饱和面干状态。当粗集料尺寸较大时,可逐颗擦干。注意拧湿毛巾时不要太用劲,防止拧得太干。擦颗粒的表面水时,既要将表面水擦掉,又不能将颗粒内部的水吸出,整个过程中不得有集料丢失。

⑤立即在保持表干状态下,称取集料的表干质量(m_f)。

⑥将集料置于浅盘中,放入(105±5)℃的烘箱中烘干至恒重,取出浅盘,放在带盖的容器中冷却至室温,称取集料的烘干质量(m_a)。

注:恒重是指相邻两次称量间隔时间大于3 h的情况下,其前后两次称量之差小于该项试验所要求的精密度,即0.1%。一般在烘箱中烘烤的时间不得少于4~6 h。

⑦对同一规格的集料应平行试验两次,取平均值作为试验结果。

(5)计算。

①表观相对密度 γ_a、表干相对密度 γ_s、毛体积相对密度 γ_b 按式(1-17)~式(1-19)计算至小数点后3位

$$\gamma_a = m_a/(m_a - m_w) \tag{1-17}$$

$$\gamma_s = m_f/(m_f - m_w) \tag{1-18}$$

$$\gamma_b = m_a/(m_f - m_w) \tag{1-19}$$

式中 γ_a——集料的表观相对密度,无量纲;

γ_s——集料的表干相对密度,无量纲;

γ_b——集料的毛体积相对密度,无量纲;

m_a——集料的烘干质量,g;

m_f——集料的表干质量,g;

m_w——集料的水中质量,g。

②集料的吸水率以烘干试样为基准,按式(1-20)计算,精确至0.01%

$$\omega_x = (m_f - m_a)/m_a \times 100 \tag{1-20}$$

式中 ω_x——粗集料的吸水率(%)。

③粗集料的表观密度(视密度)ρ_a、表干密度 ρ_s、毛体积密度 ρ_b 按式(1-21)~式(1-23)计算,精确至小数点后3位。不同水温条件下测量的粗集料表观密度需进行水温修正,不同试验温度下水的密度 ρ_T 及水温修正系数 α_T 如表1-9所列,此表适用于在15~25 ℃测定的情况。

$$\rho_a = \gamma_a \times \rho_T \quad 或 \quad \rho_a = (\gamma_a - \alpha_T) \times \rho_w \tag{1-21}$$

$$\rho_s = \gamma_s \times \rho_T \quad 或 \quad \rho_s = (\gamma_s - \alpha_T) \times \rho_w \tag{1-22}$$

$$\rho_b = \gamma_b \times \rho_T \quad 或 \quad \rho_b = (\gamma_b - \alpha_T) \times \rho_w \tag{1-23}$$

式中 ρ_a——粗集料的表观密度,g/cm^3;

ρ_s——粗集料的表干密度,g/cm^3;

ρ_b——粗集料的毛体积密度,g/cm^3;

ρ_T——试验温度 T 时水的密度,g/cm^3,按表1-9取用;

α_T——试验温度 T 时的水温修正系数;

ρ_w——水在4 ℃时的密度,1 g/cm^3。

表1-9 不同水温时水的密度 ρ_T 及水温修正系数 α_T

水温(℃)	15	16	17	18	19	20
水的密度 ρ_T(g/cm^3)	0.999 13	0.998 97	0.998 80	0.998 62	0.998 43	0.998 22
水温修正系数 α_T	0.002	0.003	0.003	0.004	0.004	0.005
水温(℃)	21	22	23	24	25	
水的密度 ρ_T(g/cm^3)	0.998 02	0.997 79	0.997 56	0.997 33	0.997 02	
水温修正系数 α_T	0.005	0.006	0.006	0.007	0.007	

(6)精密度(或允许差)。

重复试验的精密度,对表观相对密度、表干相对密度、毛体积相对密度,两次结果相差不

得超过0.02,对吸水率不得超过0.2%。

细集料与其相似,具体参见《公路工程集料试验规程》(JTG E42—2005)中的规定。

任务实施

1 任务相关知识描述

粗集料密度及吸水率试验(网篮法)的主要内容如下:

(1)试验目的。

(2)试验适用范围。

(3)试验仪器设备。

(4)试验方法步骤。

(5)试验结果计算。

2 信息资料收集与分组

(1)试验仪器工具准备。

(2)试验材料准备。

(3)试验技术准备。

(4)安全操作注意事项。

(5)分组并产生组长,明确任务。

3 制定计划

(1)以小组讨论的方式制定粗集料密度及吸水率试验(网篮法)计划。

(2)与学生讨论工作计划并最终定稿。

(3)填写工作计划表(见表1-10)。

4 实施计划

(1)学生按既定工作计划完成检查并填写任务工单(见表1-11)。

(2)教师监控学生操作过程,及时更正学生的错误。

5 检查结果

(1)检查学生是否填写完整任务工单。

(2)回答学生所提出的问题。

(3)学生以小组讨论方式进行工作评估。

评价反馈

(1)对小组工作进行综合评价。

(2)提出改进意见和注意事项。

(3)填写任务评价表(见表1-12)。

表 1-10　粗集料密度及吸水率试验(网篮法)工作计划表

姓名:	学号:	班级:	组别:
任务名称			
个人工作实施计划			
小组其他计划特色点			
辅导教师意见			
个人工作实施计划定稿			

表 1-11　粗集料密度及吸水率试验(网篮法)任务工单

<table>
<tr><td>姓名：</td><td>学号：</td><td>班级：</td><td>组别：</td></tr>
<tr><td colspan="2" rowspan="2">评价等级：</td><td>教师签字：</td><td>成绩：</td></tr>
<tr><td>日期：</td><td>学时：</td></tr>
<tr><td>任务名称</td><td colspan="3">粗集料密度及吸水率试验(网篮法)</td></tr>
<tr><td>能力目标</td><td colspan="3">1. 能够说出任务目的和适用范围；
2. 能够准备任务所需仪器和材料；
3. 能够独立操作任务过程；
4. 能够正确取得任务结果；
5. 能够做好仪器保养。</td></tr>
<tr><td>任务准备</td><td colspan="3">相关仪器设备和任务试样的准备</td></tr>
<tr><td>信息获取</td><td colspan="3">1. 任务目的和适用范围(15 分)
目的：

适用范围：

2. 任务所需仪器设备(15 分)</td></tr>
</table>

续表 1-11

任务操作与要点	3. 任务准备(15 分) 4. 任务步骤(40 分) 5. 结果整理(15 分)

表 1-12　粗集料密度及吸水率试验(网篮法)任务评价表

评价内容	评价指标	评价等级		
		自我	小组	教师
专业能力	A. 具有安全、文明生产和环境保护的相关知识和技能。(10 分)			
	B. 高质量地完成工作任务,操作娴熟,任务工单得 85 分以上。(10 分)			
	C. 任务工单中数据真实,步骤完整,能用来描述整个过程。(10 分)			
	D. 具备了独立完成工作任务的能力。(10 分)			
社会能力	A. 具有良好的职业道德,遵守实验室管理规定。(5 分)			
	B. 具有较强的口头和书面表达能力,良好的人际交流沟通能力。(10 分)			
	C. 具有良好的团队合作精神和客户服务意识。(10 分)			
	D. 具有良好的心理素质和克服困难的能力。(5 分)			
方法能力	A. 能够制定完善的工作计划。(5 分)			
	B. 能够借助网络、文件资料等手段查找所需信息。(10 分)			
	C. 能够独立完成任务。(5 分)			
	D. 能够检查评估工作任务,并能从个案中寻找共性。(10 分)			
辅导教师关于此次任务的改进意见		总评		

粗集料堆积密度及空隙率试验

(1)目的与适用范围。

测定粗集料的堆积密度,包括自然堆积状态、振实状态、捣实状态下的堆积密度,以及堆积状态下的空隙率。

(2)仪器设备。

①天平或台秤:感量不大于称量的0.1%。

②容量筒:适用于粗集料堆积密度测定的容量筒应符合表1-13的要求。

表1-13 容量筒的规格要求

粗集料公称最大粒径(mm)	容量筒容积(L)	容积筒规格(mm)			筒壁厚度(mm)
		内径	净高	底厚	
≤4.75	3	155±2	160±2	5.0	2.5
9.5~26.5	10	205±2	305±2	5.0	2.5
31.5~37.5	15	255±5	295±5	5.0	3.0
≥53	20	355±5	305±5	5.0	3.0

③平头铁锹。

④烘箱:能控温(105±5)℃。

⑤振动台:频率为(3 000±200)次/min,负荷下的振幅为0.35 mm,空载时的振幅为0.5 mm。

⑥捣棒:直径16 mm,长600 mm,一端为圆头的钢棒。

(3)试验准备。

按规定方法取样、缩分,质量应满足试验要求,在(105±5)℃的烘箱中烘干,也可以摊在清洁的地面上风干,拌匀后分成两份备用。

(4)试验步骤。

①自然堆积密度。

取试样1份,置于平整干净的水泥地(或铁板)上,用平头铁锹铲起试样,使石子自由落入容量筒内。此时,从铁锹的齐口至容量筒上口的距离应保持为50 mm左右,装满容量筒并除去凸出筒口表面的颗粒,以合适的颗粒填入凹陷部分空隙,使表面积稍凸起部分和凹陷部分的体积大致相等,称取试样和容量筒总质量(m_2)。

②振实密度。

按堆积密度试验步骤,将装满试样的容量筒放在振动台上,振动3 min,或者将试样分三层装入容量筒,装完一层后,在筒底垫放一根直径为25 mm的圆钢筋,将筒按住,左右交替颠击地面各25下,然后装入第二层,用同样的方法颠实(但筒底所垫钢筋的方向应与第一层时钢筋的放置方向垂直);然后装入第三层,如法颠实。待三层试样装填完毕后,加料填到试样超出容量筒口,用钢筋沿筒口边缘滚转,刮下高出筒口的颗粒,用合适的颗粒填平凹陷处,使表面稍凸起部分和凹陷部分的体积大致相等,称取试样和容量筒总质量(m_2)。

③捣实密度。

根据沥青混合料的类型和公称最大粒径，确定起骨架作用的关键性筛孔(通常为4.75 mm或2.36 mm等)。将矿料混合料中此筛孔以上的颗粒筛出，作为试样装入符合要求规格的容器中达1/3的高度，由边至中用捣棒均匀捣实25次。再向容器中装入1/3高度的试样，用捣棒均匀捣实25次，捣实深度约至下层的表面。然后重复以上步骤，加最后一层，捣实25次，使集料与容器口齐平。用合适的集料填充表面的大空隙，用直尺大体刮平，目测估计表面凸起的部分与凹陷的部分的体积大致相等，称取容量筒与试样的总质量(m_2)。

④容量筒容积的标定。

用水装满容量筒，测量水温、擦干筒外壁的水分，称取容量筒与水的总质量(m_w)，并按水的密度对容量筒的容积作校正。

(5)结果整理。

①容量筒的容积按式(1-24)计算

$$V = \frac{m_w - m_1}{\rho_T} \tag{1-24}$$

式中 V——容量筒的容积，L；

m_1——容量筒的质量，kg；

m_w——容量筒与水的总质量，kg；

ρ_T——试验温度T时水的密度，按试表1-9选用，kg/m³。

②堆积密度(包括自然堆积状态、振实状态下的堆积密度)按式(1-25)计算至小数点后2位

$$\rho = \frac{m_2 - m_1}{V} \tag{1-25}$$

式中 ρ——与各种状态相对应的堆积密度，kg/m³；

m_1——容量筒的质量，kg；

m_2——容量筒与试样的总质量，kg；

V——容量筒的容积，L。

③水泥混凝土用粗集料振实状态下的空隙率按式(1-26)计算

$$V_c = \left(1 - \frac{\rho}{\rho_a}\right) \times 100 \tag{1-26}$$

式中 V_c——水泥混凝土用粗集料的空隙率(%)；

ρ_a——粗集料的表观密度，kg/m³；

ρ——按振实法测定的粗集料的堆积密度，kg/m³；

V——容量筒的容积，L。

④沥青混合料用粗集料骨架捣实状态的间隙率按式(1-27)计算

$$VCA_{DRC} = \left(1 - \frac{\rho}{\rho_b}\right) \times 100 \tag{1-27}$$

式中 VCA_{DRC}——捣实状态下粗集料骨架间隙率(%)；

ρ_b——按网篮法测定的粗集料的自然堆积密度，kg/m³；

ρ——按振实法测定的粗集料的自然堆积密度，kg/m³。

以两次平行试验结果的平均值为测定值。

细集料的堆积密度与粗集料的试验过程相似,具体参见《公路工程集料试验规程》(JTG E42—2005)中的规定。

任务实施

1 任务相关知识描述

粗集料堆积密度及空隙率试验的主要内容如下:

(1)试验目的。

(2)试验适用范围。

(3)试验仪器设备。

(4)试验方法步骤。

(5)试验结果计算。

2 信息资料收集与分组

(1)试验仪器工具准备。

(2)试验材料准备。

(3)试验技术准备。

(4)安全操作注意事项。

(5)分组并产生组长,明确任务。

3 制定计划

(1)以小组讨论的方式制定粗集料堆积密度及空隙率试验计划。

(2)与学生讨论工作计划并最终定稿。

(3)填写工作计划表(见表1-14)。

4 实施计划

(1)学生按既定工作计划完成检查并填写任务工单(见表1-15)。

(2)教师监控学生操作过程,及时更正学生的错误。

5 检查结果

(1)检查学生是否填写完整任务工单。

(2)回答学生所提出的问题。

(3)学生以小组讨论方式进行工作评估。

评价反馈

(1)对小组工作进行综合评价。

(2)提出改进意见和注意事项。

(3)填写任务评价表(见表1-16)。

表 1-14　粗集料堆积密度及空隙率试验工作计划表

姓名：	学号：	班级：	组别：
任务名称			
个人工作实施计划			
小组其他计划特色点			
辅导教师意见			
个人工作实施计划定稿			

表 1-15　粗集料堆积密度及空隙率试验任务工单

<table>
<tr><td>姓名：</td><td>学号：</td><td>班级：</td><td>组别：</td></tr>
<tr><td colspan="2" rowspan="2">评价等级：</td><td>教师签字：</td><td>成绩：</td></tr>
<tr><td>日期：</td><td>学时：</td></tr>
<tr><td>任务名称</td><td colspan="3">粗集料堆积密度及空隙率试验</td></tr>
<tr><td>能力目标</td><td colspan="3">1. 能够说出任务目的和适用范围；
2. 能够准备任务所需仪器和材料；
3. 能够独立操作任务过程；
4. 能够正确取得任务结果；
5. 能够做好仪器保养。</td></tr>
<tr><td>任务准备</td><td colspan="3">相关仪器设备和任务试样的准备</td></tr>
<tr><td>信息获取</td><td colspan="3">1. 任务目的和适用范围(15 分)
目的：____________________
____
____
适用范围：____________________
____
____
2. 任务所需仪器设备(15 分)
____
____
____
____
____
____
____
____________________</td></tr>
</table>

续表 1-15

任务操作与要点	3. 任务准备(15 分) 4. 任务步骤(40 分) 5. 结果整理(15 分)

表 1-16　粗集料堆积密度及空隙率试验任务评价表

评价内容	评价指标	评价等级		
		自我	小组	教师
专业能力	A. 具有安全、文明生产和环境保护的相关知识和技能。(10 分)			
	B. 高质量地完成工作任务,操作娴熟,任务工单得 85 分以上。(10 分)			
	C. 任务工单中数据真实,步骤完整,能用来描述整个过程。(10 分)			
	D. 具备了独立完成工作任务的能力。(10 分)			
社会能力	A. 具有良好的职业道德,遵守实验室管理规定。(5 分)			
	B. 具有较强的口头和书面表达能力,良好的人际交流沟通能力。(10 分)			
	C. 具有良好的团队合作精神和客户服务意识。(10 分)			
	D. 具有良好的心理素质和克服困难的能力。(5 分)			
方法能力	A. 能够制定完善的工作计划。(5 分)			
	B. 能够借助网络、文件资料等手段查找所需信息。(10 分)			
	C. 能够独立完成任务。(5 分)			
	D. 能够检查评估工作任务,并能从个案中寻找共性。(10 分)			
辅导教师关于此次任务的改进意见		总评		

细集料表观密度试验(容量瓶法)

(1)目的与适用范围。

用容量瓶法测定细集料(天然砂、石屑、机制砂)在 23 ℃时的表观相对密度和表观密度。本方法适用于含有少量大于2.36 mm 部分的细集料。

(2)仪器设备。

①天平:称量 1 kg,感量不大于 1 g。

②容量瓶:500 mL。

③烘箱:能控温在(105 ±5)℃。

④烧杯:500 mL。

⑤其他:干燥器、浅盘、铝制料勺、温度计、洁净水等。

(3)试验准备。

将缩分至 650 g 左右的试样在温度为(105 ±5)℃的烘箱中烘干至恒重,并在干燥器内冷却至室温,分成两份备用。

(4)试验步骤。

①称取烘干的试样约 300 g(m_0),装入盛有半瓶洁净水的容量瓶中。

②摇转容量瓶,使试样在已保温至(23 ±1.7)℃的水中充分搅动以排出气泡,塞紧瓶塞,在恒温条件下静置 24 h 左右,然后用滴管添水,使水面与瓶颈刻度线平齐,再塞紧瓶塞,擦干瓶外水分,称其总质量(m_2)。

③倒出瓶中的水和试样,将瓶的内外表面洗净,再向瓶内注入同样温度的洁净水(温差不超过 2 ℃)至瓶颈刻度线,塞紧瓶塞,擦干瓶外水分,称其总质量(m_1)。

注:在砂的表观密度试验过程中应测量并控制水的温度,试验期间的温差不得超过 1 ℃。

(5)结果整理。

①细集料的表观相对密度按式(1-28)计算至小数点后 3 位

$$\gamma_a = \frac{m_0}{m_0 + m_1 - m_2} \tag{1-28}$$

式中 γ_a——细集料的表观相对密度,无量纲;

m_0——试样的烘干质量,g;

m_1——水及容量瓶总质量,g;

m_2——试样、水及容量瓶总质量,g。

②表观密度 ρ_a 按式(1-29)计算至小数点后 3 位

$$\rho_a = \gamma_a \times \rho_T \quad 或 \quad \rho_a = (\gamma_a - \alpha_T) \times \rho_w \tag{1-29}$$

式中 ρ_a——细集料的表观密度,g/cm³;

ρ_w——水在 4 ℃时的密度,1 g/cm³;

α_T——试验时水温对水的密度影响的修正系数,按表 1-9 取用;

ρ_T——试验温度 T 时水的密度,g/cm³,按表 1-9 取用。

以两次平行试验结果的算术平均值作为测定值,如两次结果之差值大于 0.01 g/cm³,应重新取样进行试验。

粗集料与其相似,具体参见《公路工程集料试验规程》(JTG E42—2005)中的规定。

任务实施

1 任务相关知识描述

细集料表观密度试验(容量瓶法)的主要内容如下:

(1)试验目的。

(2)试验适用范围。

(3)试验仪器设备。

(4)试验方法步骤。

(5)试验结果计算。

2 信息资料收集与分组

(1)试验仪器工具准备。

(2)试验材料准备。

(3)试验技术准备。

(4)安全操作注意事项。

(5)分组并产生组长,明确任务。

3 制定计划

(1)以小组讨论的方式制定细集料表观密度试验(容量瓶法)计划。

(2)与学生讨论工作计划并最终定稿。

(3)填写工作计划表(见表1-17)。

4 实施计划

(1)学生按既定工作计划完成检查并填写任务工单(见表1-18)。

(2)教师监控学生操作过程,及时更正学生的错误。

5 检查结果

(1)检查学生是否填写完整任务工单。

(2)回答学生所提出的问题。

(3)学生以小组讨论方式进行工作评估。

评价反馈

(1)对小组工作进行综合评价。

(2)提出改进意见和注意事项。

(3)填写任务评价表(见表1-19)。

表 1-17　细集料表观密度试验(容量瓶法)工作计划表

<table>
<tr><td>姓名:</td><td>学号:</td><td>班级:</td><td>组别:</td></tr>
<tr><td>任务名称</td><td colspan="3"></td></tr>
<tr><td>个人工作实施计划</td><td colspan="3"></td></tr>
<tr><td>小组其他计划特色点</td><td colspan="3"></td></tr>
<tr><td>辅导教师意见</td><td colspan="3"></td></tr>
<tr><td>个人工作实施计划定稿</td><td colspan="3"></td></tr>
</table>

表 1-18 细集料表观密度试验（容量瓶法）任务工单

<table>
<tr><td>姓名：</td><td>学号：</td><td>班级：</td><td>组别：</td></tr>
<tr><td colspan="2" rowspan="2">评价等级：</td><td>教师签字：</td><td>成绩：</td></tr>
<tr><td>日期：</td><td>学时：</td></tr>
<tr><td>任务名称</td><td colspan="3">细集料表观密度试验（容量瓶法）</td></tr>
<tr><td>能力目标</td><td colspan="3">1. 能够说出任务目的和适用范围；
2. 能够准备任务所需仪器和材料；
3. 能够独立操作任务过程；
4. 能够正确取得任务结果；
5. 能够做好仪器保养。</td></tr>
<tr><td>任务准备</td><td colspan="3">相关仪器设备和任务试样的准备</td></tr>
<tr><td>信息获取</td><td colspan="3">1. 任务目的和适用范围（15 分）
目的：____________________
____
____
适用范围：____________________
____
____
2. 任务所需仪器设备（15 分）
____
____
____
____
____
____
____
____________________</td></tr>
</table>

续表 1-18

任务操作与要点	3. 任务准备(15 分) 4. 任务步骤(40 分) 5. 结果整理(15 分)

表 1-19　细集料表观密度试验(容量瓶法)任务评价表

评价内容	评价指标	评价等级		
		自我	小组	教师
专业能力	A. 具有安全、文明生产和环境保护的相关知识和技能。(10 分)			
	B. 高质量地完成工作任务,操作娴熟,任务工单得 85 分以上。(10 分)			
	C. 任务工单中数据真实,步骤完整,能用来描述整个过程。(10 分)			
	D. 具备了独立完成工作任务的能力。(10 分)			
社会能力	A. 具有良好的职业道德,遵守实验室管理规定。(5 分)			
	B. 具有较强的口头和书面表达能力,良好的人际交流沟通能力。(10 分)			
	C. 具有良好的团队合作精神和客户服务意识。(10 分)			
	D. 具有良好的心理素质和克服困难的能力。(5 分)			
方法能力	A. 能够制定完善的工作计划。(5 分)			
	B. 能够借助网络、文件资料等手段查找所需信息。(10 分)			
	C. 能够独立完成任务。(5 分)			
	D. 能够检查评估工作任务,并能从个案中寻找共性。(10 分)			
辅导教师关于此次任务的改进意见		总评		

学习任务3　集料筛分试验

相关知识

1　集料粒径与筛孔

1.1　集料最大粒径

集料最大粒径是指集料100%都要求通过的最小的标准筛孔尺寸。

1.2　集料公称最大粒径

集料公称最大粒径是指集料可能全部通过或允许有少量不通过(一般容许筛余量不超过10%)的最小标准筛筛孔尺寸，通常是集料最大粒径的下一级粒径。

1.3　标准筛

对颗粒材料进行筛分试验应用符合标准形状和尺寸规格要求的系列样品筛。

标准筛(方孔)筛孔尺寸为75 mm、63 mm、53 mm、37.5 mm、31.5 mm、26.5 mm、19 mm、16 mm、13.2 mm、9.5 mm、4.75 mm、2.36 mm、1.18 mm、0.6 mm、0.3 mm、0.15 mm、0.075 mm。

2　级配

粗集料中各组成颗粒的分级和搭配称为级配。级配通过筛分试验确定。筛分试验就是将一定质量的粗集料经过一系列规定筛孔尺寸的标准筛，测定出存留在各筛上的集料质量，根据集料试样的质量与存留在各标准筛上的集料质量，可求得一系列与集料级配有关的参数：分计筛余百分率、累计筛余百分率和通过百分率。

3　细集料

工程中用的细集料主要是砂，砂按来源分两类：一类为天然砂，它是由自然风化、水流冲刷、堆积形成的粒径小于4.75 mm的岩石颗粒，按生存环境分为河砂、山砂、海砂；另一类为人工砂，它是经人为加工处理得到的符合规格要求的集料，常见的石屑、机制砂、矿渣砂、煅烧砂都属于人工砂。人工砂表面多棱角，较洁净，但造价高，如无特殊情况，多不采用。

细集料技术性质主要包括物理常数、级配和粗度。

3.1　物理常数

细集料的物理常数主要有表观密度、毛体积密度和空隙率等，其含义与粗集料完全相同。细集料的物理常数计算方法与粗集料相同，详见粗集料物理性质部分。

3.2　级配

细集料的级配是指细集料各级粒径颗粒的分配情况，通过筛分试验确定。对于水泥混凝土用细集料，可采用干筛法，如果需要也可采用水筛法筛分；对于沥青混合料用细集料，必须用水洗法筛分。

细集料的筛分试验是将预先通过9.5 mm筛(水泥混凝土用天然砂)或4.75 mm筛(沥青混合料用天然砂、石屑、机制砂等)的试样，称取500 g，置于一套孔径分别为4.75 mm、

2. 36 mm、1. 18 mm、0. 6 mm、0. 3 mm、0. 15 mm、0. 075 mm 的方孔筛上,分别求出试样存留在各筛上的质量,即筛余量,然后计算有关级配参数。

3.2.1 分计筛余百分率

分计筛余百分率是指在某号筛上的筛余质量占试样总质量的百分率,即

$$a_i = \frac{m_i}{m} \times 100 \tag{1-30}$$

式中 a_i——某号筛的分计筛余百分率(%);

m_i——存留在某号筛上的试样的质量,g;

m——试样总质量,g。

3.2.2 累计筛余百分率

累计筛余百分率是指该号筛的分计筛余百分率和大于该号筛的各号筛的分计筛余百分率的总和,即

$$A_i = a_1 + a_2 + \cdots + a_i \tag{1-31}$$

式中 A_i——某号筛的累计筛余百分率(%);

$a_1, a_2, \cdots, a_i$——4. 75 mm,2. 36 mm,…筛的分计筛余百分率(%)。

3.2.3 通过百分率

通过百分率是指通过某号筛的质量占试样总质量的百分率,亦即 100% 与累计筛余百分率之差,即

$$P_i = 100 - A_i \tag{1-32}$$

式中 P_i——某号筛的通过百分率(%)。

3.3 粗度

粗度是评价砂粗细程度的一种指标,通常用细度模数 M_x 表示,可用式(1-33)表示为

$$M_x = \frac{(A_{2.36} + A_{1.18} + A_{0.6} + A_{0.3} + A_{0.15}) - 5A_{4.75}}{100 - A_{4.75}} \tag{1-33}$$

式中 M_x——砂的细度模数;

$A_{0.15}, A_{0.3}, \cdots, A_{4.75}$——0. 15 mm,0. 3 mm,…,4. 75 mm 各筛上的累计筛余百分率(%)。

细度模数越大,表示细集料越粗。砂的粗度按细度模数可分为粗砂、中砂、细砂三级:

粗砂 $M_x = 3.7 \sim 3.1$

中砂 $M_x = 3.0 \sim 2.3$

细砂 $M_x = 2.2 \sim 1.6$

细度模数虽能表示砂的粗细程度,但不能完全反映出砂的颗粒级配情况,因为相同细度模数的砂有不同的颗粒级配。因此,要全面表征砂的颗粒性质,必须同时使用细度模数和级配。

4 矿质混合料的组成设计

道路用砂石材料多是以矿质混合料的形式与各种混合料混合使用,欲使混合料具备优良的路用性能,除各种矿质集料的技术性质应符合技术要求外,矿质混合料还必须满足最小空隙率和最大摩擦力的基本要求。

4.1 **最小空隙率**

不同粒径的各级矿质集料按一定比例搭配，使其组成一种具有最大密实度（即最小空隙率）的矿质混合料。

4.2 **最大摩擦力**

各级矿质集料在进行比例搭配时，应使各级集料紧密排列，形成一个多级空间骨架结构，且具有最大的摩擦力。

为了满足这两方面的要求，必须对矿质混合料进行组成设计，其内容包括：

(1)级配理论和级配范围的确定。

(2)基本组成的设计方法。

4.3 **矿质混合料的级配理论**

4.3.1 级配类型

各种不同粒径的集料，按照一定比例搭配起来，以达到最大密实度和最大摩擦力的要求，可以采用连续级配和间断级配两类。

4.3.1.1 连续级配

连续级配是用标准套筛对某一混合料进行筛分试验，所得级配曲线平顺圆滑，具有连续性。这种由大到小、逐级粒径均有、按比例互相搭配组成的矿质混合料称为连续级配混合料。

4.3.1.2 间断级配

间断级配是在矿质混合料中剔除其中一个分级或几个分级而形成一种不连续的混合料，这种混合料称为间断级配混合料。

连续级配和间断级配曲线比较如图 1-3 所示。

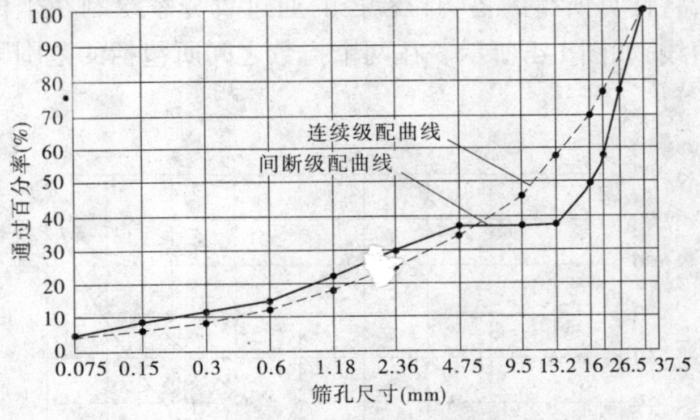

图 1-3 连续级配和间断级配曲线比较

4.3.2 级配理论

4.3.2.1 富勒理论

富勒根据试验提出一种理想级配，认为：级配曲线越接近抛物线时，其密度越大。因此，当级配曲线为抛物线时为最大密度曲线，最大密度曲线方程可表示为

$$P^2 = kd \tag{1-34}$$

式中 P——欲计算的某级粒径 d(mm)的矿料通过百分率(%)。

当粒径 d 等于最大粒径 D 时，矿质混合料的通过率等于 100%，将其代入式(1-34)，则

对任意一级粒径 d 的通过率 P 可按式(1-35)求得

$$P = 100\sqrt{d/D} \tag{1-35}$$

式中 d——欲计算的某级矿质混合料的粒径,mm;

D——矿质混合料的最大粒径,mm。

4.3.2.2 泰波理论

泰波认为富勒曲线是一种理想曲线,实际矿料的级配应允许有一定的波动范围,故将富勒最大密度曲线改为 n 次幂的通式,即

$$P = 100(d/D)^n \tag{1-36}$$

式中 n——试验指数;

其他符号意义同前。

根据试验认为,当 $n=0.3\sim0.6$ 时,矿质混合料具有较好的密实度。

4.3.3 级配曲线范围的绘制

矿质混合料按级配理论公式计算出各粒级的通过百分率,以粒径(mm)为横坐标,以通过百分率为纵坐标,绘制理论级配曲线。但由于矿质混合料在轧制过程中的不均匀性,以及混合料配置时的误差等因素影响,使所配制的混合料往往不可能与理论级配完全相符合。因此,必须允许配料时的合成级配在适当范围内波动,这就是级配范围。这里介绍已确定的计算参数条件下绘制级配范围曲线的方法。通常用半对数坐标代替,即横坐标颗粒粒径(即筛孔尺寸)采用对数坐标,而纵坐标通过百分率采用普通算数坐标。

我国沿用半对数坐标系绘制级配范围曲线的方法,首先要按对数计算出各种颗粒粒径(即筛孔尺寸)在横坐标轴上的位置,而表示通过百分率的纵坐标则按普通算数坐标绘制。绘制好横、纵坐标后,将计算所得的各颗粒粒径的通过百分率绘制在坐标图上,再将确定的各点连接为光滑的曲线,如图 1-4 所示。在两个指数之间所包括的范围即为级配范围(通常用加绘阴影表示)。

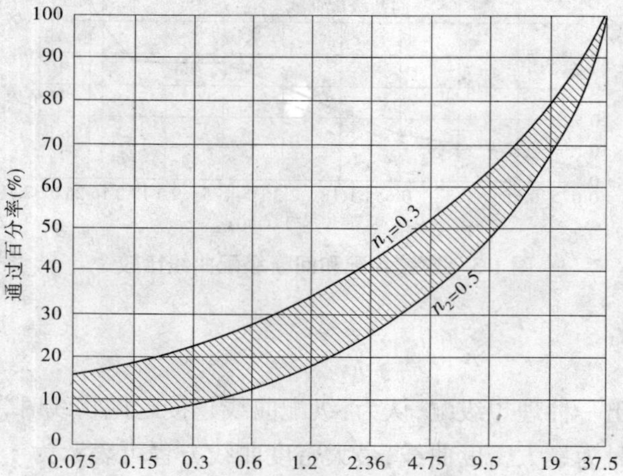

图 1-4 级配范围曲线

4.4 矿质混合料的组成设计方法

4.4.1 试算法

4.4.1.1 适用范围

试算法适用于2~3种集料组成的混合料,是最简单的一种方法。

4.4.1.2 基本原理

现有几种矿质集料,欲配制成某一种符合一定级配要求的矿质混合料,在决定各组成集料在混合料中的比例时,先假定混合料中某种粒径的颗粒是由某一种对这一粒径占优势的集料组成的,而其他各种集料不含有此粒径。

4.4.1.3 假设

现有A、B、C三种集料,欲配制成某一级配要求的矿质混合料M。

设A、B、C三种集料在矿质混合料M中的用量比例分别为X、Y、Z,则

$$X + Y + Z = 100 \tag{1-37}$$

设矿质混合料M中某一级粒径(i)时要求的颗粒含量为$a_{M(i)}$,A、B、C三种集料在原级配中对应粒径的颗粒含量分别为$a_{A(i)}$、$a_{B(i)}$、$a_{C(i)}$,则

$$a_{A(i)} \times X + a_{B(i)} \times Y + a_{C(i)} \times Z = a_{M(i)} \tag{1-38}$$

4.4.1.4 计算步骤

(1)假设混合料M中某一级粒径(i)主要由A集料所提供(即A集料占优势),而忽略其他集料在此粒径的含量,这样即可计算出A集料在混合料中的用量比例。按假设得$a_{B(i)} = a_{C(i)} = 0$,代入式(1-38),得$a_{A(i)} \times X = a_{M(i)}$,故

$$X = \frac{a_{M(i)}}{a_{A(i)}} \times 100 \tag{1-39}$$

(2)假设,混合料M中某一级粒径(j)由C集料占优势,同理可计算出C集料在混合料中的用量比例。按假设得$a_{C(j)} \times Z = a_{M(j)}$,故

$$Z = \frac{a_{M(j)}}{a_{C(j)}} \times 100 \tag{1-40}$$

由式(1-41)可计算出B集料在混合料中的用量比例,即

$$Y = 100 - (X + Z) \tag{1-41}$$

4.4.1.5 校核

按上述步骤即可计算A、B、C三种集料组合成的矿质混合料的配合比X、Y、Z。经校核若不在要求的级配范围内,应调整配合比,重新计算和复核。

4.4.2 图解法

我国现行规范推荐采用的图解法为修正平衡面积法,该法是采用一条直线来代替集料的级配曲线,这条直线使曲线左右两边的面积平衡(即相等)。

在修正平衡面积法中,将设计要求的级配中值曲线绘制成一条直线,纵坐标和横坐标分别代表通过百分率和筛孔尺寸,横坐标的位置将由设计级配中值所确定。

修正平衡面积法的计算步骤如下所述。

4.4.2.1 绘制级配曲线图

计算要求级配范围通过率的中值,作为设计依据。

根据级配范围中值确定相应的横坐标的位置。先绘制一长方形图框,通常纵坐标通过

百分率取 10 cm，横坐标筛孔尺寸取 15 cm。连对角线 OO'（见图 1-5）作为合成级配的中值。纵坐标按算术坐标，标出通过百分率（0～100%）。根据合成级配中值要求的各筛孔通过百分率，从纵坐标引平行线与对角线相交，再从交点作垂线与横坐标相交，其交点即为级配范围中值所对应的各筛孔尺寸（mm）的位置。

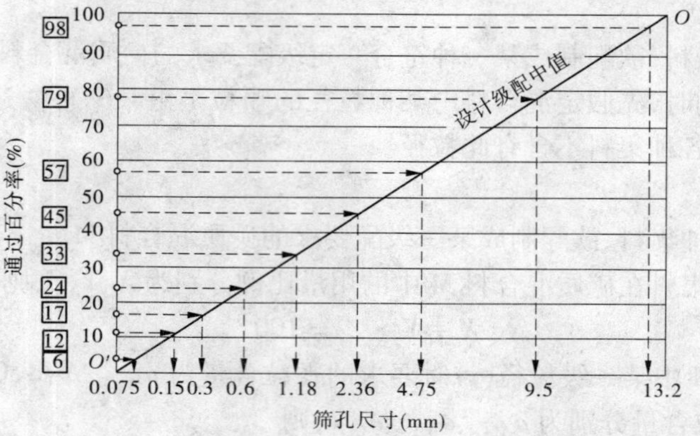

图 1-5　图解法用级配曲线坐标图

在坐标图上绘制各种集料的级配曲线，如图 1-6 所示。

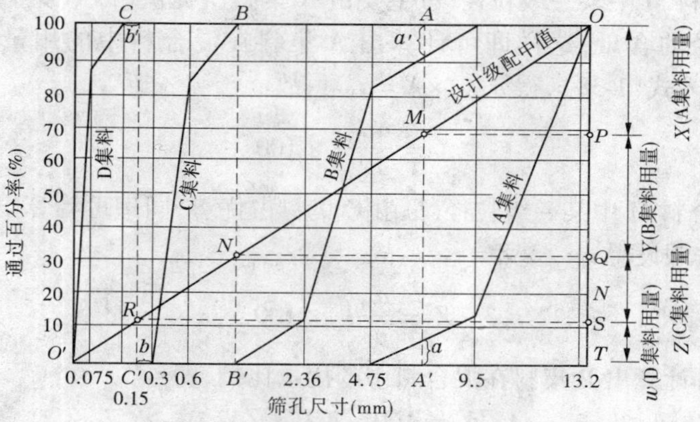

图 1-6　组成集料的级配曲线与要求

4.4.2.2　确定各种集料的用量比例

从级配曲线图（见图 1-6）上最粗集料开始，依次分析两种相邻集料的级配曲线，直至最细集料。在分析过程中，两相邻集料的级配曲线可能出现的情况有图 1-6 所示的三种情况。

（1）两相邻级配曲线重叠。如集料 A 级配曲线下部与集料 B 级配曲线上部重叠，此时，应进行等分，即在两级配曲线相重叠的部分引一条使 $a = a'$ 的垂线 AA'，再通过垂线 AA' 与对角线 OO' 的交点 M 作一水平线交纵坐标于 P 点。OP 即为集料 A 的用量比例。

（2）两相邻级配曲线相接。如集料 B 的级配曲线末端与集料 C 的级配曲线首端正好在一垂直线上，此时，应进行连分。即将集料 B 级配曲线的末端与集料 C 级配曲线的首端相连，即为垂线 BB'，再通过垂线 BB' 与对角线 OO' 的交点 N 作一水平线交纵坐标于 Q 点。PQ 即为集料 B 的用量比例。

（3）两相邻级配曲线相离。如集料 C 级配曲线的末端与集料 D 级配曲线的首端相离一段距离，此时，应进行平分。即作一垂直线 CC' 平分相离的距离（即 $b=b'$），再通过垂线 CC' 与对角线 OO' 的交点 R 作一水平线交纵坐标于 S 点。QS 即为集料 C 的用量比例。剩余部分 ST 即为集料 D 的用量比例。

4.4.2.3　校核

按图解所得各种集料的用量比例校核计算合成级配是否符合要求，如超出级配范围要求，应调整各集料的比例，直至符合要求。

5　任务过程

细集料筛分试验

（1）目的与适用范围。

测定细集料（天然砂、人工砂、石屑）的颗粒级配及粗细程度。对于水泥混凝土用细集料可采用干筛法，如果需要也可采用水洗法筛分。对于沥青混合料及基层用细集料必须用水洗法筛分。

注：当细集料中含有粗集料时，可参照此方法用水洗法筛分，但需特别注意保护标准筛筛面不遭损坏。

（2）仪器设备。

①标准筛。

②天平：称量 1 000 g，感量不大于 0.5 g。

③摇筛机。

④烘箱：能控温在（105 ±5）℃。

⑤其他：浅盘和硬、软毛刷等。

（3）试验准备。

根据样品中最大粒径的大小选用适宜的标准筛，通常为 9.5 mm 筛（水泥混凝土用天然砂）或 4.75 mm 筛（沥青路面及基层用的天然砂、石屑、机制砂等）筛除其中的超粒径颗粒。然后在潮湿状态下将样品充分拌匀，用分料器法或四分法缩分至每份不少于 550 g 的试样两份，在（105 ±5）℃的烘箱中烘干至恒重，冷却至室温后备用。

注：恒重是指相邻两次称量间隔时间大于 3 h（通常不少于 6 h）的情况下，前后两次称量之差小于该项试验所要求的称量精密度。

（4）干筛法试验步骤。

①准确称取烘干试样约 500 g（m_1），精确至 0.5 g。置于套筛的最上面一只筛，即 4.75 mm 筛上，将套筛放入摇筛机，摇筛约 10 min，然后取出套筛，再按筛孔大小顺序，从最大的筛号开始，在清洁的浅盘上逐个进行手筛，直到每分钟的筛出量不超过筛上剩余量的 0.1% 时，将筛出的颗粒并入下一号筛，和下一号筛中的试样一起过筛，以此顺序进行至各号筛全部筛完。

注：a. 试样如为特细砂，试样质量可减少到 100 g；

b. 如试样含泥量超过 5%，不宜采用干筛法；

c. 无摇筛机时，可直接用手摇。

②称量各筛筛余试样的质量，精确至 0.5 g。所有各筛的分计筛余量和底盘中剩余量的总量与筛分前的试样总量相差不得超过后者的 1%。

(5)水洗法试验步骤。

①准确称取烘干试样约 500 g(m_1),精确至 0.5 g。

②将试样置一洁净容器中,加入足够数量的洁净水,将集料全部淹没。

③用搅棒充分搅动集料,使集料表面洗涤干净,使细粉悬浮在水中,但不得有集料从水中溅出。

④用 1.18 mm 筛及 0.075 mm 筛组成套筛。仔细将容器中混有细粉的悬浮液徐徐倒出,经过套筛流入另一容器,但不得将集料倒出。

注:不可直接倒至 0.075 mm 筛上,以免集料掉出损坏筛面。

⑤重复步骤②~④,直至倒出的水洁净且小于 0.075 mm 的颗粒全部倒出。

⑥将容器中的集料倒入搪瓷盘中,用少量水冲洗,使容器上黏附的集料颗粒全部进入搪瓷盘中。将筛子反扣过来,用少量的水将筛上的集料冲洗入搪瓷盘中。操作过程中不得有集料散失。

⑦将搪瓷盘连同集料一起置(105±5)℃的烘箱中烘干至恒重,称取干燥集料试样的总质量(m_2),精确至 0.1%。m_1 与 m_2 之差即为通过 0.075 mm 筛的部分。

⑧将全部要求筛孔组成套筛(但不需 0.075 mm 筛),将已经洗去小于 0.075 mm 部分的干燥集料置于套筛上(通常为 4.75 mm 筛),将套筛装入摇筛机,摇筛约 10 min,然后取出套筛,再按筛孔大小顺序,从最大的筛号开始,在清洁的浅盘上逐个进行手筛,直至每分钟的筛出量不超过筛上剩余量的 0.1% 时,将筛出的颗粒并入下一号筛,和下一号筛中的试样一起过筛,按这样的顺序进行,直至各号筛全部筛完。

注:如为含有粗集料的混合料,套筛筛孔根据需要选择。

⑨称量各筛筛余试样的质量,精确至 0.5 g。所有各筛的分计筛余量和底盘中剩余量的总质量与筛分前后试样总质量 m_2 的差值不超过后者的 1%。

(6)结果整理。

①计算分计筛余百分率。

各号筛的分计筛余百分率为各号筛上的筛余量除以试样总量(m_1)的百分率,精确至 0.1%。对于沥青路面细集料而言,0.15 mm 筛下的部分即为 0.075 mm 的分计筛余,由水流法试验步骤⑦测得的 m_1 与 m_2 之差即为小于 0.075 mm 的筛底部分。

②计算累计筛余百分率。

各号筛的累计筛余百分率为该号筛及大于该号筛的各号筛的分计筛余百分率之和,精确至 0.1%。

③计算质量通过百分率。

各号筛的质量通过百分率等于 100 减去该号筛的累计筛余百分率,精确至 0.1%。

④根据各筛的累计筛余百分率或通过百分率,绘制级配曲线。

⑤天然砂的细度模数按下式计算,精确至 0.01

$$M_x = \frac{(A_{0.15} + A_{0.3} + A_{0.6} + A_{1.18} + A_{2.36}) - 5A_{4.75}}{100 - A_{4.75}}$$

式中 M_x——砂的细度模数;

$A_{0.15}, A_{0.3}, \cdots, A_{4.75}$——0.15 mm, 0.3 mm, …, 4.75 mm 各筛上的累计筛余百分率(%)。

⑥应进行两次平行试验,取试验结果的算术平均值。如两次平行试验所得的细度模数之差大于0.2,应重新进行试验。

粗集料的筛分试验与细集料的相似,具体参见《公路工程集料试验规程》(JTG E42—2005)中的规定。

任务实施

1 任务相关知识描述

细集料筛分试验(干筛法)的主要内容如下:

(1)试验目的。

(2)试验适用范围。

(3)试验仪器设备。

(4)试验方法步骤。

(5)试验结果计算。

2 信息资料收集与分组

(1)试验仪器工具准备。

(2)试验材料准备。

(3)试验技术准备。

(4)安全操作注意事项。

(5)分组并产生组长,明确任务。

3 制定计划

(1)以小组讨论的方式制定细集料筛分试验(干筛法)计划。

(2)与学生讨论工作计划并最终定稿。

(3)填写工作计划表(见表1-20)。

4 实施计划

(1)学生按既定工作计划完成检查并填写任务工单(见表1-21)。

(2)教师监控学生操作过程,及时更正学生的错误。

5 检查结果

(1)检查学生是否填写完整任务工单。

(2)回答学生所提出的问题。

(3)学生以小组讨论方式进行工作评估。

评价反馈

(1)对小组工作进行综合评价。

(2)提出改进意见和注意事项。

(3)填写任务评价表(见表1-22)。

表 1-20　细集料筛分试验(干筛法)工作计划表

姓名:		学号:	班级:	组别:
任务名称				
个人工作实施计划				
小组其他计划特色点				
辅导教师意见				
个人工作实施计划定稿				

表 1-21　细集料筛分试验(干筛法)任务工单

<table>
<tr><td>姓名：</td><td>学号：</td><td>班级：</td><td>组别：</td></tr>
<tr><td colspan="2" rowspan="2">评价等级：</td><td>教师签字：</td><td>成绩：</td></tr>
<tr><td>日期：</td><td>学时：</td></tr>
<tr><td>任务名称</td><td colspan="3">细集料筛分试验(干筛法)</td></tr>
<tr><td>能力目标</td><td colspan="3">1. 能够说出任务目的和适用范围；
2. 能够准备任务所需仪器和材料；
3. 能够独立操作任务过程；
4. 能够正确取得任务结果；
5. 能够做好仪器保养。</td></tr>
<tr><td>任务准备</td><td colspan="3">相关仪器设备和任务试样的准备</td></tr>
<tr><td>信息获取</td><td colspan="3">1. 任务目的和适用范围(15 分)
目的：______________________
____
____
适用范围：______________________
____
____
2. 任务所需仪器设备(15 分)
____
____
____
____
____
____
____
______________________</td></tr>
</table>

续表 1-21

任务操作与要点	3. 任务准备(15 分) 4. 任务步骤(40 分) 5. 结果整理(15 分)

表 1-22　细集料筛分试验(干筛法)任务评价表

<table>
<tr><td rowspan="2">评价内容</td><td rowspan="2">评价指标</td><td colspan="3">评价等级</td></tr>
<tr><td>自我</td><td>小组</td><td>教师</td></tr>
<tr><td rowspan="4">专业能力</td><td>A. 具有安全、文明生产和环境保护的相关知识和技能。(10 分)</td><td rowspan="4"></td><td rowspan="4"></td><td rowspan="4"></td></tr>
<tr><td>B. 高质量地完成工作任务,操作娴熟,任务工单得 85 分以上。(10 分)</td></tr>
<tr><td>C. 任务工单中数据真实,步骤完整,能用来描述整个过程。(10 分)</td></tr>
<tr><td>D. 具备了独立完成工作任务的能力。(10 分)</td></tr>
<tr><td rowspan="4">社会能力</td><td>A. 具有良好的职业道德,遵守实验室管理规定。(5 分)</td><td rowspan="4"></td><td rowspan="4"></td><td rowspan="4"></td></tr>
<tr><td>B. 具有较强的口头和书面表达能力,良好的人际交流沟通能力。(10 分)</td></tr>
<tr><td>C. 具有良好的团队合作精神和客户服务意识。(10 分)</td></tr>
<tr><td>D. 具有良好的心理素质和克服困难的能力。(5 分)</td></tr>
<tr><td rowspan="4">方法能力</td><td>A. 能够制定完善的工作计划。(5 分)</td><td rowspan="4"></td><td rowspan="4"></td><td rowspan="4"></td></tr>
<tr><td>B. 能够借助网络、文件资料等手段查找所需信息。(10 分)</td></tr>
<tr><td>C. 能够独立完成任务。(5 分)</td></tr>
<tr><td>D. 能够检查评估工作任务,并能从个案中寻找共性。(10 分)</td></tr>
<tr><td>辅导教师关于此次任务的改进意见</td><td colspan="4">总评</td></tr>
</table>

学习任务4　集料的压碎值试验

相关知识

1　力学性质

道路与桥梁建筑用粗集料的力学性质主要是压碎值和磨耗性（同岩石磨耗性的测定方法），其次是新近发展起来的抗滑表层用集料在连续增加的荷载下，抵抗压碎的能力。粗集料的压碎值作为衡量粗集料强度的一个指标，用以评价水泥混凝土路面基层、底基层及沥青表面的粗集料品质。

1.1　压碎值

《公路工程集料试验规程》（JTG E42—2005）中规定，将标准岩石试样在标准条件下进行加荷，岩石压碎后，通过标准筛（2.36 mm）的质量占原集料总质量的百分率，即为压碎值，用 Q_a 表示

$$Q_a = \frac{m_1}{m_0} \times 100 \tag{1-42}$$

式中　Q_a——试样的压碎值（%）；

m_0——试验前试样的质量，g；

m_1——试验后通过 2.36 mm 筛孔的细集料的质量，g。

岩石的压碎值越大，表示其抗压碎的能力越差。

1.2　磨光值

在现代高速行车条件下，路用粗集料在使用过程中不仅要表现出较高的承载能力，而且要有较高的耐磨光性，以满足长期使用时高速行驶车辆对路面抗滑性的要求。

集料磨光值的测定法是利用加速磨光机磨光集料，用摆式摩擦系数仪测定集料磨光后的摩擦系数，以 *PSV* 表示。集料磨光值越高，表示其抗滑性越好。

1.3　道瑞磨耗值（*AAV*）

粗集料磨耗值用于评定抗滑表层的粗集料抵抗车轮撞击及磨耗的能力。我国现行试验规程《公路工程集料试验规程》（JTG E42—2005）规定采用道瑞磨耗试验机来测定粗集料磨耗值，以 *AAV* 表示，即

$$AAV = \frac{3(m_1 - m_2)}{\rho_s} \tag{1-43}$$

式中　AAV——集料磨耗值；

m_1——磨耗前试件的质量，g；

m_2——磨耗后试件的质量，g；

ρ_s——集料的表干密度，g/cm^3。

集料磨耗值越高，表示集料的耐磨性越差。高速公路、一级公路抗滑层用集料的磨耗值

应不大于14，其他公路不大于16。

1.4　**集料冲击值(AIV)**

车辆高速行驶过程中急刹车或车辆产生颠簸时，都可能对路面产生冲击作用，集料抵抗多次连续重复冲击荷载作用的性能称为冲击韧性。集料的冲击韧性可采用冲击试验仪测定，用冲击值(AIV)表示，即

$$AIV = \frac{m_1}{m} \times 100 \tag{1-44}$$

式中　AIV——集料冲击值(%)；

m——原试样质量，g；

m_1——试验后通过2.36 mm筛的试样质量，g。

冲击值越小，表示集料的抗冲击性能越好。道路抗滑表层用集料的冲击值：对于高速公路、一级公路，集料冲击值不大于28%；其他公路不大于30%。

2　任务过程

粗集料压碎值试验

(1)目的与适用范围。

集料压碎值用于衡量石料在逐渐增加的荷载下抵抗压碎的能力，是衡量石料力学性质的指标，用以评定石料在公路中的适用性。

(2)仪器设备。

①石料压碎指标值测定仪：由内径150 mm、两端开口的钢制圆形试筒及压柱和底板组成，其形状和尺寸如图1-7所示。试筒内壁、压柱的底面及底板的上表面等与石料接触的表面都应进行热处理，使表面硬化，达到维氏硬度65°，并保持光滑状态。

②金属棒：直径10 mm，长450~600 mm，一端加工成半球形。

③天平：称量2~3 kg，感量不大于5 g。

④标准筛：筛孔尺寸13.2 mm、9.5 mm、2.36 mm的方孔筛各一个。

⑤压力机：500 kN，应能在10 min内达到400 kN。

⑥金属筒：圆柱形，内径112 mm，高179.4 mm，容积1 767 cm^3。

(3)试验准备。

①采用风干石料用13.2 mm和9.5 mm标准筛过筛，取9.5~13.2 mm的试样3组各3 000 g供试验用。若过于潮湿需加热烘干，烘箱温度不得超过100 ℃，烘干时间不超过4 h。试验前，石料应冷却至室温。

②每次试验的石料数量应满足按下述方法夯击后石料在试筒内的深度为100 mm。在金属筒中确定石料数量的方法如下：将试样分3次(每次数量大体相同)均匀装入试模中，每次均将试样表面整平，用金属棒的半球面端从石料上均匀捣实25次。最后用金属棒作为

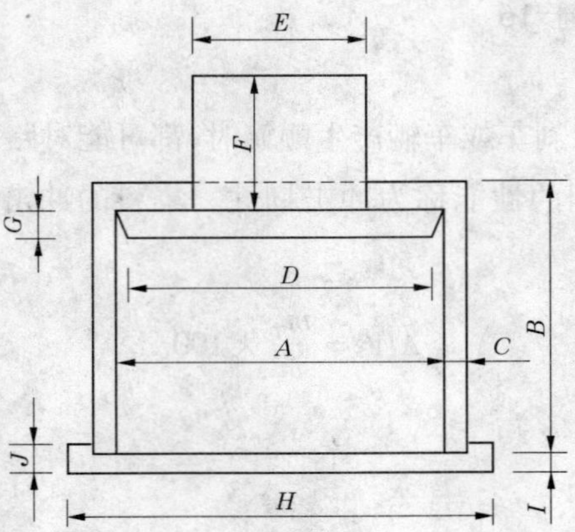

图 1-7　压碎指标值测定仪

直刮刀将表面仔细整平。称取量筒中试样质量(m_0),以相同质量的试样进行压碎值的平行试验。

(4)试验步骤。

①将试筒安放在底板上。

②将要求质量的试样分 3 次(每次数量大体相同)均匀装入试模中,每次均将试样表面整平,用金属棒的半球面端从石料表面上均匀捣实 25 次。最后用金属棒作为直刮刀将表面仔细整平。

③将装有试样的试模放到压力机上,同时将加压头放入试筒内石料面上,注意使压头摆平,勿楔挤试模侧壁。

④开动压力机,均匀地施加荷载,在 10 min 左右的时间内达到总荷载 400 kN,稳定 5 s,然后卸载。

⑤将试模从压力机上取下,取出试样。

⑥用 2.36 mm 标准筛筛分经压碎的全部试样,可分几次筛分,均须筛到在 1 min 内无明显的筛出物。

⑦称取通过 2.36 mm 筛孔的全部试样质量(m_1),精确至 1 g。

结果整理

石料压碎值按下式计算,精确至 0.1%

$$Q_a = \frac{m_1}{m_0} \times 100$$

式中　Q_a——石料压碎值(%);

m_0——试验前试样质量,g;

m_1——试验后通过 2.36 mm 筛孔的细集料质量,g。

以 3 个试样平行试验结果的算术平均值作为压碎值的测定值。

任务实施

1 任务相关知识描述

粗集料压碎值试验的主要内容如下：

(1)试验目的。

(2)试验适用范围。

(3)试验仪器设备。

(4)试验方法步骤。

(5)试验结果计算。

2 信息资料收集与分组

(1)试验仪器工具准备。

(2)试验材料准备。

(3)试验技术准备。

(4)安全操作注意事项。

(5)分组并产生组长,明确任务。

3 制定计划

(1)以小组讨论的方式制定粗集料压碎值试验计划。

(2)与学生讨论工作计划并最终定稿。

(3)填写工作计划表(见表1-23)。

4 实施计划

(1)学生按既定工作计划完成检查并填写任务工单(见表1-24)。

(2)教师监控学生操作过程,及时更正学生的错误。

5 检查结果

(1)检查学生是否填写完整任务工单。

(2)回答学生所提出的问题。

(3)学生以小组讨论方式进行工作评估。

评价反馈

(1)对小组工作进行综合评价。

(2)提出改进意见和注意事项。

(3)填写任务评价表(见表1-25)。

表 1-23　粗集料压碎值试验工作计划表

<table>
<tr><td>姓名：</td><td>学号：</td><td>班级：</td><td>组别：</td></tr>
<tr><td>任务名称</td><td colspan="3"></td></tr>
<tr><td>个人工作实施计划</td><td colspan="3"></td></tr>
<tr><td>小组其他计划特色点</td><td colspan="3"></td></tr>
<tr><td>辅导教师意见</td><td colspan="3"></td></tr>
<tr><td>个人工作实施计划定稿</td><td colspan="3"></td></tr>
</table>

表 1-24　粗集料压碎值试验任务工单

<table>
<tr><td colspan="2">姓名：</td><td>学号：</td><td>班级：</td><td>组别：</td></tr>
<tr><td colspan="3" rowspan="2">评价等级：</td><td>教师签字：</td><td>成绩：</td></tr>
<tr><td>日期：</td><td>学时：</td></tr>
<tr><td>任务名称</td><td colspan="4">粗集料压碎值试验</td></tr>
<tr><td>能力目标</td><td colspan="4">1. 能够说出任务目的和适用范围；
2. 能够准备任务所需仪器和材料；
3. 能够独立操作任务过程；
4. 能够正确取得任务结果；
5. 能够做好仪器保养。</td></tr>
<tr><td>任务准备</td><td colspan="4">相关仪器设备和任务试样的准备</td></tr>
<tr><td>信息获取</td><td colspan="4">1. 任务目的和适用范围(15 分)
目的：____________________
____
____
适用范围：____________________
____
____
2. 任务所需仪器设备(15 分)
____
____
____
____
____
____
____
____________________</td></tr>
</table>

续表 1-24

任务操作与要点	3. 任务准备(15 分) 4. 任务步骤(40 分) 5. 结果整理(15 分)

表 1-25　粗集料压碎值试验任务评价表

评价内容	评价指标	评价等级		
		自我	小组	教师
专业能力	A. 具有安全、文明生产和环境保护的相关知识和技能。(10 分)			
	B. 高质量地完成工作任务,操作娴熟,任务工单得 85 分以上。(10 分)			
	C. 任务工单中数据真实,步骤完整,能用来描述整个过程。(10 分)			
	D. 具备了独立完成工作任务的能力。(10 分)			
社会能力	A. 具有良好的职业道德,遵守实验室管理规定。(5 分)			
	B. 具有较强的口头和书面表达能力,良好的人际交流沟通能力。(10 分)			
	C. 具有良好的团队合作精神和客户服务意识。(10 分)			
	D. 具有良好的心理素质和克服困难的能力。(5 分)			
方法能力	A. 能够制定完善的工作计划。(5 分)			
	B. 能够借助网络、文件资料等手段查找所需信息。(10 分)			
	C. 能够独立完成任务。(5 分)			
	D. 能够检查评估工作任务,并能从个案中寻找共性。(10 分)			
辅导教师关于此次任务的改进意见		总评		

单元 2　水泥试验

学习目标

1. 能描述各类水泥的生产过程、相关性质及特点。
2. 能分析各类水泥的使用条件及环境。
3. 能正确、熟练使用相关仪器进行水泥性质试验检测。
4. 能正确评定水泥试验检测结果，并会对结果进行原因分析。

任务描述

水泥呈粉末状，是一种水硬性胶凝材料，是制造各种形式的混凝土、钢筋混凝土和预应力钢筋混凝土构筑物的最基本的组成材料，广泛用于道路、建筑、水利和国防工程中。

水泥按用途和性能分为通用水泥、专用水泥、特性水泥三大类。通用水泥是指广泛用于一般建筑工程的水泥，如硅酸盐水泥、普通硅酸盐水泥（简称普通水泥）、矿渣硅酸盐水泥（简称矿渣水泥）、火山灰质硅酸盐水泥（简称火山灰水泥）、粉煤灰硅酸盐水泥（简称粉煤灰水泥）和复合硅酸盐水泥（简称复合水泥）等；专用水泥是指有专门用途的水泥，如道路水泥、油井水泥、大坝水泥；而特性水泥是指某种性能比较突出的水泥，如快硬硅酸盐水泥、抗硫酸盐硅酸盐水泥、低热微膨胀水泥等。

水泥按矿物组成可划分为硅酸盐水泥、铝酸盐水泥、硫铝酸盐水泥、氟铝酸盐水泥等。目前，在道路建筑中以硅酸盐水泥和普通硅酸盐水泥为主。

1. 硅酸盐水泥的定义。

凡由硅酸盐水泥熟料、0～5%的石灰石或粒化高炉矿渣、适量石膏磨细制成的水硬性胶凝材料，称为硅酸盐水泥（即波特兰水泥）。硅酸盐水泥分为两种类型：不掺混合材料的称为Ⅰ型硅酸盐水泥，代号为P·Ⅰ；在硅酸盐水泥粉磨时掺加不超过水泥质量5%的石灰石或粒化高炉矿渣混合材料的称为Ⅱ型硅酸盐水泥，代号为P·Ⅱ。

2. 硅酸盐水泥的生产和矿物组成。

(1)硅酸盐水泥的生产。

生产硅酸盐水泥的原料主要是石灰质原料（如石灰石、白垩等）和黏土质原料（如黏土、黄土和页岩等）两类，一般常配以辅助原料（如铁矿石、砂岩等）。石灰质原料主要提供 CaO，黏土质原料主要提供 SiO_2、Al_2O_3 及少量的 Fe_2O_3，辅助原料常用以校正 Fe_2O_3 或 SiO_2 的不足。

生产硅酸盐水泥原料的化学组成如表 2-1 所示。

硅酸盐水泥的生产过程是：

①把几种原材料按适当比例配合在磨机中磨成生料。

②将制备好的生料入窑进行煅烧，至 1 450 ℃左右生成以硅酸钙为主要成分的硅酸盐水泥熟料。

表 2-1　硅酸盐水泥生产原料的化学组成

氧化物名称	化学成分	常用缩写	含量
氧化钙	CaO	C	62% ~67%
氧化硅	SiO_2	S	19% ~24%
氧化铝	Al_2O_3	A	4% ~7%
氧化铁	Fe_2O_3	F	2% ~5%

③为调节水泥的凝结速度，在烧成的熟料中加入3%左右的石膏共同磨细，即为硅酸盐水泥。

也就是说，硅酸盐水泥的生产过程分为制备生料、煅烧熟料、粉磨水泥三个主要阶段，该生产工艺过程可概括为两磨一烧。其生产流程如图 2-1 所示。

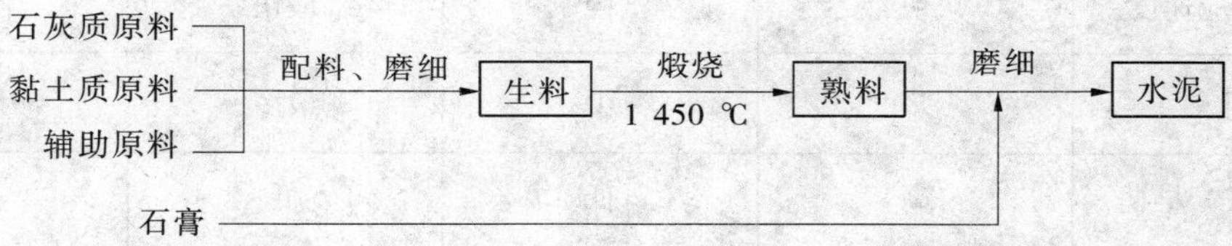

图 2-1　硅酸盐水泥的生产过程

在硅酸盐水泥生产中加入适量石膏的目的是延缓水泥的凝结速度，使之便于施工操作。石膏的掺加量一般为水泥质量的3% ~5%。作为缓凝剂的石膏，可采用建筑石膏、天然二水石膏或工业副产品石膏。

(2)硅酸盐水泥的矿物组成。

硅酸盐水泥的主要化学成分是氧化钙(CaO)、氧化硅(SiO_2)、氧化铝(Al_2O_3)和氧化铁(Fe_2O_3)。经过高温煅烧后，CaO、SiO_2、Al_2O_3、Fe_2O_3 四种成分化合为熟料中的主要矿物组成，它们的名称和含量范围如下：

硅酸三钙　$3CaO \cdot SiO_2$(简写为 C_3S)　37% ~60%；

硅酸二钙　$2CaO \cdot SiO_2$(简写为 C_2S)　15% ~37%；

铝酸三钙　$3CaO \cdot Al_2O_3$(简写为 C_3A)　7% ~15%；

铁铝酸四钙　$4CaO \cdot Al_2O_3 \cdot Fe_2O_3$(简写为 C_4AF)　10% ~18%。

前两种矿物称为硅酸盐矿物，一般占总量的75% ~82%；后两种矿物称为熔剂矿物，一般占总量的18% ~25%。这四种矿物成分的主要特征如下：

①硅酸三钙。

硅酸三钙的水化速率较快，水化热较大，且主要在水化反应早期释放，强度最高，且能不断得到增长，是决定水泥强度等级高低的最主要矿物。

②硅酸二钙。

硅酸二钙的水化速度最慢，水化热最小，且主要在水化反应后期释放，早期强度低而后期强度高，是保证水泥后期强度增长的主要矿物，耐化学侵蚀性和干缩性较好。

③铝酸三钙。

铝酸三钙的水化速率极快，水化热最大，且主要在水化反应早期释放，硬化时体积减缩也最大。早期强度增长率很快，但强度不高，而且以后几乎不再增长，甚至降低，铝酸三钙是影响水泥凝结时间的主要矿物之一。其耐化学侵蚀性差，干缩性大。

④铁铝酸四钙。

铁铝酸四钙遇水反应较快，水化热较高，强度较低，但对水泥抗折强度起重要作用，耐化学侵蚀性好，干缩性小。

硅酸盐水泥的主要矿物组成与特性归纳如表2-2所示。

表2-2　硅酸盐水泥的主要矿物组成与特性

矿物组成		硅酸三钙（C_3S）	硅酸二钙（C_2S）	铝酸三钙（C_3A）	铁铝酸四钙（C_4AF）
与水反应速度		快	慢	最快	快
水化热		多	少	最多	中
强度	早期	高	低	低	低
	后期	高	高	低	低
耐化学侵蚀		中	良	差	优
干缩性		中	小	大	小

水泥是由多种矿物组分组成的，改变各矿物组分的含量比例以及它们之间的匹配，则可生产各种性能各异的水泥。例如，提高C_3S含量可制得高强度水泥；降低C_3S、C_3A含量，提高C_2S含量则可制得低热大坝水泥；提高C_4AF和C_3S含量则可制得较高抗折强度的道路水泥。

3.硅酸盐水泥的水化、凝结硬化。

(1)硅酸盐水泥的水化。

水泥加水拌和后，水泥颗粒立即分散于水中并与水发生化学反应。水泥熟料各种矿物水化反应可近似用如下化学反应式表示：

硅酸三钙　$2(3CaO \cdot SiO_2) + 6H_2O \rightarrow 3CaO \cdot 2SiO_2 \cdot 3H_2O + 3Ca(OH)_2$

（水化硅酸钙凝胶）（氢氧化钙晶体）

硅酸二钙　$2(2CaO \cdot SiO_2) + 4H_2O \rightarrow 3CaO \cdot 2SiO_2 \cdot 3H_2O + Ca(OH)_2$

铝酸三钙　$3CaO \cdot Al_2O_3 + 6H_2O \rightarrow 3CaO \cdot Al_2O_3 \cdot 6H_2O$

（水化铝酸钙晶体）

铁铝酸四钙　$4CaO \cdot Al_2O_3 \cdot Fe_2O_3 + 7H_2O \rightarrow 3CaO \cdot Al_2O_3 \cdot 6H_2O + CaO \cdot Fe_2O_3 \cdot H_2O$

（水化铁酸钙凝胶）

由此可见，水泥水化后的产物主要为：水化硅酸钙（$3CaO \cdot 2SiO_2 \cdot 3H_2O$）、氢氧化钙（$Ca(OH)_2$）、水化铁酸钙（$CaO \cdot Fe_2O_3 \cdot H_2O$）和水化铝酸钙（$3CaO \cdot Al_2O_3 \cdot 6H_2O$，简写为 C_3AH_6）。另外，还有水化铝酸钙与石膏反应生成的高硫型水化硫铝酸钙（又称钙矾石），反应式为

$$3CaO \cdot Al_2O_3 \cdot 6H_2O + 3(CaSO_4 \cdot 2H_2O) + 19H_2O \rightarrow 3CaO \cdot Al_2O_3 \cdot 3CaSO_4 \cdot 31H_2O$$

（高硫型水化硫铝酸钙，简化为 AFt）

在有石膏的情况下，C_3A 水化的最终产物与石膏掺量有关。最初形成的是高硫型水化硫铝酸钙，即钙矾石，用 AFt 表示。若石膏在 C_3A 完全水化前耗尽，则钙矾石与 C_3A 作用转化为单硫型水化硫铝酸钙，用 Afm 表示。钙矾石是一种难溶于水的针状晶体，沉淀在水泥颗粒表面，阻止了水分的进入，降低了水泥的水化速度，减缓了水泥的凝结时间。

以上是水泥水化的主要反应。在水化产物中，水化硅酸钙所占比例最大，占70%以上；氢氧化钙次之，占20%左右。其中，水化硅酸钙、水化铁酸钙为凝胶体；而氢氧化钙、水化铝酸钙、钙矾石皆为晶体。

(2)硅酸盐水泥的凝结硬化。

水泥加水拌和后形成可塑性的水泥浆，随着水化反应的进行，水泥浆体逐渐变稠失去可塑性，这一过程称为水泥的凝结；随着反应的继续进行，失去可塑性的水泥浆逐渐产生强度并发展成为坚硬的水泥石，这一过程称为水泥的硬化。水泥的凝结、硬化是人为划分的，实际上这是一个连续、复杂的物理化学变化过程。

水泥的水化和凝结硬化是从水泥颗粒的表面开始，逐渐往水泥颗粒的内核深入进行的。开始时水化速度快，水泥的强度增长也较快；但由于水化不断进行，堆积在水泥颗粒周围的水化物不断增多，阻碍了水和水泥未水化部分的接触，水化减慢，强度增长也逐渐减慢，但无论时间多久，水泥颗粒的内核都很难完全水化。因此，在硬化水泥石中，同时包含有水泥熟料的水化产物、未水化的水泥颗粒。水（自由水和吸附水）和孔隙（毛细孔和凝胶孔），在不同时期相对数量的变化，使水泥石的性质随之改变。

4. 硅酸盐水泥的技术性质和技术标准。

(1)化学性质。

为了保证水泥的使用质量，水泥的化学指标主要是控制水泥中有害化学成分的含量，若超过最大允许限量，即意味着对水泥性能和质量可能产生有害或潜在的影响。

①氧化镁含量。

氧化镁含量是指在水泥熟料中，未与其他矿物结合的游离氧化镁的含量，是高温时形成的方镁石，它水化、硬化速度缓慢，且产生体积膨胀，导致水泥石结构产生裂缝甚至破坏，因此它是引起水泥安定性不良的原因之一。水泥中氧化镁的含量不宜超过5.0%。如果水泥经蒸压安定性试验合格，则水泥中氧化镁的含量允许放宽到6.0%。

②三氧化硫含量。

水泥中的三氧化硫主要是在生产时为调节凝结时间加入石膏而带入的，或煅烧熟料时

加入石膏矿化剂而带入的。适量石膏虽能改善水泥性能(如提高水泥强度,降低收缩性,改善抗冻、耐蚀和抗渗性等),但石膏超过一定限量后,水泥性能会变坏,甚至引起硬化后水泥石体积膨胀,导致结构物破坏。水泥中三氧化硫含量不得超过3.5%。

③烧失量。

水泥煅烧不佳或受潮后,均会导致烧失量增加。因此,烧失量是检验水泥质量的一项指标。烧失量测定是以水泥试样在950~1 000 ℃下灼烧15~20 min冷却至室温称量,如此反复灼烧,直至恒重计算灼烧前后质量损失百分率。Ⅰ型硅酸盐水泥中烧失量不得大于3.0%,Ⅱ型硅酸盐水泥中烧失量不得大于3.5%,普通硅酸盐水泥的烧失量不得大于5.0%。

④不溶物。

水泥中不溶物是用盐酸溶解滤去不溶残渣,经碳酸钠处理再用盐酸中和,高温灼烧至恒重后称量,灼烧后不溶物质量占试样总质量比例为不溶物含量。过多的不溶物(惰性),将影响水泥的活性。Ⅰ型硅酸盐水泥中不溶物含量不得超过0.75%,Ⅱ型硅酸盐水泥中不溶物含量不得超过1.50%。

⑤氯离子。

氯离子是引起钢筋锈蚀的主要因素,故其含量需要加以控制。规范规定硅酸盐水泥中氯离子的含量不得大于0.06%。

(2)物理性质。

详见学习任务。

5.硅酸盐水泥的特性、应用与储运。

(1)特性与应用。

①凝结硬化快,早期强度和后期强度均较高。

硅酸盐水泥的凝结硬化速度快,强度高,适用于有早强要求的混凝土工程、冬季施工的混凝土工程、地上及地下重要结构中的高强混凝土和预应力混凝土工程中。

②抗冻性好。

硅酸盐水泥采用合理的配合比和充分养护后,可获得低孔隙率的水泥石,并有足够的强度,因此具有优良的抗冻性,适用于严寒地区水位升降范围内遭受反复冻融的混凝土工程。

③水化热大。

硅酸盐水泥熟料中含有较多的C_3S和C_3A,水化时放热速度快且放热量大,因此不宜用于大体积混凝土工程,可用于冬季施工的工程中。

④耐腐蚀性差。

由于硅酸盐水泥的水化产物中含有较多的$Ca(OH)_2$和C_3AH_6,耐软水侵蚀和化学侵蚀性能较差,故不宜用于经常与流动淡水或硫酸盐等腐蚀性介质接触的工程。

⑤耐热性差。

硅酸盐水泥的水化产物中有一些成分在高温下会脱水或分解,使水泥石的强度降低甚至破坏,因此硅酸盐水泥不宜用于有耐热要求的混凝土工程中。

⑥抗碳化性能好，适用于 CO_2 浓度较高的环境。

⑦干缩小。

硅酸盐水泥在硬化过程中，形成大量的水化硅酸钙凝胶体，使水泥石密实且游离水分少，干缩小，可用于干燥环境中的混凝土工程中。

⑧耐磨性好。

硅酸盐水泥强度高，耐磨性好，可用于路面水泥混凝土工程中。

(2)储存与运输。

硅酸盐水泥在储存与运输过程中，应按不同品种、不同强度等级及出厂日期分别储运，不得混杂，要注意防潮、防水。

即使是良好的储存条件，水泥也不宜久存。在空气中水蒸气及 CO_2 的作用下，水泥会发生部分水化和碳化，使水泥的强度及胶结力降低。一般水泥在储存3个月后，强度降低10%～20%，6个月后降低15%～30%。水泥的有效储存期为3个月，存放期超过3个月的水泥在使用时必须重新鉴定其技术性能。

6. 硅酸盐水泥石的腐蚀和防止。

(1)水泥石的腐蚀。

硅酸盐水泥应用于配制各种道路与桥隧构筑物的混凝土，在正常环境条件下，水泥石将继续硬化，强度不断增长。但是在某些环境条件(如受到某些侵蚀性液体或气体的作用)下，也能引起水泥石强度的降低，严重的甚至引起混凝土的破坏，这种现象称为水泥石的腐蚀。现将道路与桥隧构筑物中可能遇到的几种腐蚀简述如下。

①溶析性侵蚀。

溶析性侵蚀又称溶出侵蚀或淡水侵蚀，就是硬化后混凝土中的水泥水化产物被淡水溶解而带走的一种侵蚀现象。

在硅酸盐水泥的水化产物中，$Ca(OH)_2$ 的溶解度最大，在淡水中会首先被溶出。当水量不多，或在静水、无压的情况下，水中 $Ca(OH)_2$ 的浓度很快达到饱和程度，溶出作用也就终止。但在大量或流动的水中，水流会不断地将 $Ca(OH)_2$ 溶出并带走，不仅使混凝土的密度和强度降低，还导致了水化硅酸钙和水化铝酸钙的分解，最终可能引起整体结构物的破坏。

②硫酸盐侵蚀。

穿越海湾、沼泽或跨越污染河流的道路结构、沿线桥涵墩台，有时会受到海水、沼泽水、工业污水的侵蚀，这些水中常常含有碱性硫酸盐(如 Na_2SO_4、K_2SO_4)等。这些硫酸盐先与水泥石中的氢氧化钙作用生成硫酸钙，即二水石膏($CaSO_4 \cdot 2H_2O$)，这种生成物再与水泥石中的水化铝酸钙反应生成水化硫铝酸钙(即钙矾石)，其体积增大1.5倍，从而使硬化水泥石中的固相体积增加很多，产生相当大的结晶压力，造成水泥石开裂甚至毁坏。

③镁盐侵蚀。

在海水、地下水或矿泉水中，常含有较多的镁盐，一般以氯化镁、硫酸镁的形态存在。镁盐与水泥石中的氢氧化钙反应生成无胶结能力的氢氧化镁、极易溶于水的氯化钙，或生成二水石膏导致水泥石结构的破坏。

④碳酸侵蚀。

在工业污水或地下水中常溶解有较多的二氧化碳(CO_2),CO_2 与水泥石中的氢氧化钙 $Ca(OH)_2$ 作用,可生成碳酸钙($CaCO_3$),$CaCO_3$ 再与水中的碳酸作用,生成可溶的重碳酸钙 $Ca(HCO_3)_2$ 而溶失,使水泥石的强度下降。

(2)水泥石腐蚀的防止。

根据以上分析可知,引起水泥石腐蚀的主要内因是水泥石中含有相当数量的氢氧化钙,以及一定数量的水化铝酸钙(C_3A 的水化产物)。水泥石中的各种孔隙及孔隙通道使得外界侵蚀性介质易于侵入。所以,为防止或减轻水泥石的腐蚀,通常可采取下列措施:

①根据腐蚀环境特点,合理选用水泥品种。

可以选用水化产物中 $Ca(OH)_2$ 含量少的水泥,以降低氢氧化钙溶失对水泥石的危害;选用 C_3A 含量低的水泥,降低硫酸盐类的腐蚀作用。

②提高水泥石的密实程度,降低水泥石的孔隙率。

水泥石内部存在的孔隙是水泥石产生腐蚀的内因之一。通过采用诸如合理设计混凝土配合比、降低水灰比、合理选择集料、掺外加剂及改善施工方法等,可以提高水泥石的密实度,增强其抗腐蚀能力。另外,也可以对水泥石表面进行处理,如碳化等,增加其表层密实度,从而达到防腐的目的。

③敷设耐腐蚀保护层。

当腐蚀作用较强时,可以在水泥混凝土表面敷设一层耐腐蚀性强且不透水的保护层(通常可采用耐酸石料、耐酸陶瓷、玻璃、塑料或沥青等),以杜绝或减少腐蚀介质渗入水泥石内部。

学习任务1　水泥细度试验

相关知识

1　概述

水泥的细度是指水泥颗粒的粗细程度。水泥颗粒越细,水泥水化速度越快,早期强度越高。但水泥过细,在空气中的硬化收缩也较大,使水泥发生裂缝的可能性增加;并且磨制过细的水泥,将消耗较多的粉磨能量,水泥生产成本提高。因此,对水泥细度必须予以合理控制。水泥细度有两种表示方法:

(1)筛析法。以 80 μm 方孔筛上的筛余量百分率表示。我国现行行业标准《公路工程水泥及水泥混凝土试验规程》(JTG E30—2005)规定,筛析法有负压筛法和水筛法两种,有争议时,以负压筛法为准。

(2)比表面积法。以每千克水泥总表面积(m^2)表示,其测定采用勃氏通气法。我国现行标准《通用硅酸盐水泥》(GB 175—2007)规定:硅酸盐水泥和普通硅酸盐水泥以比表面积表示,其值不小于 300 m^2/kg;矿渣硅酸盐水泥、火山灰质硅酸盐水泥、粉煤灰硅酸盐水泥和复合硅酸盐水泥以筛余表示,80 μm 方孔筛筛余不大于 10% 或 45 μm 方孔筛筛余不大于30%。

2 任务过程

水泥细度试验

(1)任务标准。

《公路工程水泥及水泥混凝土试验规程》(JTG E30—2005)适用于硅酸盐水泥、普通水泥、矿渣水泥、火山灰水泥、粉煤灰水泥以及指定采用本标准的其他品种水泥。

(2)方法原理。

本标准是采用80 μm筛对水泥试样进行筛析试验,用筛网上所得筛余物的质量占试样原始质量的百分数来表示水泥样品的细度。

(3)仪器设备。

①负压筛析仪(见图2-2)。

a. 负压筛析仪由筛座、负压筛、负压源及收尘器组成,其中筛座由转速为(30±2)r/min的喷气嘴、负压表、控制板、微电机及壳体等构成。

b. 筛析仪负压可调范围为4 000~6 000 Pa。

②天平:最大称量为100 g,分度值不大于0.05 g。

图2-2 负压筛析仪

(4)试验步骤。

①筛析试验前,应把负压筛放在筛座上,盖上筛盖,接通电源,检查控制系统,调节负压至4 000~6 000 Pa范围内。

②放在筛座上,开动筛析仪连续筛析2 min,在此期间若有试样附着在筛盖上,可轻轻地敲击,使试样落下。筛毕,用天平称量筛余物。

③当工作负压小于4 000 Pa时,应清理吸尘器内的水泥,使负压恢复正常。

④试验筛的清洗:试验筛必须经常保持洁净,筛孔通畅。当其筛孔被水泥堵塞影响筛余量时,可用弱酸浸泡,用毛刷轻轻地刷洗,用淡水冲净、晾干。

(5)任务结果。

水泥试样筛余百分数按下式计算

$$F = \frac{R_s}{m} \times 100 \tag{2-1}$$

式中 F——水泥试样的筛余百分数(%);

R_s——水泥筛余物的质量,g;

m——水泥试样的质量,g。

计算结果精确至0.1%。

任务实施

1 任务相关知识描述

水泥细度试验的主要内容如下：

(1)水泥细度试验目的。

(2)水泥细度试验适用范围。

(3)水泥细度试验仪器设备。

(4)水泥细度试验方法步骤。

(5)水泥细度试验结果计算。

2 信息资料收集与分组

(1)水泥细度试验仪器工具准备。

(2)水泥细度试验材料准备。

(3)水泥细度试验技术准备。

(4)安全操作注意事项。

(5)分组并产生组长,明确任务。

3 制定计划

(1)以小组讨论的方式制定水泥细度试验计划。

(2)与学生讨论工作计划并最终定稿。

(3)填写工作计划表(见表2-3)。

4 实施计划

(1)学生按既定工作计划完成检查并填写任务工单(见表2-4)。

(2)教师监控学生操作过程,及时更正学生的错误。

5 检查结果

(1)检查学生是否填写完整任务工单。

(2)回答学生所提出的问题。

(3)学生以小组讨论方式进行工作评估。

评价反馈

(1)对小组工作进行综合评价。

(2)提出改进意见和注意事项。

(3)填写任务评价表(见表2-5)。

表 2-3　水泥细度试验工作计划表

<table>
<tr><td colspan="2">姓名：</td><td>学号：</td><td>班级：</td><td>组别：</td></tr>
<tr><td colspan="2">任务名称</td><td colspan="3"></td></tr>
<tr><td>个人工作实施计划</td><td colspan="4"></td></tr>
<tr><td>小组其他计划特色点</td><td colspan="4"></td></tr>
<tr><td>辅导教师意见</td><td colspan="4"></td></tr>
<tr><td>个人工作实施计划定稿</td><td colspan="4"></td></tr>
</table>

表 2-4　水泥细度试验任务工单

<table>
<tr><td colspan="2">姓名：</td><td>学号：</td><td>班级：</td><td>组别：</td></tr>
<tr><td colspan="3" rowspan="2">评价等级：</td><td>教师签字：</td><td>成绩：</td></tr>
<tr><td>日期：</td><td>学时：</td></tr>
<tr><td>任务名称</td><td colspan="4">水泥细度试验</td></tr>
<tr><td>能力目标</td><td colspan="4">1. 能够说出任务目的和适用范围；
2. 能够准备任务所需仪器和材料；
3. 能够独立操作任务过程；
4. 能够正确取得任务结果；
5. 能够做好仪器保养。</td></tr>
<tr><td>任务准备</td><td colspan="4">相关仪器设备和任务试样的准备</td></tr>
<tr><td>信息获取</td><td colspan="4">1. 任务目的和适用范围(15 分)
目的：____________________
____
____
适用范围：____________________
____
____
2. 任务所需仪器设备(15 分)
____
____
____
____
____
____
____
____________________</td></tr>
</table>

续表 2-4

任务操作与要点	3. 任务准备(15 分) 4. 任务步骤(40 分) 5. 结果整理(15 分)

表 2-5　水泥细度试验任务评价表

评价内容	评价指标	评价等级		
		自我	小组	教师
专业能力	A. 具有安全、文明生产和环境保护的相关知识和技能。(10 分)			
	B. 高质量地完成工作任务，操作娴熟，任务工单得 85 分以上。(10 分)			
	C. 任务工单中数据真实，步骤完整，能用来描述整个过程。(10 分)			
	D. 具备了独立完成工作任务的能力。(10 分)			
社会能力	A. 具有良好的职业道德，遵守实验室管理规定。(5 分)			
	B. 具有较强的口头和书面表达能力，良好的人际交流沟通能力。(10 分)			
	C. 具有良好的团队合作精神和客户服务意识。(10 分)			
	D. 具有良好的心理素质和克服困难的能力。(5 分)			
方法能力	A. 能够制定完善的工作计划。(5 分)			
	B. 能够借助网络、文件资料等手段查找所需信息。(10 分)			
	C. 能够独立完成任务。(5 分)			
	D. 能够检查评估工作任务，并能从个案中寻找共性。(10 分)			
辅导教师关于此次任务的改进意见		总评		

学习任务2　水泥标准稠度用水量、凝结时间、体积安定性试验

相关知识

1　概述

1.1　水泥净浆标准稠度

水泥的凝结时间和体积安定性的测定结果与水泥浆稠度有关，在测试这两项指标时，必须用标准稠度的水泥净浆。我国行业标准《公路工程水泥及水泥混凝土试验规程》(JTG E30—2005)规定，水泥净浆标准稠度的标准测定方法为试杆法，以标准试杆沉入净浆，并距离底板(6±1)mm的水泥净浆稠度为标准稠度，其拌和用水量为该水泥标准稠度用水量，按水泥质量的百分比计。以试锥法(调整水量法和不变水量法)为代用法，采用调整水量法测定标准稠度用水量时，拌和水量应按经验确定加水量；采用不变水量法测定时，拌和水量为142.5 mL，水量精确到0.5 mL。如发生争议，以调整水量法为准。

水泥的标准稠度用水量受水泥的细度、水泥矿物组成等因素影响，水泥越细，标准稠度用水量越大。矿物组成中，C_3A需水量最大，C_2S需水量最小。

1.2　凝结时间

凝结时间是水泥从加水开始，到水泥浆失去可塑性所需的时间。凝结时间分初凝时间和终凝时间。初凝时间是从水泥加水至水泥浆开始失去可塑性所经历的时间，终凝时间是从加水起至水泥浆完全失去可塑性所经历的时间，凝结时间是试针沉入水泥标准稠度净浆至一定深度所需的时间。现行国家标准《水泥标准稠度用水量、凝结时间、安定性检测方法》(GB/T 1346—2001)规定：将标准稠度的水泥净浆装入凝结时间测定仪的试模中，以标准试针(分初凝用试针和终凝用试针)测试。当初凝试针沉至距底板(4±1)mm时，为水泥达到初凝状态，由水泥加水时起至达到初凝状态所经历的时间作为初凝时间；完成初凝时间测定后，将试模连同浆体翻转180°，换上终凝试针(终凝试针上装有一个环形附件)，当终凝试针沉入试体0.5 mm时，即环形附件开始不能在试体上留下痕迹时，为水泥达到终凝状态，由水泥加水时至达到终凝状态所经历的时间作为水泥的终凝时间。

水泥的凝结时间对水泥混凝土的施工具有十分重要的意义。水泥的初凝时间不宜过短，以便在施工过程中有足够的时间对混凝土进行搅拌、运输、浇筑和振捣等操作；水泥的终凝时间不宜过长，以使混凝土能尽快硬化，产生强度，提高模具周转率，加快施工进度。现行国家标准《通用硅酸盐水泥》(GB 175—2007)规定，硅酸盐水泥初凝不小于45 min，终凝不大于390 min。普通硅酸盐水泥初凝时间不小于45 min，终凝时间不大于600 min。

1.3　体积安定性

水泥的体积安定性是指水泥在凝结硬化过程中，体积变化的均匀性。如果水泥硬化后产生不均匀的体积变化，会使水泥混凝土构筑物产生膨胀性裂缝，降低建筑工程质量，甚至引起严重事故，此即体积安定性不良。

引起水泥体积安定性不良的原因是水泥熟料矿物组成中含有过多游离氧化钙、游离氧化镁，或者水泥粉磨时石膏掺量过多。当水泥原料比例不当或煅烧工艺不正常时，会产生较多的处于游离状态的氧化钙和氧化镁，其结构致密，水化速度慢，在水泥硬化后继续水化，水化物体积增大，使水泥石产生不均匀膨胀。当石膏掺量过多时，在水泥硬化后，还会继续与固态的水化铝酸钙反应生成水化硫铝酸钙，体积增加，也会导致硬化后水泥体积不均匀膨胀。以上结果，都将引起已硬化的水泥石产生张拉应力，轻者降低水泥的抗拉强度，重者导致结构破坏。

体积安定性的测法可以用雷氏法及试饼法。雷氏法是将标准稠度的水泥净浆按规定方法装入雷氏夹的环形试模中，湿养 24 h 后测定指针尖端距离，接着将其放入沸煮箱内，30 min 内加热至水沸腾，然后恒沸 3 h，待试件冷却后再测定指针尖端的距离，若沸煮前后指针尖端增加的距离不超过 5. 0 mm，则认为水泥的体积安定性合格。试饼法是将标准稠度的水泥净浆，制成直径 70 ~ 80 mm，中心厚约 10 mm 的试饼，在湿气养护箱中养护 24 h，然后在沸煮箱中加热(30 ± 5) min 至煮沸，再恒沸 3 h ± 5 min，观察试饼的外观变化，如目测试饼无裂纹，用钢直尺检查无弯曲，则认为安定性合格。

2　任务过程

水泥标准稠度用水量、凝结时间、体积安定性试验

(1)任务标准。

《公路工程水泥及水泥混凝土试验规程》(JTG E30—2005)规定了水泥标准稠度用水量、凝结时间和由游离氧化镁造成的体积安定性测试方法，适用于硅酸盐水泥、普通水泥、矿渣水泥、火山灰水泥、粉煤灰水泥以及指定采用本方法的其他品种水泥。

(2)仪器设备。

①水泥净浆搅拌机(见图 2-3)：符合 GB 3350. 8 的要求。

②净浆标准稠度测定仪(见图 2-4)：符合 GB 3350. 6 的要求。

图 2-3　水泥净浆搅拌机

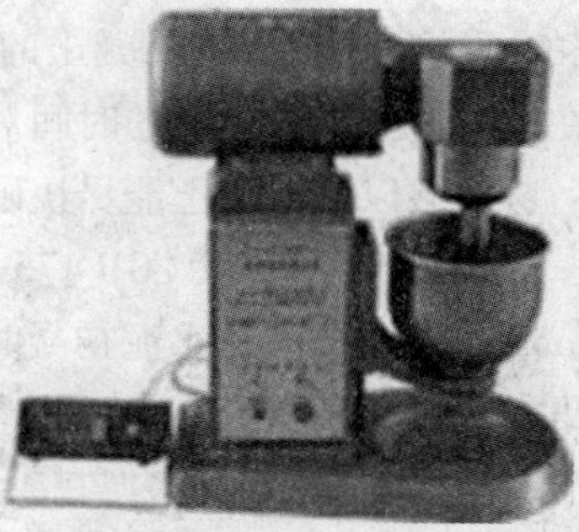

图 2-4　净浆标准稠度测定仪

③沸煮箱:有效容积约为410 mm×240 mm×310 mm,箅板结构应不影响试验结果,箅板与加热器之间的距离大于50 mm。箱的内层由不易锈蚀的金属材料制成,能在(30±5)min内将箱内的试验用水由室温升至沸腾并可保持沸腾状态3 h以上,整个试验过程中不需补充水量(见图2-5)。

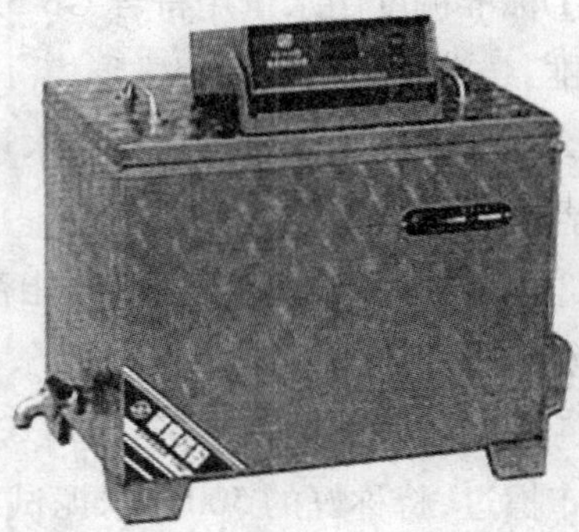

图2-5　沸煮箱

④雷氏夹:由铜质材料制成(见图2-6(a))。当一根指针的根部悬挂在一根金属丝或尼龙丝上,另一根指针的根部再挂上300 g质量的砝码时,两根指针的针尖距离增加应在(17.5±2.5)mm范围以内,即$2x=(17.5\pm2.5)$mm,当去掉砝码后针尖的距离能恢复至挂砝码前的状态。

⑤雷氏夹膨胀值测定仪(见图2-6(b)):标尺最小刻度为1 mm。

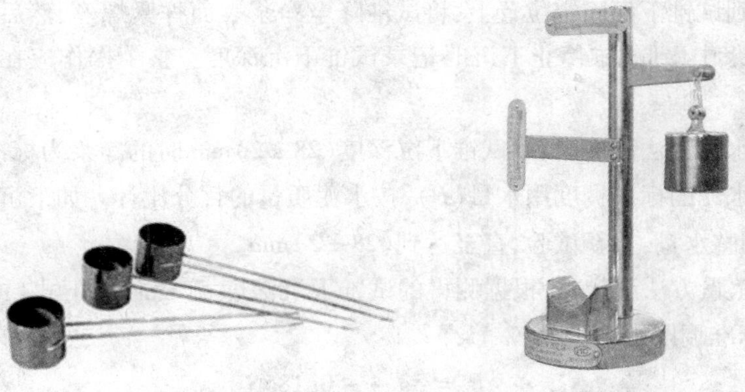

(a)雷氏夹　　(b)雷氏夹测定仪

图2-6　雷氏夹和雷氏夹测定仪

⑥量水器:最小刻度为0.1 mL,精度1%。

⑦天平:能精确称量至1 g。

⑧湿汽养护箱:应能使温度控制在(20±3)℃,湿度大于90%。

(3)任务准备。

①水泥试样应充分拌匀,通过0.9 mm方孔筛并记录筛余物情况,但要防止过筛时混进其他水泥。

②试验用水必须是洁净的淡水,当有争议时也可用蒸馏水。

③实验室的温度为17~25 ℃,相对湿度大于50%。

④水泥试样、拌和水、仪器和用具的温度应与实验室一致。

(4)标准稠度用水量的测定。

①标准稠度用水量用符合 GB 3350.6 规定的仪器进行测定，此时仪器试棒下端应为空心试锥，装净浆的试模采用锥形模。

②标准稠度用水量可用调整水量和不变水量两种方法中的任一种测定，当产生争议时，以调整水量方法为准。

③试验前须检查仪器金属棒能否自由滑动；试锥降至模顶面位置时，指针应对准标尺零点；搅拌机运转正常等。

④水泥净浆的拌制用符合 GB 3350.8 的水泥净浆搅拌机搅拌，搅拌锅和搅拌叶片先用湿棉布擦过，将称好的 500 g 水泥试样倒入搅拌锅内。拌和时，先将锅放到搅拌机底座上，升至搅拌位置，开动机器，同时徐徐加入拌和水，慢速搅拌 120 s，停拌 15 s，接着快速搅拌 120 s 后停机。采用调整水量法时，拌和水量按经验加水；采用不变水量法时，拌和水量用 142.5 mL 水，水量精确至 0.5 mL。

⑤标准稠度的测定。

a. 拌和结束后，立即将拌好的净浆装入锥模内，用小刀插捣，振动数次，刮去多余净浆；抹平后迅速放到试锥下面固定位置上，将试锥降至净浆表面拧紧螺丝，然后突然放松，让试锥自由沉入净浆中，到试锥停止下沉时记录试锥下沉深度。整个操作应在搅拌后 1.5 min 内完成。

b. 用调整水量方法测定时，以试锥下沉深度 (28 ± 2) mm 时的净浆为标准稠度净浆。其拌和水量为该水泥的标准稠度用水量(P)，按水泥质量的百分比计。如下沉深度超出范围，须另称试样，调整水量，重新试验，直至达到 (28 ± 2) mm。

c. 用不变水量方法测定时，根据测得的试锥下沉深度 S(mm) 按下式(或仪器上对应标尺)计算得到标准稠度用水量 P(%)

$$P = 33.4 - 0.185S \tag{2-2}$$

当试锥下沉深度小于 13 mm 时，应改用调整水量方法测定。

(5)凝结时间的测定。

①凝结时间用符合 GB 3350.6 规定的仪器进行测定，此时仪器试棒下端应改装为试针，装净浆的试模采用圆模。

②凝结时间的测定可以用人工测定，也可用符合本标准操作要求的自动凝结时间测定仪测定，两者有矛盾时以人工测定为准。

③测定前的准备工作：将圆模放在玻璃板上，在内侧稍稍涂上一层机油，调整凝结时间测定仪的试针接触玻璃板时，指针应对准标尺零点。

④试件的制备：将标准稠度水泥净浆一次装入圆模振动数次，刮平，然后放入湿汽养护箱内，记录开始加水的时间作为凝结时间的起始时间。

⑤凝结时间的测定：试件在湿汽养护箱中养护至加水后 30 min 时拿出进行第一次测定。测定时，从湿汽养护箱中取出圆模放到试针下，使试针与净浆面接触，拧紧螺丝 1 ~ 2

s 后突然放松，试针垂直自由沉入净浆，观察试针停止下沉时指针读数。当试针沉至距底板 3 ~5 mm 时，即为水泥达到初凝状态；当下沉不超过 0.5 mm 时，为水泥达到终凝状态。由开始加水至初凝、终凝状态的时间分别为该水泥的初凝时间和终凝时间。测定时应注意，在最初测定的操作时应轻轻扶持金属棒，使其徐徐下降以防试针撞弯，但结果以自由下落为准；在整个测试过程中试针贯入的位置至少要距圆模内壁 10 mm。临近初凝时，每隔 5 min 测定一次；临近终凝时，每隔 15 min 测定一次。到达初凝或终凝状态时应立即重复测一次，当两次结论相同时才能定为到达初凝或终凝状态。每次测定不得让试针落入原针孔，每次测试完毕须将试针擦净并将圆模放回湿汽养护箱内，整个测定过程中要防止圆模受振。

(6)安定性的测定。

①标准法——雷氏法：是测定水泥净浆在雷氏夹中沸煮后的膨胀值。

a. 雷氏夹试件的成型：将预先准备好的雷氏夹放在已稍擦油的玻璃板上，并立刻将已制好的标准稠度净浆装满试模，装模时一只手轻轻扶持试模，另一只手用宽约 10 mm 的小刀插捣 15 次左右然后抹平，盖上稍涂油的玻璃板，接着立刻将试模移至湿汽养护箱内养护(24 ±2)h。

b. 沸煮：调整好沸煮箱内的水位，使其既能保证在整个沸煮过程中都没过试件，不需中途添补试验用水，又能保证在(30 ±5)min 内升至沸腾。

脱去玻璃板取下试件，先测量试件指针尖端间的距离(A)，精确到 0.5 mm，接着将试件放入水中箅板上，指针朝上，试件之间互不交叉，然后在(30 ±5)min 内加热至沸，并恒沸 3 h ±5 min。

c. 结果判别：沸煮结束后，取出试件进行判别。测量试件指针尖端间的距离(C)，精确至 0.5 mm，当两个试件煮后增加距离($C-A$)的平均值不大于 5.0 mm 时，即认为该水泥安定性合格；当两个试件的($C-A$)值相差超过 4 mm 时，应用同一样品立即重做一次试验。

②代用法——试饼法。

a. 试饼成型方法：将制好的净浆取出一部分，分成两等份，使之呈球形，放在预先准备好的玻璃板上，轻轻振动玻璃板并用湿布擦净的小刀由边缘向中央抹动，做成直径 70 ~80 mm、中心厚约 10 mm、边缘渐薄、表面光滑的试饼，接着将试饼放入湿气养护箱内养护(24 ±2)h。

b. 沸煮：从玻璃板上取下试饼，在试饼无缺陷的情况下，将试饼放在沸煮箱的水中箅板上，然后在(30 ±5)min 内加热至水沸腾，并恒沸 3 h ±5 min。

c. 结果判别：沸煮结束后，取出试件进行判别。目测试饼未发现裂缝，用钢直尺检查也没有弯曲(使钢直尺和试饼底部紧靠，以两者间不透光为不弯曲)的试饼为安定性合格；反之，为不合格。

注：当两种方法测得结果矛盾时，以雷氏法为准。

任务实施

1 任务相关知识描述

水泥标准稠度用水量、凝结时间、体积安定性试验的主要内容如下：

(1)试验目的。

(2)试验适用范围。

(3)试验仪器设备。

(4)试验方法步骤。

(5)试验结果计算。

2 信息资料收集与分组

(1)试验仪器工具准备。

(2)试验材料准备。

(3)试验技术准备。

(4)安全操作注意事项。

(5)分组并产生组长，明确任务。

3 制定计划

(1)以小组讨论的方式制定试验计划。

(2)与学生讨论工作计划并最终定稿。

(3)填写工作计划表(见表2-6)。

4 实施计划

(1)学生按既定工作计划完成检查并填写任务工单(见表2-7～表2-9)。

(2)教师监控学生操作过程，及时更正学生的错误。

5 检查结果

(1)检查学生是否填写完整任务工单。

(2)回答学生所提出的问题。

(3)学生以小组讨论方式进行工作评估。

评价反馈

(1)对小组工作进行综合评价。

(2)提出改进意见和注意事项。

(3)填写任务评价表(见表2-10)。

表 2-6　水泥标准稠度用水量、凝结时间、体积安定性试验工作计划表

姓名：	学号：	班级：	组别：
任务名称			
个人工作实施计划			
小组其他计划特色点			
辅导教师意见			
个人工作实施计划定稿			

表 2-7 水泥标准稠度用水量试验任务工单

<table>
<tr><td>姓名：</td><td>学号：</td><td>班级：</td><td>组别：</td></tr>
<tr><td colspan="2" rowspan="2">评价等级：</td><td>教师签字：</td><td>成绩：</td></tr>
<tr><td>日期：</td><td>学时：</td></tr>
<tr><td>任务名称</td><td colspan="3">水泥标准稠度用水量试验</td></tr>
<tr><td>能力目标</td><td colspan="3">1. 能够说出任务目的和适用范围；
2. 能够准备任务所需仪器和材料；
3. 能够独立操作任务过程；
4. 能够正确取得任务结果；
5. 能够做好仪器保养。</td></tr>
<tr><td>任务准备</td><td colspan="3">相关仪器设备和任务试样的准备</td></tr>
<tr><td>信息获取</td><td colspan="3">1. 任务目的和适用范围(15 分)
目的：________________
____
____
适用范围：________________
____
____
2. 任务所需仪器设备(15 分)
____
____
____
____
____
____
____
________________</td></tr>
</table>

续表 2-7

任务操作与要点	3. 任务准备(15 分) 4. 任务步骤(40 分) 5. 结果整理(15 分)

表 2-8　水泥凝结时间试验任务工单

姓名：	学号：	班级：	组别：
评价等级：		教师签字：	成绩：
		日期：	学时：
任务名称	水泥凝结时间试验		
能力目标	1. 能够说出任务目的和适用范围； 2. 能够准备任务所需仪器和材料； 3. 能够独立操作任务过程； 4. 能够正确取得任务结果； 5. 能够做好仪器保养。		
任务准备	相关仪器设备和任务试样的准备		
信息获取	1. 任务目的和适用范围(15 分) 目的：________________ ________________ ________________ 适用范围：________________ ________________ ________________ 2. 任务所需仪器设备(15 分) ________________ ________________ ________________ ________________ ________________ ________________ ________________ ________________		

续表 2-8

任务操作与要点	3. 任务准备(15 分) 4. 任务步骤(40 分) 5. 结果整理(15 分)

表 2-9　水泥体积安定性试验任务工单

<table>
<tr><td colspan="2">姓名：</td><td>学号：</td><td>班级：</td><td>组别：</td></tr>
<tr><td colspan="3" rowspan="2">评价等级：</td><td>教师签字：</td><td>成绩：</td></tr>
<tr><td>日期：</td><td>学时：</td></tr>
<tr><td>任务名称</td><td colspan="4">水泥体积安定性试验</td></tr>
<tr><td>能力目标</td><td colspan="4">1. 能够说出任务目的和适用范围；
2. 能够准备任务所需仪器和材料；
3. 能够独立操作任务过程；
4. 能够正确取得任务结果；
5. 能够做好仪器保养。</td></tr>
<tr><td>任务准备</td><td colspan="4">相关仪器设备和任务试样的准备</td></tr>
<tr><td>信息获取</td><td colspan="4">1. 任务目的和适用范围(15 分)
目的：____________________
____
____
适用范围：____________________
____
____
2. 任务所需仪器设备(15 分)
____
____
____
____
____
____
____
____________________</td></tr>
</table>

续表 2-9

任务操作与要点	3. 任务准备(15 分) ________________ ________________ ________________ ________________ 4. 任务步骤(40 分) ________________ ________________ ________________ ________________ ________________ ________________ ________________ ________________ ________________ 5. 结果整理(15 分) ________________ ________________ ________________ ________________ ________________ ________________ ________________

表 2-10　水泥标准稠度用水量、凝结时间、体积安定性试验任务评价表

<table>
<tr><td rowspan="2">评价内容</td><td rowspan="2">评价指标</td><td colspan="3">评价等级</td></tr>
<tr><td>自我</td><td>小组</td><td>教师</td></tr>
<tr><td rowspan="4">专业能力</td><td>A. 具有安全、文明生产和环境保护的相关知识和技能。(10 分)</td><td rowspan="4"></td><td rowspan="4"></td><td rowspan="4"></td></tr>
<tr><td>B. 高质量地完成工作任务，操作娴熟，任务工单得 85 分以上。(10 分)</td></tr>
<tr><td>C. 任务工单中数据真实，步骤完整，能用来描述整个过程。(10 分)</td></tr>
<tr><td>D. 具备了独立完成工作任务的能力。(10 分)</td></tr>
<tr><td rowspan="4">社会能力</td><td>A. 具有良好的职业道德，遵守实验室管理规定。(5 分)</td><td rowspan="4"></td><td rowspan="4"></td><td rowspan="4"></td></tr>
<tr><td>B. 具有较强的口头和书面表达能力，良好的人际交流沟通能力。(10 分)</td></tr>
<tr><td>C. 具有良好的团队合作精神和客户服务意识。(10 分)</td></tr>
<tr><td>D. 具有良好的心理素质和克服困难的能力。(5 分)</td></tr>
<tr><td rowspan="4">方法能力</td><td>A. 能够制定完善的工作计划。(5 分)</td><td rowspan="4"></td><td rowspan="4"></td><td rowspan="4"></td></tr>
<tr><td>B. 能够借助网络、文件资料等手段查找所需信息。(10 分)</td></tr>
<tr><td>C. 能够独立完成任务。(5 分)</td></tr>
<tr><td>D. 能够检查评估工作任务，并能从个案中寻找共性。(10 分)</td></tr>
<tr><td>辅导教师关于此次任务的改进意见</td><td colspan="4">

总评</td></tr>
</table>

学习任务3　水泥胶砂强度试验

相关知识

1　概述

强度是水泥技术要求中最基本的指标,也是水泥的重要技术性质之一,它直接反映了水泥的质量水平和使用价值。水泥的强度越高,其胶结力也越大。水泥强度除与水泥本身的性质(熟料矿物组成、细度等)有关外,还与水灰比、试验方法、试验条件、养护龄期等因素有关。

目前,我国水泥的强度检验采用《水泥胶砂强度检验方法》(GB/T 17671—1999)来评定水泥的强度等级。此方法是将水泥、标准砂及水按规定的比例(水泥∶标准砂∶水 = 1∶3∶0.5),用规定方法制成 40 mm × 40 mm × 160 mm 的标准试件,在标准养护条件下,达规定龄期(3 d、28 d)时,测其抗折强度和抗压强度,按国家标准《通用硅酸盐水泥》(GB 175—2007)规定的最低强度值来评定其所属强度等级。

1.1　水泥强度等级

按规定龄期抗压强度和抗折强度来划分,硅酸盐水泥各龄期强度不低于表 2-11 的数值。在规定各龄期的抗压强度和抗折强度均符合某一强度等级的最低强度值要求时,以 28 d 抗压强度值(MPa)作为强度等级,硅酸盐水泥强度等级分为 42.5、42.5R、52.5、52.5R、62.5、62.5R 六个强度等级。

水泥 28 d 以前强度称为早期强度,28 d 及其以后强度称为后期强度。

表 2-11　硅酸盐水泥的强度指标

强度等级	抗压强度(MPa)		抗折强度(MPa)	
	3 d	28 d	3 d	28 d
42.5	17.0	42.5	3.5	6.5
42.5R	22.0	42.5	4.0	6.5
52.5	23.0	52.5	4.0	7.0
52.5R	27.0	52.5	5.0	7.0
62.5	28.0	62.5	5.0	8.0
62.5R	32.0	62.5	5.5	8.0

1.2　水泥型号

为提高水泥早期强度,我国现行标准将水泥分为普通型和早强型(或称 R 型)两个型号。早强型水泥 3 d 的抗压强度较同强度等级的普通型强度提高 10% ~24%,早强型水泥的 3 d 抗压强度可达 28 d 抗压强度的 50%。水泥混凝土路面用水泥,在供应条件允许时,应尽量优先选用早强型水泥,以缩短混凝土养护时间,提早通车。

为了确保水泥在工程中的使用质量,生产厂在控制出厂水泥 28 d 的抗压强度时,均留有一定的富余强度。在设计混凝土强度时,可采用水泥实际强度。通常富余强度系数为 1.00 ~1.13。

我国现行国家标准《通用硅酸盐水泥》(GB 175—2007)规定:凡化学指标、凝结时间、安定性、强度的检验结果符合标准规定的为合格品;凡化学指标、凝结时间、安定性、强度中的任一项不符合标准规定的为不合格品。

2　任务过程

水泥胶砂强度试验

(1)目的与适用范围。

本方法适用于硅酸盐水泥、普通硅酸盐水泥、矿渣硅酸盐水泥、火山灰硅酸盐水泥、粉煤灰硅酸盐水泥和复合硅酸盐水泥、道路硅酸盐水泥以及石灰石硅酸盐水泥的抗压强度和抗折强度的检验。

(2)仪器设备。

①胶砂搅拌机(见图 2-7):由胶砂搅拌锅和搅拌叶片及相应的机构组成,搅拌锅和搅拌叶片作相反运动。

②胶砂振实台(见图 2-8):由可以跳动的台盘和凸轮等组成,台盘上有固定试模用的卡具,与模套连成一体。

图 2-7　胶砂搅拌机

③试模及下料漏斗:胶砂试模为同时可成型三条 40 mm×40 mm×160 mm 棱柱体的可拆卸试模,由隔板、端板、底座、紧固装置及定位销组成;下料漏斗由漏斗和套模两部分组成。

④抗折试验机和抗折夹具:抗折试验机一般采用双杠杆的,也可以采用性能符合要求的其他试验机;抗折夹具应符合 JC/T 724—1996 的要求。

⑤抗压试验机和抗压夹具。

a. 抗压试验机的吨位以 200 ~300 kN 为宜,误差不得超过 ±2.1%。具有按 2 400 kN/s ±200 N/s 速率加荷的能力。

b. 抗压夹具由硬质钢材制成,上、下压板长度(40 ±0.1)mm,面积为 40 mm×40 mm。

⑥天平：感量为 1 g。

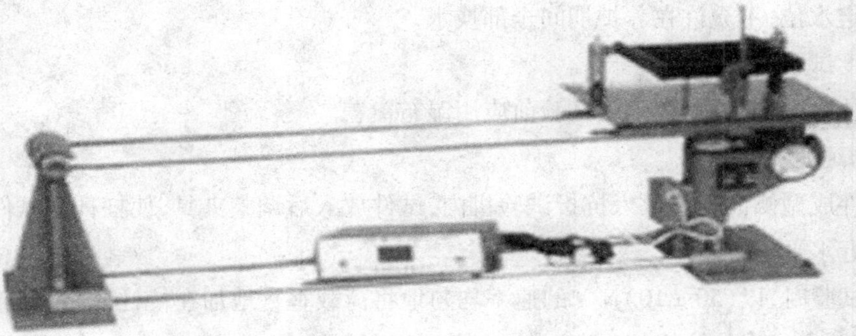

图 2-8　胶砂振实台

(3)任务步骤。

①试件的成型。

a. 成型前将试模擦净，四周的模板与底座的接触面上应涂黄油，紧密装配，防止漏浆，内壁均匀地刷一薄层黄油。

b. 水泥与 ISO 砂的比例为 1∶3，水灰比为 0.5。每成型三条试件需称量的材料及用水量为：水泥(450 ±2)g，ISO 砂(1 350 ±5)g，水(225 ±1)mL。

c. 搅拌。把水加入锅里，再加入水泥，把锅放在固定架上，上升至固定位置，立即开动机器，低速搅拌 30 s 后，在第二个 30 s 开始的同时均匀地将砂子加入。当砂是分级装时，从最粗粒级开始，依次加入，把机器转至高速再拌 30 s。停拌 90 s，在停拌中的第一个 15 s 内用刮具将叶片和锅壁上的胶砂刮入锅内，然后在高速下继续搅拌 60 s，各个搅拌时间偏差在 ±1 s以内。

d. 用振实台成型。胶砂制备后立即进行成型，将空试模和模套固定在振实台上，用一个合适的勺子直接从搅拌锅里将胶砂分两层装入试模，装第一层时，每个槽里约放 300 g 胶砂，用大播料器垂直架在模套顶部沿每个模槽来回一次将料层播平，接着振实 60 次。再装入第二层胶砂，用小播料器播平，接着振实 60 次，移走模套，从振实台上取下试模，用一金属直尺以近似 90°的角度架在试模顶的一端，然后沿试模长度方向以横向锯割动作慢慢向另一端移动，一次将超过试模部分的胶砂刮去，并用同一直尺在近乎水平的状态下将试体表面抹平。

②养护。

a. 脱模：对于 24 h 龄期的应在破型试验前 20 min 内脱模，对于 24 h 以上龄期的，应在成型后 20 ~24 h 脱模。

b. 水中养护：将作好标记的试件立即水平或竖直放在(20 ±1)℃的水中养护，水平放置时刮平面应朝上。试件放在不易腐烂的箅子上，并彼此间保持一定距离，让水与试件的六个面接触，养护期间试件之间间隔或试体上表面的水深不得小于 5 mm。

每个养护池只养护同类型的水泥试件。最初用自来水装满养护池，随后随时加水，保持适当的恒定水位，不允许在养护期间全部换水。

③强度试验。

试体从水中取出后，在强度试验前应用湿布覆盖。

a. 抗折强度试验。

将试件成型侧面朝上放入抗折试验机内，试件放入后调整夹具，使杠杆在试件折断时尽可能地接近水平位置。

抗折试验时，以(50 ± 10) N/s 的速率均匀地将荷载垂直地加在棱柱体相对侧面上，直至折断，保持两个半截棱柱体处于潮湿状态直至抗压试验。

抗折强度按下式计算

$$R_f = \frac{1.5F_fL}{b^3} \tag{2-3}$$

式中 R_f——抗折强度，MPa；

F_f——破坏荷载，N；

L——支承圆柱之间的距离，mm；

b——棱柱体正方形截面的边长，mm。

抗折强度的评定：以一组三个棱柱体抗折强度结果的平均值作为试验结果。当三个强度值中有超出平均值 ±10% 的时，应剔除后再取平均值作为抗折强度试验结果。

b. 抗压强度试验。

抗折试验后的两个断块应立即进行抗压试验，抗压试验必须用抗压夹具进行，试验体受压面为试件成型时的两个侧面，面积 40 mm × 40 mm。试验时以半截棱柱体的侧面作为受压面，试体的底面靠近夹具定位销，并使夹具对准压力机压板中心。

压力机应控制在(2 400 ± 200) N/s 的速率均匀地加荷直至破坏。

抗压强度按下式计算

$$R_e = \frac{F_e}{A} \tag{2-4}$$

式中 R_e——抗折强度，MPa；

F_e——破坏时的最大荷载，N；

A——受压部分面积，mm^2。

抗折强度的评定：以一组三个棱柱体得到的六个抗压强度测定值的算术平均值作为试验结果。如六个测定值中有一个超出六个平均值的 ±10%，就应剔除这个结果，而以剩下五个的平均数为结果，如果五个测定值中再有超过它们平均值 ±10% 的，则此组结果作废。

任务实施

1 任务相关知识描述

水泥胶砂强度试验的主要内容如下：

(1)水泥胶砂强度试验目的。

(2)水泥胶砂强度试验适用范围。

(3)水泥胶砂强度试验仪器设备。

(4)水泥胶砂强度试验方法步骤。

(5)水泥胶砂强度试验结果计算。

2 信息资料收集与分组

(1)水泥胶砂强度试验仪器工具准备。

(2)水泥胶砂强度试验材料准备。

(3)水泥胶砂强度试验技术准备。

(4)安全操作注意事项。

(5)分组并产生组长,明确任务。

3 制定计划

(1)以小组讨论的方式制定水泥胶砂强度试验计划。

(2)与学生讨论工作计划并最终定稿。

(3)填写工作计划表(见表2-12)。

4 实施计划

(1)学生按既定工作计划完成检查并填写任务工单(见表2-13)。

(2)教师监控学生操作过程,及时更正学生的错误。

5 检查结果

(1)检查学生是否填写完整任务工单。

(2)回答学生所提出的问题。

(3)学生以小组讨论方式进行工作评估。

评价反馈

(1)对小组工作进行综合评价。

(2)提出改进意见和注意事项。

(3)填写任务评价表(见表2-14)。

表 2-12　水泥胶砂强度试验工作计划表

姓名：		学号：	班级：	组别：
任务名称				
个人工作实施计划				
小组其他计划特色点				
辅导教师意见				
个人工作实施计划定稿				

表 2-13　水泥胶砂强度试验任务工单

<table>
<tr><td colspan="2">姓名：</td><td>学号：</td><td>班级：</td><td>组别：</td></tr>
<tr><td colspan="3" rowspan="2">评价等级：</td><td>教师签字：</td><td>成绩：</td></tr>
<tr><td>日期：</td><td>学时：</td></tr>
<tr><td>任务名称</td><td colspan="4">水泥胶砂强度试验</td></tr>
<tr><td>能力目标</td><td colspan="4">1. 能够说出任务目的和适用范围；
2. 能够准备任务所需仪器和材料；
3. 能够独立操作任务过程；
4. 能够正确取得任务结果；
5. 能够做好仪器保养。</td></tr>
<tr><td>任务准备</td><td colspan="4">相关仪器设备和任务试样的准备</td></tr>
<tr><td>信息获取</td><td colspan="4">1. 任务目的和适用范围(15 分)
目的：

适用范围：

2. 任务所需仪器设备(15 分)</td></tr>
</table>

续表 2-13

任务操作与要点	3. 任务准备(15 分) 4. 任务步骤(40 分) 5. 结果整理(15 分)

表 2-14　水泥胶砂强度试验任务评价表

评价内容	评价指标	评价等级		
		自我	小组	教师
专业能力	A. 具有安全、文明生产和环境保护的相关知识和技能。(10 分)			
	B. 高质量地完成工作任务，操作娴熟，任务工单得 85 分以上。(10 分)			
	C. 任务工单中数据真实，步骤完整，能用来描述整个过程。(10 分)			
	D. 具备了独立完成工作任务的能力。(10 分)			
社会能力	A. 具有良好的职业道德，遵守实验室管理规定。(5 分)			
	B. 具有较强的口头和书面表达能力，良好的人际交流沟通能力。(10 分)			
	C. 具有良好的团队合作精神和客户服务意识。(10 分)			
	D. 具有良好的心理素质和克服困难的能力。(5 分)			
方法能力	A. 能够制定完善的工作计划。(5 分)			
	B. 能够借助网络、文件资料等手段查找所需信息。(10 分)			
	C. 能够独立完成任务。(5 分)			
	D. 能够检查评估工作任务，并能从个案中寻找共性。(10 分)			
辅导教师关于此次任务的改进意见		总评		

单元3　水泥混凝土材料试验

学习目标

1. 能描述各类混凝土材料的相关含义、特征、特点。

2. 能根据混凝土材料的组成方法、加工制作及使用方法对混凝土进行分类。

3. 能分析普通混凝土材料的元素组成、设计方法和质量控制。

4. 能使用各种试验方法检验水泥混凝土材料性能。

5. 能正确掌握水泥混凝土材料的主要技术性质及其影响因素,评价方法。

任务描述

混凝土是指用胶凝材料将粗集料、细集料胶结成整体的复合固体材料的总称。混凝土实际上已成为现代社会的基础。在我们日常生活中都直接或间接地涉及混凝土。水泥混凝土是道路与桥梁工程建设中,应用最多的建筑材料之一。随着现代高等级公路的发展,水泥混凝土与沥青混凝土一样,成为高等级路面的主要建筑材料。在现代公路桥梁中,钢筋混凝土桥是最主要的一种桥型,广泛应用于高等级公路和立交工程。工程中常用的混凝土是水泥混凝土,它是以水泥为胶结材料与粗集料、细集料及水按适当比例配制,经一定时间后硬化而成的人造石材。

1. 水泥混凝土的分类。

水泥混凝土可按其表观密度、抗压强度、组成、特性和功能等从不同角度进行分类。

混凝土按表观密度可分为普通混凝土、轻混凝土和重混凝土。

(1)普通混凝土:由天然砂、卵石或碎石为集料的混凝土,一般干表观密度为2 400 kg/m^3(通常在2 350~2 500 kg/m^3 范围波动)。水泥混凝土是土木工程中尤其是道路路面和桥梁结构中最常用的混凝土品种。

(2)轻混凝土:现代大跨度钢筋混凝土桥梁为减轻结构自重,往往采用各种轻集料配制成轻集料结构混凝土,达到轻质高强、以增大桥梁的跨度的目的。这种混凝土通常表观密度轻达1 900 kg/m^3,包括轻集料混凝土、多孔混凝土和大孔混凝土等。

(3)重混凝土:为了屏蔽各种射线的辐射采用高密度集料配制的混凝土,这种混凝土的干密度可达3 200 kg/m^3。

混凝土按抗压强度可分为低强度混凝土、中强度混凝土和高强度混凝土三大类。

(1)低强度混凝土:抗压强度小于20 MPa的混凝土。

(2)中强度混凝土:抗压强度20~50 MPa的混凝土。

(3)高强度混凝土:抗压强度大于50 MPa的混凝土。

虽然世界各国对混凝土强度分级划分界限不一,但这种分级对混凝土结构性能的认识会有很大的帮助,这也是大型桥梁和高速公路选用高强度混凝土修筑的原因。

此外,为改善水泥混凝土的性能,适应现代道路与桥梁工程的需要,还发展了不同功能的混凝土,如各种高聚物改性混凝土、纤维混凝土、补偿收缩混凝土、流态混凝土等。

2. 水泥混凝土的特点。

水泥混凝土存在以下主要优点:

(1)原材料来源广,便于就地取材,粗集料、细集料大都是地方性廉价材料,加工简单,因此可以降低建筑工程造价。

(2)施工方便。混凝土拌和物具有良好的流动性和可塑性,可根据工程需要浇筑成各种形状尺寸的构件及构筑物。既可现场浇筑成型,也可预制。

(3)性能可根据需要设计调整。通过调整各组成材料的品种和数量,特别是掺入不同外加剂和掺合料,可获得不同施二和易性、强度、耐久性或具有特殊性能的混凝土,满足工程上的不同要求。

(4)抗压强度高。混凝土的抗压强度一般为7.5~60 MPa。当掺入高效减水剂和掺合料时,强度可达100 MPa以上,而且混凝土与钢筋具有良好的匹配性,浇筑成钢筋混凝土后,可以有效地改善混凝土抗拉强度低的缺陷,使其能够应用于各种结构部位。

(5)耐久性好。原材料选择正确、配比合理、施工养护良好的混凝土具有优异的抗渗性、抗冻性和耐腐蚀性能,且对钢筋有保护作用,可长期保持混凝土结构使用性能稳定。

水泥混凝土存在以下主要缺点:

(1)自重大。1 m^3 混凝土重约2 400 kg,故结构物自重较大。

(2)抗拉强度低,抗裂性差。

(3)收缩变形大,易产生混凝土收缩裂缝。

水泥混凝土应满足以下基本要求:

(1)满足便于搅拌、运输和浇捣密实的施工和易性。

(2)满足设计要求的强度等级。

(3)满足工程所处环境条件所必需的耐久性。

(4)满足上述三项要求的前提下,最大限度地降低水泥用量,节约成本,即经济合理性。

为了满足上述四项基本要求,就必须研究原材料性能,研究影响混凝土和易性、强度、耐久性、变形性能的主要因素,研究配合比设计原理、混凝土质量波动规律以及相关的检验评定标准等。

学习任务1　水泥混凝土拌和物的拌和与取样方法

相关知识

1　混凝土的定义与组成

1.1　混凝土的定义

混凝土一词源自拉丁术语"Concretus",是共同生长的意思。从广义上讲,由胶结材料、集料和水(或不加水)按适当比例配合,拌和成具有一定可塑性的混合物,经一定时间后硬化而成的人造石材叫做混凝土。"混凝土"--词通常可简称为"砼"。

1.2 混凝土的组成

混凝土的组成及各组分材料绝对体积比如表 3-1 所示。此外，常在混凝土中加入各种外加剂以改善混凝土性能。所以，外加剂已成为混凝土的一种不可缺少的组成成分，但其用量一般只占水泥质量的1% ~2%，最多不超过5%。

表 3-1 混凝土的组成及各组分材料绝对体积比 (%)

组成成分	水泥浆		集料		空气
	水泥	水	砂	石	
占混凝土总体积的比例	10 ~ 15	15 ~ 20	20 ~ 33	35 ~ 48	1 ~ 3
	22 ~ 35		66 ~ 78		1 ~ 3

1.2.1 水泥浆的使用

水泥浆填充集料之间的空隙并包裹集料表面，使尚未凝固的混凝土具有一定的流动性，水泥浆凝结硬化以后，将集料胶结成整体并产生一定的强度及耐久性。

1.2.2 集料的作用

在经济上，集料比水泥便宜，可降低混凝土的成本；在技术上，集料具有更高的体积稳定性和更好的耐久性。集料（石子和砂）在水泥混凝土中起骨架作用。石子为粗集料，砂为细集料。砂填充石子的空隙，砂石构成的坚硬骨架，可抑制由于水泥浆硬化和水泥石干燥而产生的收缩。

混凝土的性能在很大程度上取决于组成材料的性能。因此，必须根据工程性质、设计要求和施工现场条件合理选择原材料的品种、质量和用量。要做到合理选择原材料，则首先必须了解组成材料的性质、作用原理和质量要求。

2 普通水泥混凝土的组成材料及技术要求

2.1 水泥

水泥是混凝土的胶结材料，混凝土的性能在很大程度上取决于水泥的质量。同时，在混凝土组成材料中水泥所耗费的费用最高。所以，在选择混凝土组成材料时，对水泥的品种和强度的选择必须特别慎重。

水泥品种的选择：配制混凝土用水泥，通常采用前面所述五大品种水泥，在特殊情况下，可采用特种水泥。常用五大品种水泥可根据混凝土工程结构特点、工程所处环境及施工气候和条件等因素，参考表 3-2 的建议进行选用确定。如高温车间结构混凝土有耐热要求，一般宜选用耐热性好的矿渣水泥等。

水泥强度等级的选择：选用水泥的强度应与要求配制的混凝土强度等级相适应。如水泥强度选用过高，则混凝土中水泥用量过低，影响混凝土的和易性和耐久性；反之，如水泥强度选用过低，则混凝土中水泥用量太多，非但不经济，而且降低混凝土的某些技术品质（如收缩率增大等）。通常，配制一般混凝土时，水泥强度为混凝土抗压强度的 1.5 ~2.0 倍；配制高强度混凝土时，水泥强度为混凝土抗压强度的 0.9 ~1.5 倍。但是，随着混凝土要求的强度等级不断提高，近代高强度混凝土并不受此比例的约束。

水泥混凝土路面用水泥的强度等级与品种的选择，应根据路面的交通等级所要求的设计的抗折强度来确定。我国现行国家标准《水泥混凝土路面施工及验收规范》(GBJ 97—87)规定如表 3-3 所示。水泥供应条件允许时，应优先选用早强型水泥，以缩短养护时间。

表 3-2　常用水泥品种的选用参考表

工程性质		水泥品种				
		硅酸盐水泥(P)	普通水泥(P·O)	矿渣水泥(P·S)	火山灰水泥(P·P)	粉煤灰水泥(P·F)
工程特点	1. 厚大体积混凝土	×	△	☆	☆	☆
	2. 快硬混凝土	☆	△	×	×	×
	3. 高强(大于 C40 级)混凝土	☆	△	△	×	×
	4. 有抗渗要求的混凝土	☆	☆	×	☆	☆
	5. 耐磨混凝土(水泥强度等级应≥32.5 级)	☆	☆	△	×	×
环境条件	1. 在普通气候环境中混凝土	△	☆	△	△	△
	2. 在干燥环境中混凝土	△	☆	△	×	×
	3. 在高湿度环境中或永远处在水下的混凝土	△	△	☆	△	△
	4. 严寒地区的露天混凝土，严寒地区处在水位升降范围内的混凝土(水泥强度等级应≥32.5 级)	☆	☆	△	×	×
	5. 严寒地区处在水位升降范围内的混凝土(水泥强度等级应≥32.5 级)	☆	☆	×	×	×

注：1. 符号说明：☆表示优先选用，△表示可以使用，×表示不得使用。

2. 对于蒸汽养护的混凝土，水泥品种宜根据具体条件通过试验选用。对于受侵蚀性水或侵蚀性气体作用的混凝土，水泥品种根据侵蚀性介质的种类和浓度等具体条件按专门规定(或设计)选用。

3. 寒冷地区是指最寒冷月份里的平均温度处在 −5 ~ −15 ℃之间者，严寒地区是指最寒冷月份里的平均温度低于 −15 ℃者。

4. 本表参照《混凝土质量控制标准》(GB 50164—92)和相关书籍编制。

表 3-3　水泥混凝土路面用水泥的标号与品种选用表(GBJ 97—87)

交通等级	混凝土设计抗折强度 $f_{cf,k}$ (MPa)	水泥强度等级与品种	交通等级	混凝土设计抗折强度 $f_{cf,k}$ (MPa)	水泥强度等级与品种
特重	5.0	52.5P,52.5D	中等	4.5	52.5PO,42.5D,52.5PS
重	5.0	52.5P,52.5PO,52.5D,42.5D	轻	4.0	52.5PO,52.5PS

注：表中 P、PO、D 和 PS 分别代表硅酸盐水泥、普通硅酸盐水泥、道路硅酸盐水泥、矿渣硅酸盐水泥。

2.2　细集料

公称粒径为 0.15 ~ 5.0 mm 的集料称为细集料，亦即砂。常用的细集料有河砂、海砂、山砂和机制砂(有时也称为人工砂、加工砂)等。通常,根据技术要求将砂分为Ⅰ类、Ⅱ类和Ⅲ类。优质的混凝土用砂希望具有高的密度和小的比表面积,这样才能达到既保证新拌混凝土有适宜的工作性和硬化后混凝土有一定的强度、耐久性,又节约水泥的目的。

混凝土用细集料的级配要求,应与一定的粗集料级配所组成的矿质混合料一并考虑。但是,如细集料的级配不良则很难配制成良好的矿质混合料。混凝土用砂的级配应满足《普通混凝土用砂质量标准及检验方法》(JGJ 52—92)的规定。

2.3 粗集料(碎石和卵石)的要求

颗粒粒径大于5 mm的集料为粗集料。混凝土工程中常用的有碎石和卵石两大类。碎石为岩石(有时采用大块卵石,称为碎卵石)经破碎、筛分而得,卵石多为自然形成的河卵石经筛分而得。通常,根据卵石和碎石的技术要求将其分为Ⅰ类、Ⅱ类和Ⅲ类。

2.4 拌和用水的要求

水是组成混凝土的主要组成材料之一,拌和用水的水质不纯,可能产生多种有害作用,最常见的有:影响混凝土的和易性和凝结;有损于混凝土强度发展;降低混凝土的耐久性,加快钢筋的腐蚀和导致预应力钢筋的脆断;使混凝土表面出现污斑等。为保证混凝土的质量和耐久性,必须使用合格的水拌制混凝土。

2.4.1 混凝土拌和用水的类型和应用

混凝土拌和用水水源可分为饮用水、地表水、地下水、海水以及适当处理或处置后的工业废水。

符合国家标准的生活用水可以用来拌制混凝土,不需再进行检验。地表水或地下水,若首次使用,必须进行适用性检验,合格才能使用;海水只允许用来拌制素混凝土,不宜用于拌制有饰面要求的混凝土、耐久性要求高的混凝土、大体积混凝土和特种混凝土。混凝土工厂的洗刷水要依水中有害物含量确定适用于配制哪种混凝土,同时,要注意其所含水泥和外加剂品种对拌制混凝土性能的影响。工业废水必须经过检验,经处理合格后方可使用。

2.4.2 混凝土拌和用水的技术要求

按我国现行标准《混凝土拌合用水标准》(JGJ 63—89)规定,混凝土拌和用水根据其对混凝土(或砂浆)物理力学性能的影响和有害物质的含量,控制质量。具体要求如下:

(1)有害物质的含量控制。混凝土拌和用水中的有害物质含量应符合表3-4的规定。

表3-4 混凝土拌和用水的质量要求

项目	素混凝土	钢筋混凝土	预应力混凝土	项目	素混凝土	钢筋混凝土	预应力混凝土
pH值≥	4	4	4	氯化物(以Cl^-计)(mg/L)≤	3 500	1 200	500
不溶物(mg/L)≤	5 000	2 000	2 000	硫酸盐(以SO_4^{2-}计)(mg/L)≤	2 700	2 700	600
可溶物(mg/L)≤	10 000	5 000	2 000	硫化物(以S^{2-}计)(mg/L)≤	—	—	100

(2)对混凝土凝结时间的影响。用待检验水与蒸馏水(或符合国家要求的生活用水)进行水泥凝结时间试验,两者的初凝时间差及终凝时间差均不得大于30 mim。待检验水拌制的水泥浆的凝结时间尚应符合水泥国家标准的规定。

(3)对混凝土强度的影响。用待检验水配制水泥砂浆或混凝土,并测定其28 d抗压强度(若有早期强度要求,需增测7 d抗压强度),其强度值不应低于蒸馏水(或符合国家标准的生活用水)拌制的相应砂浆或混凝土抗压强度的90%。

3 任务过程

水泥混凝土拌和物的拌和与取样方法

(1)任务目的和适用范围。

《公路工程水泥及水泥混凝土试验规程》(JTG E30—2005)规定了普通水泥混凝土在常温环境中实验室内拌和物的拌和,轻混凝土、防水混凝土、碾压混凝土等其他特种混凝土的一般性能试验可以参照本方法进行,但对于它们的特殊性能检验以及因为特殊性所引起的对试验设备及方法的特殊要求,均应遵照对这些混凝土的有关技术规定进行。

(2)仪器设备。

①搅拌机:容量75~100 L,转速为18~22 r/min。

②磅秤:称量50 kg,感量50 g。

③其他仪具:天平(称量5 kg,感量1 g)、量筒(200 mL、100 mL)、拌板(1.5 m×2 m左右)、拌铲、盛器、抹布等。

(3)试验准备。

①拌制混凝土所用的材料应符合技术要求,并与施工实际用料相符,材料拌和前的温度应与室温相同。

②材料取样应具有代表性。凡由搅拌机、料斗、运输小车以及浇制的构件,采取新拌混凝土代表性样品时,均须从三处以上的不同部位,抽取大致相同份量的代表性样品(不要抽取已经分离的混凝土作为样品),集中用铁铲翻拌均匀,而后立即进行拌和物的试验,试样数量在20 L以上或较试验所需的数量多5 L以上,用拌和机拌和时,拌和量须为拌和机公称容量1/2以上。试样从抽取至试验完毕过程中,不得风吹日晒,必要时应采取保护措施。浇制力学性能试件的混凝土,还应经过人工再次翻拌均匀,而后装模成型。

③拌制混凝土的材料以质量计,称量的精确度:集料为±1%,水、水泥及砂、石拌和物为±0.5%。

④测试拌和物性质时,应在拌和后5 min取样。在浇制试件时,须在拌和后15 min内装入试模并在45 min内成型完毕。

(4)试验步骤。

①将拌和机、振动器、磅秤、铲、坍落筒等设备仪器擦洗干净,校验准确,配备齐全,备齐原料,在试模内壁涂抹一薄层矿物油脂,试模接缝处,先用黏土或硬黄油等涂抹,避免漏浆。

②使用拌和机前，应先用少量砂浆进行涮膛，再刮出涮膛砂浆，以避免正式拌和混凝土时水泥砂浆黏附筒壁的损失，涮膛砂浆的水灰比及砂灰比，与正式的混凝土配合比同。

③按规定称好各种原材料，往拌和机内顺序加入石子、砂、水泥。开动拌和机，将材料拌和均匀，在拌和过程中将水徐徐加入，全部加料时间不宜超过 2 min。

水全部加入后，继续拌和约 2 min，而后将拌和物倾倒在铁板上，再经人工翻拌 1 ~ 2 min 使拌和物均匀一致。

④采用人工拌和时，按所定配合比备料，以全干状态为准。先用湿布将拌板、拌铲润湿，再将称好的砂和水泥在拌板上拌匀，加入石子，再一起拌和均匀，而后将此拌和物堆成长堆，中心扒成长槽，将称好的水倒入约一半，将其与拌和物仔细拌匀，再将材料堆成长堆，扒成长槽，倒入剩余的水，继续进行拌和，来回翻拌至少 6 遍。拌和时力求动作敏捷，从加水完毕时算起，拌和时间应符合表 3-5 的规定。

表 3-5　拌和时间

混凝土拌和物体积(L)	<30	31 ~ 50	51 ~ 75
拌和时间(min)	4 ~ 5	5 ~ 9	9 ~ 12

(5)拌和方法。

①机械搅拌法。

a. 按所定配合比备料，以全干状态为准。

b. 预拌一次，即用按配合比的水泥、砂和水组成的砂浆及少量石子，在搅拌机中进行涮膛，然后倒出并刮去多余的砂浆，其目的是使水泥砂浆黏附满搅拌机的筒壁，以免正式拌和时影响拌和物的配合比。

c. 开动搅拌机，向搅拌机内依次加入石子、砂和水泥，干拌均匀，再将水徐徐加入，全部加料时间不超过 2 min，水全部加入后，继续拌和 2 min。

d. 将拌和物自搅拌机卸出，倾倒在拌板上，再经人工拌和 1 ~ 2 min，即可作坍落度测定或试件成型。从开始加水时算起，全部操作必须在 30 min 内完成。

②人工拌和。

a. 先用湿布将拌板、拌铲润湿。

b. 将称好的砂和水泥在拌板上拌匀，加入粗集料，再混合搅拌均匀。

c. 将此拌和物堆成长堆，中心扒成长槽，将称好的水倒入约一半，将其余拌和物仔细拌匀，再将材料堆成长堆，扒成长槽，倒入剩余的水，继续进行拌和，来回翻拌至少 6 遍。

(6)养护。

①试件成型后，用湿布覆盖表面(或其他保持湿度的办法)，在室温(20 ± 3)℃，相对湿度大于 50% 的情况下，静放 1 ~ 2 d，然后拆模并作第一次外观检查、编号，对有缺陷的试件应除去，或加工补平。

②将完好试件标准养护至试验时止，标准养护室温(20 ± 3)℃，相对湿度在 90% 以上，试件宜放在铁架或木架上，间距至少 30 ~ 50 mm，并避免用水直接冲淋，或者将试件放入水槽中养护，水温(20 ± 3)℃，也可用其他方法养护，但须在报告中说明。

③至试验龄期时，自养护室取出试件，并继续保持其温度不变，如试件与构件同条件养护，亦应尽量保持与构件相同干湿状态进行试验。

当须结合施工情况时，试件成型与养护允许与实际情况相同，但应在报告中说明。

任务实施

1 任务相关知识描述

水泥混凝土拌和物的拌和与取样方法的主要内容如下：

(1)水泥混凝土拌和物的拌和与取样方法目的。

(2)水泥混凝土拌和物的拌和与取样方法适用范围。

(3)水泥混凝土拌和物的拌和与取样方法仪器设备。

(4)水泥混凝土拌和物的拌和与取样方法步骤。

(5)水泥混凝土拌和物的拌和与取样方法结果养护。

2 信息资料收集与分组

(1)水泥混凝土拌和物的拌和与取样方法仪器工具准备。

(2)水泥混凝土拌和物的拌和与取样方法材料准备。

(3)水泥混凝土拌和物的拌和与取样方法技术准备。

(4)安全操作注意事项。

(5)分组并产生组长，明确任务。

3 制定计划

(1)以小组讨论的方式制定水泥混凝土拌和物的拌和与取样方法计划。

(2)与学生讨论工作计划并最终定稿。

(3)填写工作计划表(见表3-6)。

4 实施计划

(1)学生按既定工作计划完成检查并填写任务工单(见表3-7)。

(2)教师监控学生操作过程，及时更正学生的错误。

5 检查结果

(1)检查学生是否填写完整任务工单。

(2)回答学生所提出的问题。

(3)学生以小组讨论方式进行工作评估。

评价反馈

(1)对小组工作进行综合评价。

(2)提出改进意见和注意事项。

(3)填写任务评价表(见表3-8)。

表 3-6　水泥混凝土拌和物的拌和与取样方法工作计划表

<table>
<tr><td>姓名：</td><td>学号：</td><td>班级：</td><td>组别：</td></tr>
<tr><td>任务名称</td><td colspan="3"></td></tr>
<tr><td>个人工作实施计划</td><td colspan="3"></td></tr>
<tr><td>小组其他计划特色点</td><td colspan="3"></td></tr>
<tr><td>辅导教师意见</td><td colspan="3"></td></tr>
<tr><td>个人工作实施计划定稿</td><td colspan="3"></td></tr>
</table>

表 3-7　水泥混凝土拌和物的拌和与取样方法试验任务工单

<table>
<tr><td>姓名：</td><td colspan="2">学号：</td><td>班级：</td><td>组别：</td></tr>
<tr><td colspan="3" rowspan="2">评价等级：</td><td>教师签字：</td><td>成绩：</td></tr>
<tr><td>日期：</td><td>学时：</td></tr>
<tr><td>任务名称</td><td colspan="4">水泥混凝土拌和物的拌和与取样方法</td></tr>
<tr><td>能力目标</td><td colspan="4">1. 能够说出任务目的和适用范围；
2. 能够准备任务所需仪器和材料；
3. 能够独立操作任务过程；
4. 能够正确取得任务结果；
5. 能够做好仪器保养。</td></tr>
<tr><td>任务准备</td><td colspan="4">相关仪器设备和任务试样的准备</td></tr>
<tr><td>信息获取</td><td colspan="4">1. 任务目的和适用范围(15 分)
目的：____________________
____
____
适用范围：____________________
____
____
2. 任务所需仪器设备(15 分)
____
____
____
____
____
____
____
____________________</td></tr>
</table>

续表 3-7

任务操作与要点	3. 任务准备(15 分) ______ ______ ______ ______ 4. 任务步骤(40 分) ______ ______ ______ ______ ______ ______ ______ 5. 结果整理(15 分) ______ ______ ______ ______ ______ ______ ______

表 3-8　水泥混凝土拌和物的拌和与取样方法任务评价表

评价内容	评价指标	评价等级		
		自我	小组	教师
专业能力	A. 具有安全、文明生产和环境保护的相关知识和技能。(10 分)			
	B. 高质量地完成工作任务,操作娴熟,任务工单得 85 分以上。(10 分)			
	C. 任务工单中数据真实,步骤完整,能用来描述整个过程。(10 分)			
	D. 具备了独立完成工作任务的能力。(10 分)			
社会能力	A. 具有良好的职业道德,遵守实验室管理规定。(5 分)			
	B. 具有较强的口头和书面表达能力,良好的人际交流沟通能力。(10 分)			
	C. 具有良好的团队合作精神和客户服务意识。(10 分)			
	D. 具有良好的心理素质和克服困难的能力。(5 分)			
方法能力	A. 能够制定完善的工作计划。(5 分)			
	B. 能够借助网络、文件资料等手段查找所需信息。(10 分)			
	C. 能够独立完成任务。(5 分)			
	D. 能够检查评估工作任务,并能从个案中寻找共性。(10 分)			
辅导教师关于此次任务的改进意见		总评		

学习任务 2　水泥混凝土拌和物稠度试验

相关知识

1　技术性质

水泥混凝土的技术性质主要包括混凝土在没有凝结硬化之前混合料的工作性、硬化后混凝土的力学性质。混凝土的各组成材料按一定比例配合、搅拌而成的尚未凝固的材料，称为混凝土拌和物，又称新拌混凝土。混凝土是由不同粒径的砂质集料、水泥、水、外加剂组成的复杂分散系，新拌混凝土应具备的性能主要是满足施工要求，即拌和物必须具有良好的和易性，这样才能便于施工和按设计要求成型，从而保证混凝土的强度和耐久性。

和易性是指混凝土拌和物在一定的施工条件下（如设备、工艺、环境等）易于个工序（搅拌、运输、振捣、浇灌）施工操作，并获得质量稳定、整体均匀、成型密实的性能。和易性是一项综合的技术性质，它包括流动性、黏聚性（可塑性）、保水性（稳定性）等以下几方面的含义。和易性也称工作性。

（1）流动性是指混凝土拌和物在自重或机械振捣作用下，易于流动并均匀密实地填满模板的性能。流动性的大小，反映混凝土拌和物的稀稠，直接影响浇捣施工的难易和混凝土的质量，流动性好，混凝土容易操作、成型，随含水量增加而增大，它取决于粗集料与水泥浆的比例。在施工中要满足运输、浇捣的流动性。

（2）黏聚性是指在一定外力作用下，不产生脆断的塑性变形能力。各组成材料之间有一定的黏聚力，使混凝土保持整体均匀完整和稳定的性能，在运输和浇筑过程中不致产生分层和离析现象。黏聚性差会影响混凝土的成型、浇筑质量，造成强度下降，耐久性不满足要求。黏聚性与水灰比及水泥浆、砂浆含量有关。

（3）保水性是指混凝土拌和物在施工过程中，具有一定的保持内部水分的能力而不致产生严重的泌水现象。新拌混凝土是由不同密度、不同粒径的颗粒（骨料和水泥）和水组成的，在自重和外力作用下，固体颗粒下沉，水上浮于混凝土表面，形成泌水，造成硬化后混凝土表面酥软，当泌水发生在集料或钢筋下面时，影响混凝土的整体均匀性。保水性差的混凝土拌和物，因泌水会形成易透水的孔隙，使混凝土的密实性变差，强度和耐久性降低。

易密性是指混合料在振捣时，易达到浇捣的密实性。

以上工作性的含义之间既互相联系，又互相矛盾。如黏聚性好则保水性一般也较好，但流动性可能较差；当增大流动性时，黏聚性和保水性往往变差。如稳定性要求混合料应具有较高的黏聚性，减少集料与水泥浆的分离，保水性好，反映混合物的均匀性。因此，拌和物的和易性良好，一般需要这三方面性能在某种具体工作条件下达到统一，达到均为良好的状况。因此，对于混合料的工作性应当根据不同的场合提出不同的要求。

2　工作性的测定方法

目前，国际上还没有一种能够全面表征新拌混凝土工作性的测定方法，按我国行业标准《公路工程水泥及水泥混凝土试验规程》（JTG E30—2005）规定，混凝土拌和物的稠度试验方法有坍落度试验和维勃稠度试验两种方法。

2.1 坍落度试验

这一方法是由美国查普曼(Chapman)首先提出的,目前已被世界各国广泛采用。我国现行标准《公路工程水泥及水泥混凝土试验规程》(JTG E30—2005)规定:坍落度试验是用标准坍落度圆锥筒测定的,该筒为钢皮制成,高度 $H=300$ mm,上口直径 $d=100$ mm,下底直径 $D=200$ mm,试验时,将圆锥置于平板上,然后将混凝土拌和物分三层装入标准圆筒内(使捣实每层高度为筒高的 1/3 左右),每层用弹头棒均匀地捣插 25 次。多余试样用镘刀刮平,然后垂直提取圆锥筒,将圆锥筒与混合料并排放于平板上,测量筒高与坍落后混凝土试体最高点之间的高差(见图 3-1),即为新拌混凝土拌和物的坍落度,以 mm 为单位(精确至 5 mm)。进行坍落度试验的同时,应观察混凝土拌和物的黏聚性、保水性和含砂情况等,以便全面地评价混凝土拌和物的和易性。坍落度是新拌混凝土自重引起的变形,坍落度只有对富水泥浆的新拌混凝土才比较敏感。相同性质的新拌混凝土,不同组成的新拌混凝土有很大的差别,但却可得到相同的坍落度。因此,坍落度不是满意的工作性能指标。

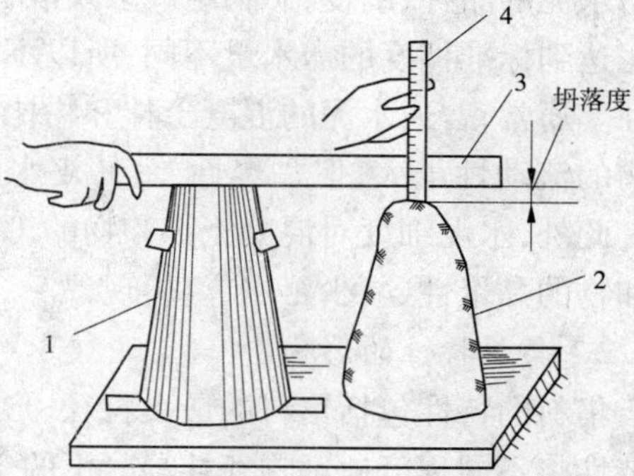

1—坍落度筒;2—拌和物试体;3—木尺;4—钢尺

图 3-1 坍落度测定

2.2 维勃稠度试验

这一方法是瑞典 V·皮纳(Bahmer)首先提出的,因而用他的名前缀母 V-B 命名。坍落度小于 10 mm 的新拌混凝土可用维勃稠度仪(见图 3-2)测定其工作性。

我国现行标准《公路工程水泥及水泥混凝土试验规程》(JTG E30—2005)规定:维勃稠度试验方法是将坍落度筒放在直径为 240 mm 的圆筒中,圆筒安装在专用的振动台上。按坍落度试验的方法将新拌混凝土顶上置一透明圆盘。开动振动台并记录时间,从开始振动至透明圆盘底面被水泥浆布满瞬间止所经历的时间,以 s 计(精确至 1 s),即为新拌混凝土的维勃稠度值。

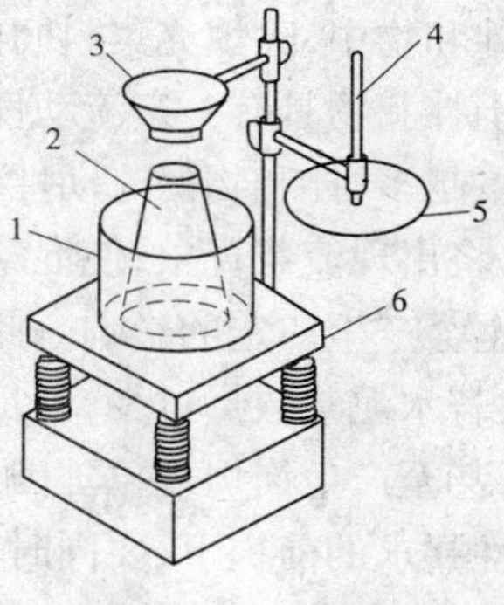

1—圆柱形容器;2—坍落度筒;3—漏斗;4—测杆;5—透明圆盘;6—振动台

图 3-2 维勃稠度仪结构

此外,国际上测定工作性的试验方法,经常采用的还有密实因数试验、重塑性试验、球体贯入试验等。

根据我国现行标准《公路工程水泥及水泥混凝土试验规程》(JTG E30—2005)规定,路面混凝土稠度分级如表 3-9 所示。

表 3-9 路面混凝土稠度分级(JTG E30—2005)

级别	维勃稠度(s)	坍落度(mm)	级别	维勃稠度(s)	坍落度(mm)
特干硬	32~18	—	低塑	5~3	25~75
很干硬	18~10	—	塑型	3~0	75~125
干硬	10~5	0~25	流型	—	>125

3 影响新拌混凝土工作性的因素

影响新拌混凝土工作性的因素主要有:内因,包括组成材料质量及其用量;外因,包括环境条件(如温度、湿度和风速)以及时间等两个方面。

3.1 组成材料质量及其用量的影响

3.1.1 水泥特性的影响

水泥的品种、细度、矿物组成以及混合材料的掺量等都会影响需水量。由于不同品种的水泥达到标准稠度的需水量不同,所以不同品种水泥配制成的混凝土拌和物具有不同的工作性。通常,普通水泥的混凝土拌和物比矿渣水泥和火山灰水泥的工作性好。矿渣水泥拌和物的流动性虽大,但黏聚性差,易泌水离析;火山灰水泥拌和物的流动性小,但黏聚性最好。此外,水泥细度对混凝土拌和物的工作性亦有影响,适当提高水泥的细度可改善混凝土拌和物的黏聚性,减少泌水、离析现象。

3.1.2 集料特性的影响

集料的特性包括集料的最大粒径、形状、表面纹理(卵石或碎石)、级配和吸水性等,这些特性将不同程度地影响新拌混凝土的工作性。其中,最为明显的是卵石拌制的混凝土拌和物较山砂的好。集料的最大粒径增大,可使集料的总表面积减小,拌和物的工作性也随之改善。此外,具有优良级配的混凝土拌和物具有较好的工作性。

3.1.3 集浆比的影响

集浆比就是单位混凝土拌和物中,集料绝对体积与水泥浆绝对体积之比。水泥浆在混凝土拌和物中,除填充集料间的空隙外,还包裹集料的表面,以减少集料颗粒间的摩阻力,使混凝土拌和物具有一定流动性。在单位体积的混凝土拌和物中,如水灰比保持不变,则水泥浆数量越多,拌和物的流动性越大。但当水泥浆数量过多,集料的含量相对减少,达一定限度时,将出现流浆现象,使混凝土拌和物的黏聚性和保水性变差;同时,对混凝土的强度和耐久性也会产生一定的影响。此外,水泥浆数量增加,就会增加水泥用量,提高混凝土的单价。相反,若水泥浆数量过少,不足以填满集料的空隙和包裹集料表面,则混凝土拌和物黏聚性变差,甚至产生崩坍现象。因此,混凝土拌和物中水泥浆数量应根据具体情况决定,在满足工作性要求的前提下,要同时考虑强度和耐久性要求,尽量采用较大的集浆比(即较少的水泥浆用量),以节约水泥用量。

3.1.4 水灰比的影响

在单位混凝土拌和物中,集浆比确定后,即水泥浆的用量为一固定数值时,水灰比即决定水泥浆的稠度。水灰比较小,则水泥浆较稠,混凝土拌和物的流动性亦较小,当水灰比小于某一极限值时,在一定施工方法下就不能保证密实成型;反之,水灰比较大,水泥浆较稀,混凝土拌和物流动性虽然较大,但黏聚性和保水性却随之变差。当水灰比大于某一极限值时,将产生严重的离析、泌水现象。因此,为了使混凝土拌和物能够密实成型,所采用的水灰比值不能过小;为了保证混凝土拌和物具有良好的黏聚性和保水性,所采用的水灰比值又不能过大。在实际工程中,为了增加拌和物的流动性而增加用水量时,必须保证水灰比不变,同时增加水泥用量,否则将显著降低混凝土的质量。因此,绝不能以单纯改变用水量的办法来调整混凝土拌和物的流动性。在通常使用范围内,当混凝土中水量一定时,水灰比在小的范围内变化,对混凝土拌和物的流动性影响不大。

3.1.5 砂率的影响

砂率是指混凝土中砂的质量占砂、石总质量的百分率。砂率表征混凝土拌和物中砂与石相对用量比例的组合。由于砂率变化可导致集料的空隙率和总表面积的变化,因而混凝土拌和物的工作性亦随之产生变化。混凝土拌和物坍落度与砂率的关系如图 3-3 所示。从图 3-3 中可以看出,当砂率过大时,集料的空隙率和总表面积增大,在水泥浆用量一定的条件下,混凝土拌和物就显得干稠,流动性小。当砂率过小时,虽然集料的总表面积减小,但由于砂浆量不足,不能在粗集料的周围形成足够的砂浆层来起润滑作用,因而使混凝土拌和物的流动性降低。更严重的是,影响了混凝土拌和物的黏聚性与保水性,使拌和物显得粗涩、粗集料离析、水泥浆流失,甚至出现溃散等不良现象。因此,在不同的砂率中应有一个合理砂率值。

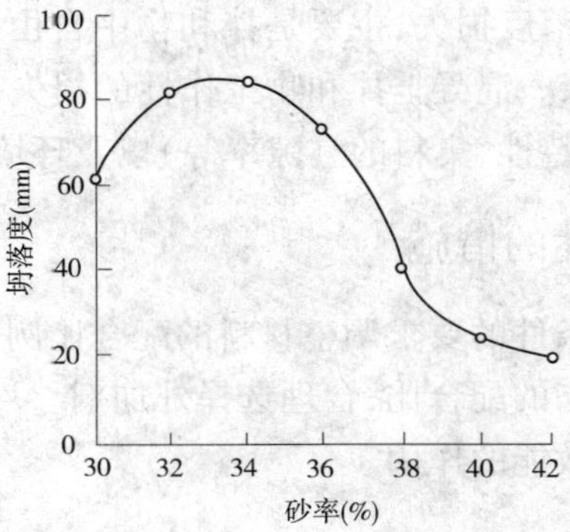

图 3-3 混凝土拌和物坍落度与砂率的关系

混凝土拌和物的合理砂率是指在用水量和水泥用量一定的情况下,能使混凝土拌和物获得最大流动性,且能保持黏聚性和保水性能良好的砂率。

3.1.6 外加剂的影响

在拌制混凝土拌和物时,加入少量外加剂,可在不增加水泥用量的情况下,改善拌和物的工作性,同时,还能提高混凝土的强度和耐久性。

3.2 环境条件的影响

引起混凝土拌和物工作性降低的环境因素主要有温度、湿度和风速。对于给定组成材料性质和配合比例的混凝土拌和物,其工作性的变化主要受水泥的水化率和水分的蒸发率所支配。因此,混凝土拌和物从搅拌到捣实的这段时间里,温度的升高会加速水化率以及水由于蒸发而损失,这些都会导致拌和物坍落度的减小。图 3-4 是一个实验室中得到的数据,表明了温度对混凝土拌和物坍落度的影响。同样,风速和湿度因素会影响拌和物水分的蒸发率,因而影响坍落度。对于不同环境条件下,要保证拌和物具有一定的工作性,必须采取相应的改善工作性的措施。

3.3 时间的影响

混凝土拌和物在搅拌后,其坍落度随时间的增长而逐渐减小,称为坍落度损失。图 3-5 为埃文斯(Evans)对混凝土拌和物坍落度随时间变化而做的一个试验例子。

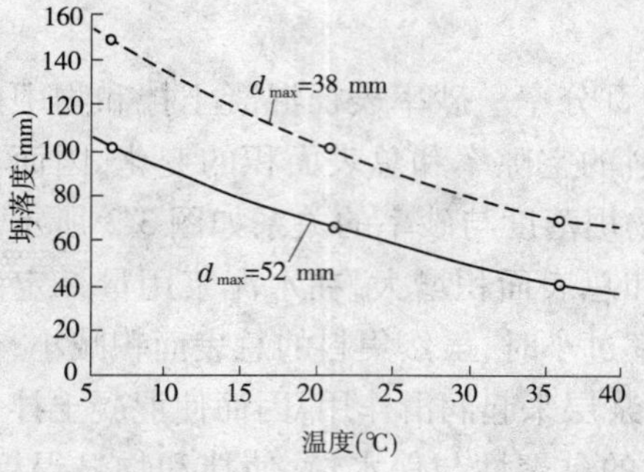

图 3-4　温度对混凝土拌和物坍落度的影响

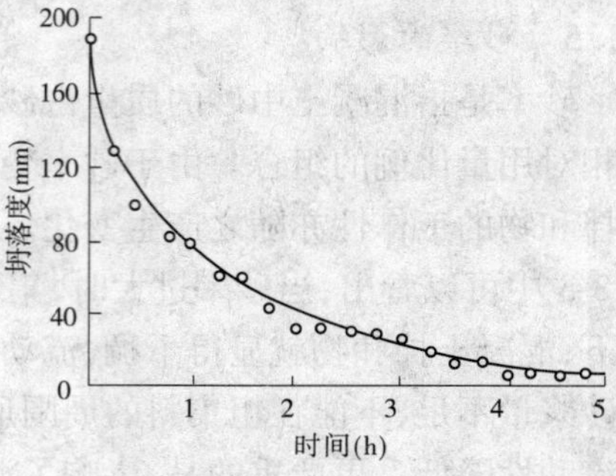

图 3-5　混凝土拌和物坍落度随时间的变化
(混凝土拌和物的配合比为 1∶2∶4，$W/C=0.775$)

现代研究认为，拌和物坍落度损失，主要是拌和物中自由水随时间而蒸发、集料的吸水和水泥早期水化而损失的结果。混凝土拌和物工作性的损失率受组成材料的性质(如水泥的水化和发热特性、外加剂的特性、集料的空隙率等)以及环境因素的影响。

4　改善新拌混凝土工作性的措施

(1)合理级配：根据工程条件的要求调整材料的配合比例。

(2)加入外加剂：根据不同的配合比，合理选择外加剂。

(3)加强振捣，提高机械效能的作用。

5　混凝土拌和物的工作性选择

5.1　公路桥涵用混凝土拌和物的工作性选择

公路桥涵用混凝土拌和物工作性根据公路桥涵技术规范的有关规定选择，表 3-10 可供选用时参考。

表 3-10　公路桥涵用混凝土拌和物的坍落度

项次	结构种类	坍落度(mm)
1	桥涵基础、墩台、仰拱、挡土墙及大型制块等便于浇筑捣实的结构	0～20
2	桥涵基础、墩台、仰拱、挡土墙及大型制块等工程中较不便施工处	10～30
3	普通配筋的钢筋混凝土结构，如钢筋混凝土板、梁、柱等	30～50
4	钢筋较密、断面较小的钢筋混凝土结构(梁、柱、墙等)	50～70
5	钢筋配制特密、断面高而狭小极不便浇筑捣实的特殊结构部位	70～90

注：1. 使用高频振捣器时，混凝土坍落度可适当减小。
2. 本表指采用机械振捣的坍落度，采用人工振捣时可适当放大。
3. 需要配置大坍落度混凝土时，应掺用外加剂。
4. 曲面或斜面结构的混凝土，其坍落值应根据实际需要另行选定。
5. 轻集料混凝土坍落度，宜比表中数值减少 10～20 mm。

5.2 道路混凝土拌和物的工作性选择

水泥混凝土路面用道路混凝土拌和物的工作性按《水泥混凝土路面施工及验收规范》(GBJ 97—94)规定：坍落度宜为10～25 mm，坍落度小于10 mm时，采用维勃稠度仪测验维勃时间宜为10～30 s。

6 任务过程

水泥混凝土拌和物稠度试验

(1)任务目的。

本试验用维勃时间来测定水泥混凝土拌和物的稠度。

(2)适用范围。

本试验适用于集料粒径不大于40 mm的混凝土及维勃时间为5～30 s的干硬性混凝土的稠度测定。

(3)仪具设备。

①维勃稠度仪(见图3-6)：由容器、坍落度筒、透明圆盘、振动台组成。

图3-6 维勃稠度仪外形

②捣棒、秒表、镘刀等。

(4)方法步骤。

①将容器1用螺母固定在振动台上，放入坍落度筒2，把漏斗3转至坍落度筒上口，拧紧螺丝，使漏斗不偏离坍落度筒口。

②按坍落度试验步骤，分三层装拌和物，每层捣25次，捣毕第三层混凝土后，拧松螺丝6，把漏斗转回原先位置并将筒模上混凝土刮平，轻轻提起筒模。

③拧紧螺丝，使圆盘可定向地向下滑动，开动振动台并按动秒表，观察透明圆盘混凝土的振实情况，当圆盘底面刚被水泥浆布满时，迅速按停秒表和关闭振动台，记下秒表所记时间。

④仪器每测试一次后，必须将容器、筒模及透明圆盘洗净擦干，并在滑棒等处涂薄层黄油，以备下次使用。

(5)任务结果。

秒表所表示时间即为混凝土拌和物稠度的维勃时间,精确到1 s,以两次试验结果平均值为结果。

任务实施

1 任务相关知识描述

水泥混凝土拌和物稠度试验的主要内容如下:

(1)水泥混凝土拌和物稠度试验目的。

(2)水泥混凝土拌和物稠度试验适用范围。

(3)水泥混凝土拌和物稠度试验仪器设备。

(4)水泥混凝土拌和物稠度试验方法步骤。

(5)水泥混凝土拌和物稠度试验结果计算。

2 信息资料收集与分组

(1)水泥混凝土拌和物稠度试验仪器工具准备。

(2)水泥混凝土拌和物稠度试验材料准备。

(3)水泥混凝土拌和物稠度试验技术准备。

(4)安全操作注意事项。

(5)分组并产生组长,明确任务。

3 制定计划

(1)以小组讨论的方式制定水泥混凝土拌和物稠度试验计划。

(2)与学生讨论工作计划并最终定稿。

(3)填写工作计划表(见表3-11)。

4 实施计划

(1)学生按既定工作计划完成检查并填写任务工单(见表3-12)。

(2)教师监控学生操作过程,及时更正学生的错误。

5 检查结果

(1)检查学生是否填写完整任务工单。

(2)回答学生所提出的问题。

(3)学生以小组讨论方式进行工作评估。

评价反馈

(1)对小组工作进行综合评价。

(2)提出改进意见和注意事项。

(3)填写任务评价表(见表3-13)。

表 3-11　水泥混凝土拌和物稠度试验工作计划表

姓名:	学号:	班级:	组别:
任务名称			
个人工作实施计划			
小组其他计划特色点			
辅导教师意见			
个人工作实施计划定稿			

表 3-12　水泥混凝土拌和物稠度试验任务工单

<table>
<tr><td colspan="2">姓名：</td><td>学号：</td><td>班级：</td><td>组别：</td></tr>
<tr><td colspan="3" rowspan="2">评价等级：</td><td>教师签字：</td><td>成绩：</td></tr>
<tr><td>日期：</td><td>学时：</td></tr>
<tr><td>任务名称</td><td colspan="4">水泥混凝土拌和物试验</td></tr>
<tr><td>能力目标</td><td colspan="4">1. 能够说出任务目的和适用范围；
2. 能够准备任务所需仪器和材料；
3. 能够独立操作任务过程；
4. 能够正确取得任务结果；
5. 能够做好仪器保养。</td></tr>
<tr><td>任务准备</td><td colspan="4">相关仪器设备和任务试样的准备</td></tr>
<tr><td>信息获取</td><td colspan="4">1. 任务目的和适用范围(15 分)
目的：

适用范围：

2. 任务所需仪器设备(15 分)

</td></tr>
</table>

续表 3-12

任务操作与要点	3. 任务准备(15 分) 4. 任务步骤(40 分) 5. 结果整理(15 分)

表 3-13　水泥混凝土拌和物稠度试验任务评价表

评价内容	评价指标	评价等级		
		自我	小组	教师
专业能力	A. 具有安全、文明生产和环境保护的相关知识和技能。(10 分)			
	B. 高质量地完成工作任务，操作娴熟，任务工单得 85 分以上。(10 分)			
	C. 任务工单中数据真实，步骤完整，能用来描述整个过程。(10 分)			
	D. 具备了独立完成工作任务的能力。(10 分)			
社会能力	A. 具有良好的职业道德，遵守实验室管理规定。(5 分)			
	B. 具有较强的口头和书面表达能力，良好的人际交流沟通能力。(10 分)			
	C. 具有良好的团队合作精神和客户服务意识。(10 分)			
	D. 具有良好的心理素质和克服困难的能力。(5 分)			
方法能力	A. 能够制定完善的工作计划。(5 分)			
	B. 能够借助网络、文件资料等手段查找所需信息。(10 分)			
	C. 具备独立完成任务的能力。(5 分)			
	D. 能够检查评估工作任务，并能从个案中寻找共性。(10 分)			
辅导教师关于此次任务的改进意见		总评		

学习任务3　水泥混凝土强度试验

相关知识

1　技术性质

硬化后混凝土的力学性质主要包括强度和变形两方面。

1.1　强度

强度是混凝土硬化后的主要力学性能，按我国现行标准《普通混凝土力学性能试验方法标准》(GB/T 50081—2002)规定，混凝土强度有立方体抗压强度、劈裂抗拉强度、抗折强度、剪切强度和黏结强度。

1.1.1　抗压强度标准值和强度等级

钢筋混凝土和预应力钢筋混凝土桥梁结构设计时，混凝土材料的强度是用强度等级作为设计依据的。在结构设计时，混凝土各种力学强度的标准值均可由强度等级换算出，所以强度等级是混凝土各种力学强度标准值的基础。在了解强度等级之前要弄清立方体抗压强度标准值的概念。

1.1.1.1　立方体抗压强度(f_{cu})

按照标准的制作方法制成边长为150 mm的正方体试件，在标准养护条件(温度(20±2)℃，相对湿度95%以上)下，养护至28 d龄期，按照标准的方法测定其抗压强度值，称为混凝土立方体试件抗压强度(简称立方体抗压强度，以f_{cu}表示)，按式(3-1)计算，以MPa计

$$f_{cu} = \frac{F}{A} \tag{3-1}$$

式中　F——破坏荷载，N；

　　A——试件承压面面积，mm^2。

以三个试件为一组，取三个试件强度的算术平均值作为每组试件的强度代表值。

非标准尺寸试件测得的立方体强度应乘以换算系数(见表3-14)折算为标准试件的立方体抗压强度。

表3-14　试件尺寸换算系数

试件尺寸(mm×mm×mm)	100×100×100	150×150×150	200×200×200
换算系数	0.95	1.00	1.05

1.1.1.2　立方体抗压强度标准值($f_{cu,k}$)

混凝土立方体抗压强度标准值是按照标准方法制作和养护的边长为150 mm的立方体试件，在28 d龄期，用标准试验方法测定的抗压强度总体分布的一个值，强度低于该值的百分率不超过5%(即具有95%保证率的抗压强度)，以N/mm^2即MPa计。立方体抗压强度标准值以$f_{cu,k}$表示。

1.1.1.3　强度等级

混凝土强度等级是根据立方体抗压强度标准值来确定的。

强度等级表示方法是用符号“C”和“立方体抗压强度标准值”两项内容表示，如C30即

表示混凝土立方体抗压强度标准值$f_{cu,k}=30$ MPa。

1.1.2 轴心抗压强度(f_{cp})

混凝土立方体试件在进行抗压强度试验时由于材料试验机的承压板对试件端部的摩阻效应,使其强度有较大的提高。为了使混凝土试件在抗压强度试验时的受力状态更接近其在结构中的承压状态,通常用棱柱体(高宽比$h/b=2$)或圆柱体(高径比$h/d=2$)试件,测定其轴心抗压强度。我国现行标准《普通混凝土力学性能试验方法标准》(GB/T 50081—2002)规定采用150 mm×150 mm×300 mm的棱柱体作为标准试件,轴心抗压强度f_{cp}按式(3-2)计算,以MPa计

$$f_{cp}=\frac{F}{A} \tag{3-2}$$

式中 F——破坏荷载,N;

A——试件承压面面积,mm^2。

由于混凝土轴心抗拉强度试验的装置设置困难,以及坚固设备易引入三次应力等原因,我国现行标准《普通混凝土力学性能试验方法标准》(GB/T 50081—2002)规定,采用150 mm×150 mm×150 mm的立方体试件(或圆柱体),中心平面内用圆弧为垫条施加两个方向相反、均匀分布的压应力,当压力增大至一定程度时,试件就沿平面劈裂破坏,这样测得的强度称为劈裂抗拉强度,简称劈拉强度。

混凝土劈裂抗拉强度(f_{ts})按式(3-3)计算,以MPa计

$$f_{ts}=\frac{2F}{A\pi}=0.637\frac{F}{A} \tag{3-3}$$

式中 F——破坏荷载,N;

A——试件劈裂面面积,mm^2。

1.1.3 抗折强度

道路面或机场路面用水泥混凝土以抗弯拉强度(或称抗折强度)为主要强度指标,抗压强度作为参考强度指标。根据我国《公路水泥混凝土路面设计规范》(JTG D40—2002),不同交通量分级的水泥混凝土计算抗折强度如表3-15所示。

表3-15 路面水泥混凝土计算抗折强度

交通等级	特重	重	中等	轻
水泥混凝土的抗折强度标准值(MPa)	5.0	5.0	4.5	4.0
钢纤维混凝土弯拉强度标准值(MPa)	6.0	6.0	5.5	5.0

道路水泥混凝土的抗折强度是以标准操作方法制备成150 mm×150 mm×550 mm的立方体试件,在标准条件下,经过28 d养护后,按三分点加荷方式(见图3-7),测定其抗折强度,按式(3-4)计算,以MPa计

$$f_{cf}=\frac{FL}{bh^2} \tag{3-4}$$

式中 F——破坏荷载,N;

L——支座间距,mm;

b——试件宽度,mm;

h——试件高度,mm。

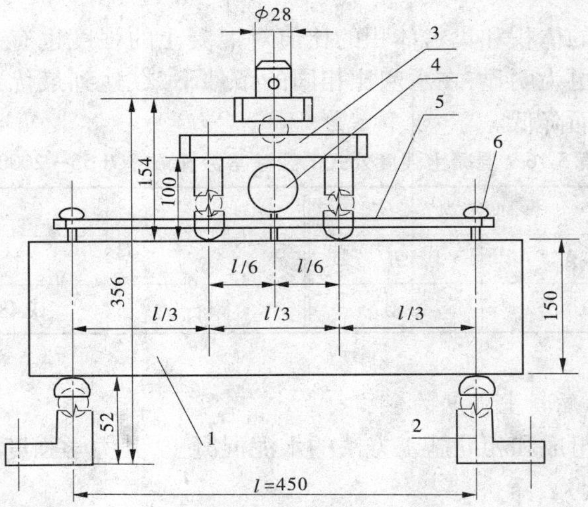

1—试件;2—支座;3—加荷支座;4—千分表;5—千分表架;6—螺杆

图 3-7　水泥混凝土抗折强度和抗折模量试验装置图　(单位:mm)

如为跨中单点加荷得到的抗折强度,按断裂力学推导应乘以折算系数 0.85。

1.1.4　影响硬化后水泥混凝土强度的因素

影响硬化后水泥混凝土强度的因素是多方面的,归纳起来主要有材料组成、养护条件、制备方法和试验条件等四大方面。

1.1.4.1　材料组成对混凝土强度的影响

材料组成是混凝土强度形成的内因,主要取决于组成材料的质量及其在混凝土中的数量。

水泥混凝土组成材料质量的影响前面已讲过。现介绍组成材料在混凝土中的数量对混凝土强度的影响。

(1)水泥的强度和水灰比。

水泥混凝土的强度主要取决于其内部起胶结作用的水泥石的质量,水泥石的质量则取决于水泥的特性和水灰比。

我国根据大量的试验资料统计结果,提出灰水比(C/W)、水泥实际强度(f_{ce})与混凝土 28 d 立方体抗压强度($f_{cu,28}$)的关系公式为

$$f_{cu,28} = Af_{ce}(\frac{C}{W} - B) \tag{3-5}$$

式中　$f_{cu,28}$——混凝土 28 d 龄期的立方体抗压强度,MPa;

f_{ce}——水泥实际强度,MPa;

C/W——灰水比;

A、B——经验常数,按《普通混凝土配合比设计规程》(JGJ 55—2000)规定,混凝土强度公式的经验常数 A、B 如表 3-16 所示。

(2)集料特性。集料对混凝土的强度有明显的影响,特别是粗集料的形状与表面性质对强度有着直接的关系。在我国现行混凝土强度公式中,对表面粗糙、有棱角的碎石以及表面光滑、浑圆的卵石,它们的经验系数 A 和 B 均不同。

(3)浆集比。

混凝土中水泥浆的体积和集料体积的比值对混凝土的强度也有一定的影响,特别是对高强度等级的混凝土更为明显,在水灰比相同的条件下,在达到最优浆集比后,混凝土的强度随着浆集比的增加而降低。

表 3-16　混凝土强度公式的经验常数 A、B(JGJ 55—2000)

集料类别	经验常数		集料类别	经验常数	
	A	B		A	B
碎石	0.46	0.07	卵石	0.48	0.33

1.1.4.2　养护条件对混凝土强度的影响

对于相同配合比组成和相同施工方法的水泥混凝土,其力学强度取决于养护的湿度、温度和养护的时间(龄期)。

(1)湿度。

混凝土浇筑成型后,如能保持湿润的状态,混凝土的强度将随龄期按水泥的特性成对数关系增长。J. S. 格林(Green)的研究,以潮湿状态下养护 28 d 龄期的强度为 100%,其他各种养护条件相对强度的变化如图 3-8 所示。

(2)温度。养护温度对混凝土强度发展有很大影响。在相同湿度的养护条件下,低温养护强度发展较慢,为了达到一定强度,低温养护较高温养护需要更长的龄期。图 3-9 为相同湿度条件下,以 21 ℃、28 d 龄期的强度为 100% 时,不同温度和龄期的相对强度。

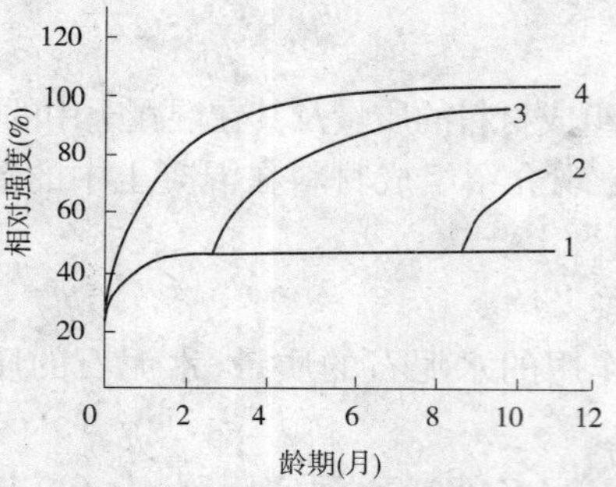

1—空气养护;2—9 个月后水中养护;3—3 个月后水中养护;4—标准湿度条件下的养护

图 3-8　养护湿度条件对混凝土强度的影响

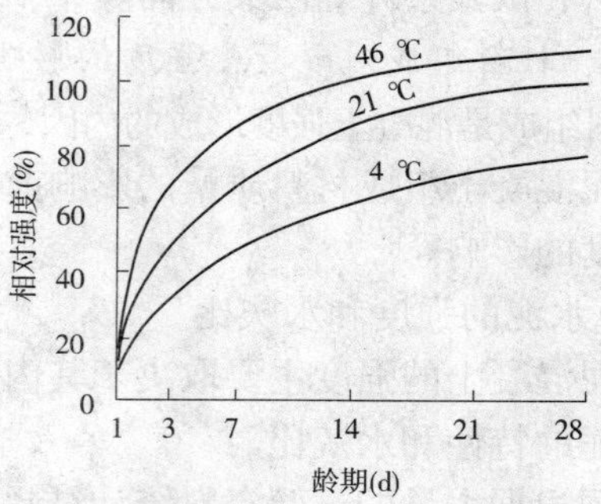

图 3-9　养护温度条件对混凝土强度的影响

(3)龄期。

混凝土的强度随着龄期的增长而提高。一般,早期增长比例较为显著,后期较为缓慢。在相同养护条件下,其增长规律如图 3-10 所示。

1.1.4.3　试验条件对混凝土强度的影响

相同材料组成、养护条件和制备条件制成的混凝土试件,其力学强度还取决于试验条件。影响混凝土力学强度的试验条件主要有试件形状与尺寸、试件湿度、试件温度、支承条件和加载方式等。

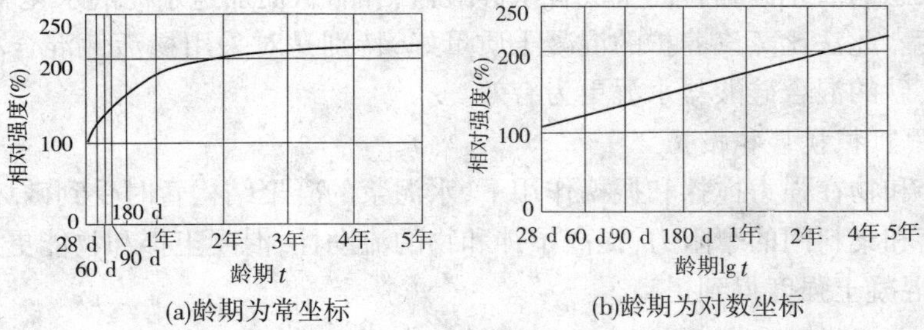

图 3-10　水泥混凝土的强度随时间的增长规律

1.1.5　提高混凝土强度的措施

1.1.5.1　选用高强度的水泥和早强型水泥

为了提高路面用混凝土的强度，应选用高强度的水泥。目前，重型交通的路面抗折强度应大于 50 MPa，水灰比不大于 0.46，水泥用量不大于 360 kg/m³ 的条件下，必须采用高强水泥或道路水泥，才能满足混凝土强度高且水泥用量少的要求。为了缩短养护时间，及早通车，在供应条件允许时，应优先选用早强型水泥。

1.1.5.2　采用低水灰比和浆集比

为了提高路面混凝土的强度，通常采用的水灰比不超过 0.45，用水量不超过 150 kg/m³（卵石不超过 140 kg/m³）。对于掺加外加剂的混凝土，还可采用更低的水灰比和用水量。采用低的水灰比：一方面可以减少混凝土中的游离水，从而减少混凝土中的空隙，提高混凝土的密实度和强度；另一方面降低了浆集比，减薄了水泥浆层的厚度，可以充分发挥集料的骨架作用，对混凝土强度的提高亦有帮助。如采用适宜的最大粒径，可调节抗压强度和抗折强度之间的关系，以达到提高抗折强度的效果。

1.1.5.3　掺加混凝土外加剂和掺合料

目前，桥梁工程用预应力混凝土，通常要求设计强度为 C40 以上，除采用 42.5 级或 52.5 级硅酸盐水泥外，水灰比必须为 0.35～0.40 才能达到强度要求。而混凝土拌和物的坍落度又要求在 50 mm 以上，必须采用高效减水剂等外加剂，才能保证混凝土拌和物的工作性和混凝土的强度。

1.1.5.4　采用湿热处理——蒸汽养护和蒸压养护

桥梁预制构件除采用前述措施外，还可以采用湿热处理来提高混凝土的强度。

(1)蒸汽养护。

蒸汽养护是使浇筑好的混凝土构件经 1～3 h 预养后，在 90% 以上的相对湿度、60 ℃以上温度的饱和水蒸气中养护，以加速混凝土强度的发展。普通水泥混凝土经过蒸汽养护后，早期强度提高快，一般经过 1 d 蒸汽养护，混凝土强度能达到 $f_{cu,28}$ 的 70%，但对后期强度增长有影响。所以，用普通水泥配制的混凝土养护温度不宜太高，时间不宜太长，一般养护温度为 60～80 ℃，恒温养护时间以 5～8 h 为宜。

(2)蒸压养护。

蒸压养护是将浇筑完的混凝土构件静停 8～10 h 后，放入蒸压壶内，通入高压、高温（如大于或等于 8 个大气压，温度为 175 ℃以上）饱和蒸汽进行养护。

在高温、高压蒸汽下，水泥水化时析出的氢氧化钙不仅能充分与活性的氧化硅结合，而且能与结晶状态的氧化硅结合而生成含水硅酸盐结晶，从而加速水泥的水化和硬化，提高了混凝土的强度。此法比蒸汽养护的混凝土质量好，特别是对采用掺活性混合材料的水泥及掺入磨细石英砂的混合硅酸盐水泥更为有效。

1.1.5.5　采用机械搅拌和振捣

混凝土拌和物在强力搅拌和振捣作用下，水泥浆的凝聚结构暂时受到破坏，因而降低了水泥浆的黏度和集料间的摩阻力，提高了拌和物的流动性，混凝土拌和物能更好地充满模型并均匀密实，混凝土强度得到提高。

1.2　变形

混凝土的变形主要有弹性变形、收缩变形、徐变变形和温度变形等四类。

1.2.1　弹性变形和弹性模量

1.2.1.1　弹性变形

弹性变形是指当荷载施加于材料立即出现、荷载卸除后立即消失的变形。水泥混凝土是一种多相复合材料，它在持续增加的荷载作用下，应力(σ)—应变(ε)关系曲线如图 3-11 所示。当卸荷后，其变形并未能恢复到原点，所以它的应变 ε_0 是由可逆的弹性应变 ε_1 和不可逆的残留应变 γ 所组成的。一般，把加荷瞬间产生的变形看做弹性变形，而把持荷期间产生的变形看做徐变，但两者难以严格分开。在工程应用上，采用反复加荷、卸荷的方法可以使徐变减小，从而测得弹性变形。经过几次反复加荷与卸荷后，其残留应变不会增加，而且在加荷应力不超过混凝土抗压强度的 50% ~60% 时，在此荷载范围内，混凝土的应力—应变关系大体上呈线性关系。

1.2.1.2　弹性模量

水泥混凝土的应力与应变关系是非线性的，为将它们看做弹性体，根据在应力—应变曲线上的不同取值方法，可得到如图 3-12 所示三种不同模量：

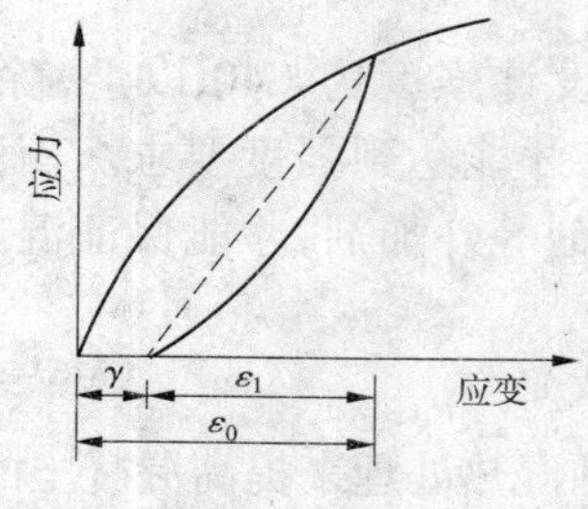

图 3-11　加荷与卸荷时混凝土应力—应变曲线

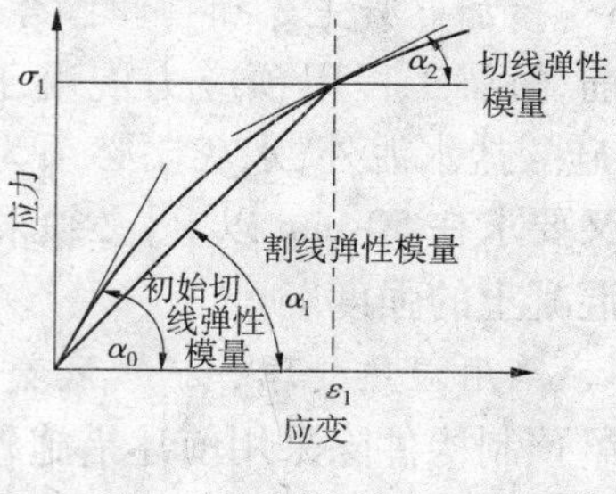

图 3-12　水泥混凝土弹性模量分类

(1)取应力—应变曲线原点上的切线的斜率求得，即为初始切线模量；

(2)取应力—应变曲线上任一点切线斜率求得，即为切线模量；

(3)取应力—应变曲线上任一点与原点的连线的斜率求得，即为割线模量。

为了满足工程适用性，通常采用割线模量来表示水泥混凝土的弹性模量。

1.2.1.3　影响混凝土弹性模量的因素

混凝土弹性模量和混凝土的强度一样，受其组成相的孔隙率影响，混凝土强度越高，弹性模量越高。在组成相中，首先是粗集料，混凝土中高弹性模量的粗集料含量越多，混凝土的弹性模量越高，其实是水泥浆体的弹性模量取决于其孔隙率。控制水泥浆体的孔隙率因素，如水灰比、含气率、水化程度等均对弹性模量有影响。此外，养护条件也对混凝土弹性模量有影响，如蒸汽养护混凝土的弹性模量比潮湿养护的要低。最后，弹性模量与测试条件和方法等同样有关，如在潮湿状态下测试的弹性模量值比干燥时测试的高。

1.2.2 收缩变形

收缩是混凝土材料因物理和化学作用所产生的体积缩小的总称。

收缩能使混凝土产生内应力，导致路面或桥梁结构发生变形，甚至裂缝，从而降低其强度和刚度。此外，收缩还能使混凝土内部产生微裂缝，破坏混凝土的微结构，降低混凝土的耐久性。对于预应力钢筋混凝土结构来说，由于混凝土收缩，会产生应力损失。

1.2.2.1 收缩的分类

收缩按其产生原因，可分为以下四类：

(1)塑性收缩。混凝土拌和物在刚成型后，固体颗粒下沉，表面产生泌水而形成的体积缩小，称为塑性收缩。在桥梁、墩台等大体积混凝土中，有可能产生沉降裂缝。塑性收缩的可能收缩值约为1%。

(2)化学收缩。混凝土终凝后，水泥水化引起的体积缩小，称为化学收缩，又称为自身收缩。它常发生于大体积混凝土内部。温度较高、水泥用量较大和水泥较细时，其值较大。混凝土化学收缩值为$(4\sim100)\times10^{-6}$ mm/mm。

(3)物理收缩。混凝土在未饱和的空气中，由于失水所引起的体积缩小，称为物理收缩，又称为干燥收缩。空气相对湿度越低，收缩发展越快。混凝土物理收缩值为$(150\sim1\,000)\times10^{-6}$ mm/mm。

(4)碳化收缩。由于空气中二氧化碳的作用而引起的体积缩小，称为碳化收缩。当空气相对湿度为30%～50%时，碳化最激烈，收缩值也最大。

1.2.2.2 影响混凝土收缩的因素

影响混凝土收缩的因素，大致可分为组成材料的品种、质量、级配等内因与介质温度、湿度、约束钢筋等外因。后者影响比前者更大些。

(1)集料含量：混凝土产生收缩的主要组分是水泥石，增加集料的相对含量即可减少收缩。

(2)集料的质量：在混凝土配合比一定时，采用弹性模量值较高的集料，可以减少收缩。

(3)单位用水量：在混凝土中，水泥与水经水化反应而生成凝胶，凝胶吸湿则膨胀，干燥则收缩。

(4)相对湿度：周围介质的相对湿度是影响混凝土收缩的重要因素。相对湿度越低，混凝土收缩越大。

(5)养护方法：延长潮湿养护期，可以推迟混凝土收缩的开始。在水中养护，混凝土膨胀$(100\sim200)\times10^{-6}$ mm/mm，普通蒸汽养护可使混凝土收缩减少，压蒸汽养护对混凝土收缩减少更为显著。

(6)外加剂：不同化学外加剂对混凝土收缩影响不同，其中氯化钙对混凝土收缩影响最大。

1.2.2.3 减少收缩的措施

由上述影响因素分析可知：要减少混凝土的收缩，可采取下列措施：

(1)正确设计密级配集料，并提高集浆比，使集料在混凝土中形成密实骨架。

(2)采用弹性模量较高的岩石所轧制的集料。

(3)在混凝土配合比中除采用较低的单位用水量和低的水灰比外，并重视水泥品种的选用，选用 C_4AF 含量较高者。

(4)正确选用外加剂，不掺加氯盐早强剂。

(5)采用蒸汽养护或压蒸养护。

1.2.3 徐变变形

混凝土在持续荷载作用下，随时间增加的变形称为徐变，亦称蠕变。

1.2.3.1 徐变与恢复

混凝土的变形与荷载作用时间的关系如图 3-13 所示。混凝土在开始加荷的瞬间产生的变形称为瞬时变形，此变形以弹性变形为主，但也包括早期产生的徐变变形在内。此后，因荷载持续作用，缓慢地发生徐变变形。在受载初期，徐变变形增长较快，以后增长较慢，且逐渐稳定下来。当变形稳定以后，若卸掉荷载，此时将产生瞬时恢复，其方向与瞬时变形方向相反，其数值较瞬时变形稍低。但随着时间的延长，混凝土还会继续产生随时间而减小的恢复，称为徐变恢复。最后，残留不可恢复的变形称为残余变形。

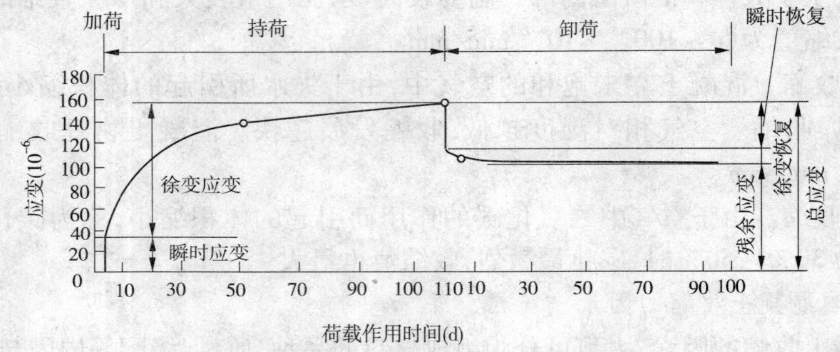

图 3-13　混凝土的变形与荷载作用时间的关系曲线

1.2.3.2 影响因素

混凝土的徐变与许多因素有关：混凝土水灰比大，龄期短，徐变大；荷载作用时大气湿度小，徐变大；荷载应力大，徐变大；水泥用量多，徐变大；弹性模量小，徐变大。混凝土不论是受压、受拉或受弯时，均有徐变现象。在预应力钢筋混凝土桥梁构件中，由于混凝土的徐变，可使钢筋的预应力受到损失，因此徐变是预应力混凝土结构极为关注的问题。但是，徐变也能消除钢筋混凝土内的部分应力集中，使应力较均匀地重新分布。对于大体积混凝土，能消除一部分由于温度变形所产生的破坏应力。

1.2.3.3 降低徐变的措施

对于预应力混凝土桥梁构件，为降低徐变可采取下列措施：

(1)选用小的水灰比，并保证潮湿养护条件，使水泥充分水化，形成密实结构的水泥石；

(2)选用级配优良的集料，并用较高的集浆比，提高混凝土的弹性模量；

(3)选用快硬高强水泥，并适当采用早强剂，提高混凝土的早期强度；

(4)推迟预应力张拉时间。

1.2.3.4 温度

混凝土具有热胀冷缩的性质。混凝土随温度的变化而发生膨胀、收缩的变形称为温度变形。混凝土的温度膨胀线系数约为1×10^{-5},即温度升高1 ℃,每米膨胀0.01 mm。在硬化过程中,由于水泥水化放出较多的热量,使内部温度升高,散热缓慢,这就将造成混凝土内部产生较大的体积膨胀。而外部混凝土受外界环境的影响,较内部膨胀小,从而使内外温差相互制约,产生较大的拉应力,使混凝土产生很大的裂缝。因此,在大体积混凝土工程中,采取低热水泥,减少水泥用量,采取人工降温,在结构上合理分缝、分块、预留伸缩缝,对表层混凝土加强保温保湿措施,以防止裂缝的产生和发展。

1.3 耐久性

道路与桥梁工程用混凝土除要满足前述的工作性和强度要求外,还要求具有优良的耐久性。对道路与桥梁建筑混凝土,由于无遮盖而裸露在大气中,长期受风霜雨雪的侵蚀,因此耐久性的首要要求是抗冻性,其次是对道路混凝土,因受车辆轮胎的作用,还要求其有耐磨性;桥梁、墩台混凝土受海水或污水的侵蚀,还要求具有抗化学侵蚀的耐蚀性。此外,碱—集料反应,也引起人们的广泛关注。

1.3.1 抗冻性

混凝土遭受到冻融的循环作用,可导致强度降低甚至破坏。为了评价混凝土的抗冻性,按我国国标《普通混凝土长期性能和耐久性能试验方法》(GB/T 50082—2009)规定,抗冻性能试验方法可分为慢冻法和快冻法两种。对于抗冻性要求,我国现行交通行业标准《公路工程水泥及水泥混凝土试验规程》(JTG E30—2005)规定采用快冻法。该方法是以100 mm×100 mm×400 mm棱柱体试件进行一次横向基频的测试并称重。当冻融至300次,或相对动弹性模量下降至60%以下,或质量损失达到5%时,即可停止试验。

(1)混凝土相对动弹性模量按下式计算

$$P = \frac{f_n^2}{f_0^2} \tag{3-6}$$

式中 P——经n次冻融循环后试件的相对动弹性模量(%);

f_n——n次冻融循环后试件的横向基频,Hz;

f_0——试验前试件的横向基频,Hz。

(2)混凝土质量损失率按下式计算

$$W_n = \frac{m_0 - m_1}{m_0} \times 100 \tag{3-7}$$

式中 W_n——n次冻融循环后试件的质量损失率(%);

m_0——冻融前的试件质量,kg;

m_1——n次冻融后的试件质量,kg。

当混凝土相对动弹性模量降低至小于或等于60%,或质量损失达5%时的循环次数,即为混凝土的抗冻标号。抗冻标号分为D25、D50、D100、D150、D200和D300等。

(3)混凝土抗冻性亦可用耐久性指数表示,耐久性指数按下式计算

$$K_n = \frac{P_n}{300} \tag{3-8}$$

式中 K_n——混凝土耐久性指数;

n——前述规定应达到的冻融循环次数;

P——经n次冻融循环后试件的相对动弹性模量(%)。

1.3.2 耐磨性

耐磨性是路面和桥梁用混凝土的重要性能之一。作为高级路面的水泥混凝土,必须具有抵抗车辆轮胎磨耗和磨光的性能。作为大型桥梁的墩台用水泥混凝土,也需要具有抵抗湍流深蚀的能力。混凝土耐磨性评价,现行试验法(JTJ 053T0527—94)是以 150 mm × 150 mm × 150 mm 的立方体试件,养护至 28 d 龄期,在 60 ℃下烘干至恒重,然后在带有花轮磨头的混凝土磨耗试验机上,在 200 N 负荷下磨削 50 r。按下式计算磨损量

$$G = \frac{m_0 - m_1}{0.0125} \tag{3-9}$$

式中 G——单位面积磨损量,kg/m^2;

m_0——试件的原始质量,kg;

m_1——试件磨损后的质量,kg;

0.012 5——试件磨损面积,m^2。

1.3.3 碱—集料反应

水泥混凝土中水泥的碱与某些活性集料发生化学反应,可引起混凝土产生膨胀、开裂甚至破坏,这种化学反应称为碱—集料反应(简称碱集料反应)。碱—集料反应会导致高速公路路面或大型桥梁、墩台的开裂和破坏,并且这种破坏会继续发展下去,难以补救。因此,对混凝土用砂石料的碱活性问题,必须引起重视。碱—集料反应有两种类型:

1.3.3.1 碱—硅反应

碱—硅反应是指碱与集料中活性二氧化硅反应。

1.3.3.2 碱—碳酸盐反应

碱—碳酸盐反应是指碱与集料中活性碳酸盐反应。碱—集料反应机理甚为复杂,而且影响因素较多,但是发生碱—集料反应必须具备以下三个条件:

(1)混凝土中的集料具有活性;

(2)混凝土中含有一定量可溶性碱;

(3)有一定的湿度。

对于重要工程的混凝土使用的碎石(卵石),应进行碱活性检验。进行碱活性检验时,首先应采用岩相法检验活性集料的品种、类型(硅酸类或碳酸类岩石)和数量。当岩石中含有活性二氧化硅时应采用化学法和砂浆长度法进行检验;当岩石中含有活性碳酸岩集料时,应采用岩石相法进行检验。

为防止碱—集料反应,按现行规范规定:

(1)应使用含碱量小于 0.6% 的水泥或采用抑制碱—集料反应的掺合料;

(2)当使用钾、钠离子的混凝土外加剂时,必须专门试验。

2 普通水泥混凝土的组成设计

2.1 混凝土配合比设计的内容

混凝土配合比设计(Concrete mix design)包括以下两方面的内容。

2.1.1 选料

按照道路和桥梁工程设计和施工的要求,选择适合制备所需混凝土的材料。

2.1.2 配料

根据道路和桥梁设计中指定的混凝土性能(包括工作性、强度、耐久性等)和经济的原则,选择混凝土各组分的最佳配合用料量。

2.2 混凝土配合比表示方法

2.2.1 单位用量表示法

单位用量表示法以每1 m^3 混凝土中各种材料的用量表示(如水泥: 水: 细集料: 粗集料 = 330 kg: 150 kg: 706 kg: 1 264 kg)。

2.2.2 相对用量表示法

相对用量表示法以水泥的质量为1,并按水泥: 细集料: 粗集料,水灰比的顺序排列表示(如1: 2.14: 3.82, $W/C = 0.45$)。

2.3 配合比设计的基本要求

混凝土配合比设计,应满足下列四项基本要求:

(1)满足结构物设计强度的要求。

不论是混凝土路面或是桥梁,在设计时都会对不同的结构部位提出不同的设计强度要求。为了保证结构物的可靠性,在配制混凝土配合比时,必须要考虑到结构物的重要性、施工单位的施工水平等因素,采用一个比设计强度高的配制强度,才能满足设计强度的要求。配制强度定得太低,结构物不安全;配制强度定得太高,又浪费资金。

(2)满足工作性的要求。

按照结构物断面的尺寸和形状、配筋的疏密以及施工方法和设备来确定工作性(坍落度或维勃稠度)。

(3)满足环境耐久性的要求。

根据结构物所处环境条件,如严寒地区的路面或桥梁、墩台在水位升降范围等,为保证结构的耐久性,在设计混凝土配合比时应考虑允许的最大水灰比和最小水泥用量。

(4)满足经济的要求。

在满足设计强度、工作性和耐久性的前提下,配合设计中应尽量降低高价材料(水泥)的用量,并考虑应用就地材料和工业废料(如粉煤灰等),以配制成性能优越、价格便宜的混凝土。

2.4 混凝土配合比设计的三个参数

由水泥、水、细集料和粗集料组成的普通混凝土配合比设计,就是确定这四组分之间的分配比例,四组分的比例可以由下列三个参数来控制。

2.4.1 水灰比

水与水泥组成水泥浆体。水泥浆体的性能,在水与水泥性质固定的条件下,就取决于水与水泥的比例,这一比例就称为水灰比。

2.4.2 砂率

细集料(砂)与粗集料(石)组成矿质混合料。矿料骨架的性能,在砂石性质固定的条件下,就取决于砂与石之间的用量比例,这一比例称为砂石比。但现行混凝土配合比设计方法对砂石之间的用量比例,是采用砂率来表示的。砂率就是砂的用量占砂石总用量的质量百分率,所以实质上砂率即表征砂与石之间的相对含量。

2.4.3 用水量

水泥浆与集料组成混凝土拌和物。拌和物的性能，在水泥浆与集料性质固定的条件下，就取决于水泥浆与集料的比例，这一比例称为浆集比。但现行混凝土配合比设计方法对水泥浆与集料之间的比例关系，采用单位用水量（简称用水量）来表示。所谓单位用水量，是指1 m^3 混凝土拌和物中水的用量（kg/m^3）。当水灰比固定的条件下，用水量既定，水泥用量亦随之确定。在1 m^3 拌和物中，水与水泥用量既定，当然，集料的总用量亦确定。所以，用水量即表示水泥浆与集料之间的用量比例关系。

上述三参数与四组分间的关系如图3-14所示。在混凝土配合比设计中，如能正确处理好四组分之间的三个参数的关系，就能使设计的混凝土达到上述基本要求。三参数对技术性能的影响如图3-15所示。

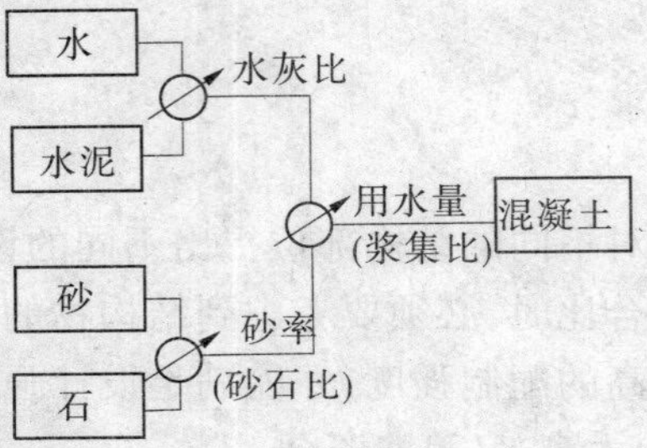

图3-14 混凝土四组分与三参数的关系图

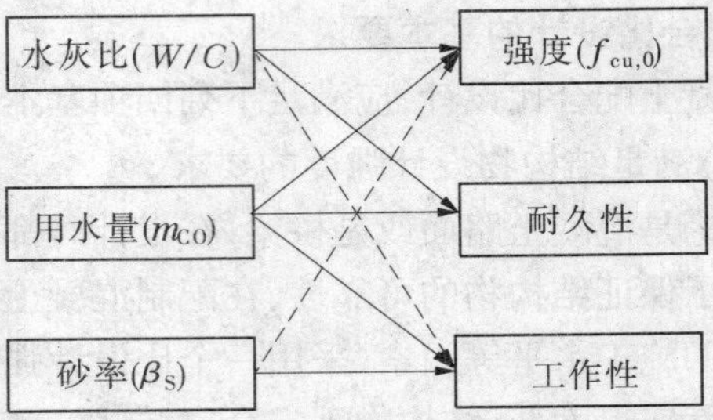

图3-15 三参数对技术性能的影响

2.5 混凝土配合比设计步骤

混凝土配合比设计可按下列步骤进行：

（1）计算初步配合比。根据原始资料，按我国现行的配合比设计方法，计算初步配合比，即水泥：水：细集料：粗集料 $= m_{C0}:m_{W0}:m_{S0}:m_{G0}$。

（2）提出基准配合比。根据初步配合比，采用施工实际材料，进行试拌，测定混凝土拌和物的工作性（坍落度或维勃稠度），调整材料的用量，提出一个满足工作性要求的基准配合比，即 $m_{Ca}:m_{Wa}:m_{Sa}:m_{Ga}$。

（3）确定实验室配合比。以基准配合比为基础，增加和减少水灰比，拟定几组（通常是三组）适合工作性要求的配合比，通过制备试块、测定强度，确定既符合强度和工作性要求，又较经济的实验室配合比，即 $m_{Cb}:m_{Wb}:m_{Sb}:m_{Gb}$。

（4）换算工地配合比。根据工地现场材料的实际含水率，将实验室配合比换算为工地配合比，即 $m_C:m_W:m_S:m_G$ 或 $1:\frac{m_W}{m_C}:\frac{m_S}{m_C}:\frac{m_G}{m_C}$。

3 普通混凝土配合比设计方法（抗压强度为指标的计算方法）

3.1 初步配合比的计算

3.1.1 确定混凝土的配制强度

混凝土配制强度（$f_{cu,0}$）应根据设计要求的混凝土强度等级和施工单位质量管理水平按式（3-10）确定

$$f_{cu,0} = f_{cu,k} + 1.645\sigma \tag{3-10}$$

式中　$f_{cu,0}$——混凝土的施工配制强度，MPa；

$f_{cu,k}$——混凝土立方体抗压强度标准值（即设计要求的混凝土强度等级），MPa；

σ——由施工单位质量管理水平确定的混凝土强度标准差，MPa。

混凝土标准差（σ）值按式（3-11）计算

$$\sigma = \sqrt{\frac{\sum_{i=1}^{n} R_i^2 - n\bar{R}_n^2}{n-1}} \tag{3-11}$$

式中　R_i——第 i 组混凝土试件立方体抗压强度值，MPa；

$\bar{R}_n$——n 组混凝土试件立方体抗压强度平均值，MPa；

n——统计周期内相同等级的试件组数，$n \geq 25$。

混凝土强度标准差（σ）可根据近期同类混凝土强度资料求得，其试件组数不应少于 25 组。对 C20～C25 级混凝土，若强度标准差计算值低于 2.5 MPa，则计算配制强度时的标准差取用 2.5 MPa；对不低于 C30 级的混凝土，若强度标准差计算值低于 3.0 MPa，则计算配制强度时的标准差取用 3.0 MPa。若无历史统计资料，强度标准差可根据要求的强度等级按表 3-17 规定取用。

表 3-17　标准差 σ 值表

强度等级	低于 C20	C20～C35	高于 C35
标准差 σ（MPa）	4.0	5.0	6.0

3.1.2　计算水灰比（W/C）

3.1.2.1　按混凝土要求强度等级计算水灰比和水泥实际强度

根据已确定的混凝土配制强度 $f_{cu,0}$ 由式（3-12）计算水灰比

$$f_{cu,0} = Af_{ce}\left(\frac{C}{W} - B\right) \tag{3-12}$$

式中　$f_{cu,0}$——混凝土配制强度，MPa；

A、B——混凝土强度回归系数，根据使用的水泥和粗集料、细集料经过试验得出的灰水比与混凝土强度关系式确定，若无上述试验统计资料，可采用表 3-16 数值；

C/W——混凝土所要求的灰水比；

f_{ce}——水泥的实际强度，MPa。

在无法取得水泥实际强度时，水泥强度等级可按式（3-13）计算

$$f_{ce} = K_c f_{ce,g} \tag{3-13}$$

式中　$f_{ce,g}$——水泥强度等级的标准值，MPa；

K_c——水泥强度值的富余系数，该值按各地区实际统计资料确定，通常取 K_c = 1.00～1.13。

由式（3-12）得

$$\frac{W}{C} = \frac{Af_{ce}}{f_{cu,0} + ABf_{ce}} \tag{3-14}$$

3.1.2.2　按耐久性校核水灰比

按式（3-14）计算所得的水灰比是按强度要求计算得到的结果。在确定采用的水灰比

时，还应根据混凝土所处环境条件、耐久性要求的允许最大水灰比（参见表3-18）进行校核。如按强度计算的水灰比大于耐久性允许的最大水灰比，应采用允许的最大水灰比。

表3-18　普通混凝土的最大水灰比和最小水泥用量

环境条件		结构物类别	最大水灰比			最小水泥用量（kg/m^3）		
			素混凝土	钢筋混凝土	预应力混凝土	素混凝土	钢筋混凝土	预应力混凝土
干燥环境		正常的居住或办公用房屋内部件	不作规定	0.65	0.60	200	260	300
潮湿环境	无冻害	高湿度的室内部件 室外部件 在非侵蚀性土和（或）水中的部件	0.70	0.60	0.60	225	280	300
	有冻害	经受冻害的室外部件 在非侵蚀性土和（或）水中且经受冻害的部件 高湿度且经受冻害的室内部件	0.55	0.55	0.55	250	280	300
有冻害和除冰剂的潮湿环境		经受冻害和除冰剂作用的室内和室外部件	0.50	0.50	0.50	300	300	300

3.1.3　选定单位用水量（m_{WO}）

根据粗集料的品种、粒径及施工要求的混凝土拌和物稠度值（坍落度或维勃稠度）选择每立方米混凝土拌和物的用水量。一般可根据施工单位对所用材料的经验选定。如使用经验不足，可参照表3-19选取。

表3-19　混凝土的用水量选用表　（单位：kg/m^3）

坍落度（mm）	卵石最大粒径（mm）				碎石最大粒径（mm）			
	10	20	31.5	40	16	20	31.5	40
10～30	190	170	160	150	200	185	175	165
30～50	200	180	170	160	210	195	185	175
50～70	210	190	180	170	220	205	195	185
70～90	215	195	185	175	230	215	205	195

注：1. 本表用水量是采用中砂时的平均取值，如采用细砂，每立方米混凝土用水量可增加5～10 kg；若采用粗砂，每立方米混凝土用水量可减少5～10 kg。

2. 掺用各种外加剂或掺合料时，可相应增减用水量。

3. 本表不适用于水灰比小于0.4或大于0.8时的混凝土。

坍落度小于10 mm的混凝土，用水量可按各施工单位经验选取，亦可参照表3-20选用。

表 3-20　干硬性混凝土的用水选用表　（单位：kg/m^3）

维勃稠度(s)	卵石最大粒径(mm)			碎石最大粒径(mm)		
	10	20	40	16	20	40
16～20	175	160	145	180	170	155
11～15	180	165	150	185	175	160
5～10	185	170	155	190	180	165

3.1.4　计算单位水泥用量(m_{CO})

3.1.4.1　按强度要求计算单位水泥用量

每立方米混凝土拌和物的用水量(m_{CO})选定后，即可根据按强度或耐久性要求已求得的水灰比(W/C)计算水泥单位用量

$$m_{CC} = m_{WO} \cdot \frac{C}{W} \text{或} m_{CO} = \frac{m_{WO}}{\frac{W}{C}} \tag{3-15}$$

3.1.4.2　按耐久性要求校核单位水泥用量

根据耐久性要求，普通水泥混凝土的最小水泥用量依结构所处环境条件分别规定，如表 3-18所示。

按强度要求由式(3-15)计算得的单位水泥用量，应不低于表 3-20 规定的最小水泥用量。

3.1.5　选定砂率(β_S)

根据粗集料品种、最大粒径和混凝土拌和物的水灰比确定砂率。一般可根据施工单位所用材料的使用经验选定，如使用经验不足，可参照表 3-21 选取。

表 3-21　混凝土的砂率选用表　(%)

水灰比	卵石最大粒径(mm)				碎石最大粒径(mm)			
	10	20	31.5	40	16	20	31.5	40
0.40	26～32	25～31	24～30	24～30	30～35	29～34	28～33	27～32
0.50	30～35	28～34	28～33	28～33	33～38	32～37	31～36	30～35
0.60	33～38	32～37	31～36	31～36	36～41	35～40	34～39	33～38
0.70	36～41	35～40	35～39	34～39	39～44	38～43	37～42	36～41

注：1. 本表数值是中砂的选用砂率，对于细砂或粗砂，可相应地减少或增大砂率。

2. 只用一个单粒级粗集料配制混凝土时，应适当增大；本表适用于坍落度为 10～60 mm 的混凝土。

3. 坍落度大于 60 mm 的混凝土，砂率可根据试验确定，也可在表 3-21 的基础上，按坍落度每增加 20 mm，砂率增大 1% 的幅度予以调整；坍落度小于 10 mm 的混凝土，砂率应根据试验确定。

4. 对薄壁构件砂率取偏大值。

3.1.6　计算粗集料、细集料的单位用量(m_{GO}、m_{SO})

粗集料、细集料的单位用量可用质量法或体积法求得。

3.1.6.1　质量法

质量法又称假定表观密度法。该法是假定混凝土拌和物的表观密度为一固定值，混凝

土拌和物各组成材料的单位用量之和即为其表观密度。在砂率值为已知的条件下，粗集料、细集料的单位用量可由式(3-16)求得

$$\left.\begin{aligned} m_{CO} + m_{WO} + m_{SO} + m_{GO} &= \rho_{CP} \\ \frac{m_{SO}}{m_{SO} + m_{GO}} \times 100 &= \beta_S \end{aligned}\right\} \tag{3-16}$$

由式(3-16)得

$$m_{SO} = (\rho_{CP} - m_{CO} - m_{WO})\beta_S$$

$$m_{GO} = \rho_{CP} - m_{CO} - m_{WO} - m_{SO}$$

式中　m_{CO}、m_{WO}、m_{SO}和m_{GO}——每立方米混凝土的水泥、水、粗集料和细集料的用量，kg；

β_S——砂率(%)；

ρ_{CP}——每立方混凝土拌和物的湿表观密度，kg/m^3，其值可根据施工单位积累的试验资料确定，如缺乏资料，可根据集料的表观密度、粒径以及混凝土强度等级，在2 350～2 450 kg/m^3 范围内选定。

3.1.6.2　体积法

体积法又称绝对体积法。该法是假定混凝土拌和物的体积等于各组成材料绝对体积和混凝土拌和物中所含空气体积之和。在砂率值为已知的条件下，粗集料、细集料的单位用量可由式(3-17)的关系求得

$$\left.\begin{aligned} \frac{m_{CO}}{\rho_C} + \frac{m_{WO}}{\rho_W} + \frac{m_{GO}}{\rho'_G} + \frac{m_{SO}}{\rho'_S} + 10\alpha &= 1\,000 \\ \frac{m_{SO}}{m_{SO} + m_{GO}} \times 100 &= \beta_S \end{aligned}\right\} \tag{3-17}$$

式中　ρ_C、ρ_W——水泥、水的密度，g/cm^3；

ρ'_G、ρ'_S——粗集料、细集料的表观密度，g/cm^3；

α——混凝土的含气量百分率(%)，在不使用引气型外加剂时，α 可取为1。

在上述关系式中，可取 $\rho_C = 2.9 \sim 3.1$ kg/L，$\rho_W = 1.0$ kg/L，ρ'_G 和 ρ'_S 应按国标《建筑用卵石、碎石》(GB/T 14685—2001)和《建筑用砂》(GB/T 14684—2001)的方法测定。

(1)试拌调整提出基准配合比。

①试拌材料要求。试拌混凝土所有各种原材料，要与实际工程使用的材料相同，粗集料、细集料的称量均以干燥状态为基准。若不是用干燥集料配制，称料时应在用水量中扣除集料中超过的含水量值，集料称量也应相应增加。但在以后试配调整时配合比仍应取原计算值，而不计该项增减数值。

②搅拌方法和拌和物数量。混凝土搅拌方法应尽量与生产时使用方法相同。试拌时，每盘混凝土的数量一般不少于表3-22的建议值。如需进行抗折强度试验，则应根据实际需要计算用量。采用机械搅拌时，拌和量应不小于搅拌机额定搅拌量的1/4。

表3-22　混凝土试配用拌和量

集料最大粒径(mm)	拌和物数量(L)	集料最大粒径(mm)	拌和物数量(L)
≤31.5	15	40	25

(2)校核工作性，调整配合比。

按计算出的初步配合比进行试拌，校核混凝土拌和物的工作性。如试拌得出的拌和物的坍落度(或维勃稠度)不能满足要求，或黏聚性和保水性能不好，则应保证在水灰比不变的条件下相应调整用水量或砂率，直到符合要求，然后提出供混凝土校核用的基准配合比，即 $m_{Ca}:m_{Wa}:m_{Sa}:m_{Ga}$。

(3)检验强度、确定实验室配合比。

①制作试件、检验强度。

为了校核混凝土的强度，至少拟定三个不同的配合比，其中一个为按上述得出的基准配合比，另外两个配合比的水灰比值应较基准配合比分别增加及减少 0.05(或 0.10)，其用水量应与基准配合比相同，但砂率值可增加及减少 1%。

制作检验混凝土强度的试件时，尚应检验拌和物坍落度(或维勃稠度)、黏聚性、保水性，并测定混凝土的表观密度，以此结果表征该配合比的混凝土拌和物的性能。

为了检验混凝土的强度，每种配合比至少制作一组(三块)试件，在标准条件下养护 28 d 进行抗压强度测试。有条件的单位可同时制作几组试件，供快速检验或较早龄期(3 d、7 d 等)的抗压强度测试，以便尽早提出混凝土配合比供施工使用。但必须以标准养护 28 d 强度的检验结果为依据调整配合比。

②确定实验室配合比。

根据强度检验结果和湿表观密度测定结果，进一步修正配合比，即可得到实验室配合比设计值。

③根据强度检验结果修正配合比。

a. 确定用水量(m_{Wb})。取基准配合比中的用水量(m_{Wb})，并根据制作强度检验试件时测得坍落度(或维勃稠度)值加以适当调整。

b. 确定水泥用量(m_{Cb})。取用水量乘以由"强度—灰水比"关系定出的、为达到配制强度($f_{cu,0}$)所必须的灰水比值。

c. 确定粗集料、细集料用量(m_{Sb}和 m_{Gb})。取基准配合比中的砂、石用量，并按定出的水灰比作适当调整。

④根据实测拌和物湿表观密度修正配合比。

a. 根据强度检验结果修正后定出的混凝土配合比，计算出混凝土的湿表观密度(ρ'_{CP})，即

$$\rho'_{CP} = m_{Cb} + m_{Sb} + m_{Gb} + m_{Wb}$$

b. 将混凝土的实测表观密度值(ρ_{CP})除以计算湿表观密度值(ρ'_{CP})得出校正系数 δ，即

$$\delta = \frac{\rho_{CP}}{\rho'_{CP}} = \frac{\rho_{CP}}{m_{Cb} + m_{Sb} + m_{Gb} + m_{Wb}} \tag{3-18}$$

c. 当混凝土表观密度实测值与计算值之差的绝对值大于 2% 时，将混凝土配合比中各项材料用量乘以校正系数 δ，即得最终确定的实验室配合比设计值

$$m'_{Cb} = m_{Cb}\delta$$
$$m'_{Sb} = m_{Sb}\delta$$
$$m'_{Gb} = m_{Gb}\delta$$
$$m'_{Wb} = m_{Wb}\delta$$

$$m'_{Cb} : m'_{Sb} : m'_{Gb} : m'_{Wb} = 1 : \frac{m'_{Sb}}{m'_{Cb}} : \frac{m'_{Gb}}{m'_{Cb}} : \frac{m'_{Wb}}{m'_{Cb}}$$

d. 施工配合比换算。

实验室最后确定的配合比是按绝对干燥状态集料计算的，而施工现场砂、石材料为露天堆放，都含有一定的含水率。因此，施工现场应根据现场砂、石的实际含水率的变化，将实验室配合比换算为施工配合比。

设施工现场实测砂、石含水率分别为 $a\%$、$b\%$，则施工配合比的各种材料单位用量为

$$\left.\begin{aligned} m_C &= m'_{Cb} \\ m_S &= m'_{Sb}(1 + a\%) \\ m_G &= m'_{Gb}(1 + b\%) \\ m_W &= m'_{Wb} - (m'_{Sb} \cdot a\% + m'_{Gb} \cdot b\%) \end{aligned}\right\} \tag{3-19}$$

施工配合比为

$$1 : X : Y = 1 : \frac{m_S}{m_C} : \frac{m_G}{m_C}$$

$$\frac{W}{C} = \frac{m_W}{m_C}$$

e. 施工每盘称量值的换算。根据确定的混凝土施工配合比，每盘混凝土材料称量值按式(3-20)计算

$$m = Vm_i \tag{3-20}$$

式中 m——i 材料的称量，kg；

m_i——施工配合比中 i 材料的用量，kg/m^3；

V——每盘搅拌量，m^3。

水泥混凝土配合比设计例题(一)

(以抗压强度为指标的设计方法)

【题目】 试设计钢筋混凝土桥 T 形梁用混凝土配合比。

【原始资料】

(1)已知混凝土设计强度等级为 C40，无强度历史统计资料，要求混凝土拌和物坍落度为 35 ~ 50 mm，强度标准差为 5 MPa。桥梁所在地区属寒冷地区。

(2)组成材料：可供应 42.5 级硅酸盐水泥，密度 $\rho_C = 3.10 \times 10^3\ kg/m^3$；砂为中砂，表观密度 $\rho'_S = 2.65 \times 10^3\ kg/m^3$；碎石最大粒径 $d_{max} = 31.5$ mm，表观密度 $\rho'_G = 2.70 \times 10^3 kg/m^3$。

【设计要求】

(1)按题给资料计算出初步配合比。

(2)按初步配合比在实验室进行试拌调整得出实验室配合比。

【设计步骤】

(一)计算初步配合比

1. 确定混凝土配制强度($f_{cu,0}$)

按题意已知：设计要求混凝土强度 $f_{cu,k} = 40$ MPa，无历史统计资料。则混凝土配置强度

为

$$f_{cu,0}=f_{cu,k}+1.645\sigma=40+1.645\times5=48.2(\text{MPa})$$

2. 计算水灰比(W/C)

(1)按强度要求计算水灰比。

①水泥实测强度$f_{ce}=46.0$ MPa。

②计算混凝土水灰比。已知混凝土配制强度$f_{cu,0}=48.2$ MPa,实际水泥强度$f_{ce}=46.0$ MPa。本单位无混凝土强度回归系数统计资料,采用表3-17碎石$A=0.46$,$B=0.07$。计算水灰比可得

$$\frac{W}{C}=\frac{Af_{ce}}{f_{cu,0}+ABf_{ce}}=\frac{0.46\times46.0}{48.2+0.46\times0.07\times46.0}=0.43$$

(2)按耐久性校核水灰比。

根据混凝土所处环境条件属于寒冷地区,查表3-18,允许最大水灰比为0.60。按强度计算水灰比0.43,符合耐久性要求。采用计算水灰比为0.43。

3. 选定单位用水量(m_{WO})

由题可知,要求混凝土拌和物坍落度为35~50 mm,碎石最大粒径为31.5 mm。查表3-19选用混凝土用水量:$m_{WO}=185$ kg/m^3。

4. 计算单位水泥用量

(1)按强度计算单位水泥用量(m_{CO})。

已知混凝土单位用水量$m_{WO}=185$ kg/m^3,水灰比$W/C=0.43$,按式(3-15)可得混凝土单位水泥用量为

$$m_{CO}=\frac{m_{WO}}{W/C}=\frac{185}{0.43}=430(\text{kg/m}^3)$$

(2)按耐久性校核单位水泥用量。

根据混凝土所处环境条件属寒冷地区配筋混凝土,查表3-18,计算单位水泥用量430 kg/m^{3}大于最小水泥用量,符合耐久性要求。采用单位水泥用量为430 kg/m^3。

5. 选定砂率(β_S)。

按前已知集料采用碎石,最大粒径31.5 mm,水灰比$W/C=0.43$。查表3-21,选定混凝土砂率取$\beta_S=33\%$。

6. 计算砂、石用量。

(1)采用质量法。

已知:单位用灰量$m_{CO}=430$ kg/m^3,单位用水量$m_{WO}=185$ kg/m^3,假定混凝土拌和物湿表观密度$\rho'_S=2\,400$ kg/m^3,砂率$\beta_S=0.33$。由式(3-16)得

$$\left.\begin{aligned}m_{SO}+m_{GO}&=\rho_{CP}-m_{CO}-m_{WO}\\\frac{m_{SO}}{m_{SO}+m_{GO}}&=\beta_S\end{aligned}\right\}$$

$$\left.\begin{aligned}m_{SO}+m_{GO}&=2\,400-430-185\\\frac{m_{SO}}{m_{SO}+m_{GO}}&=0.33\end{aligned}\right\}$$

解得:砂用量$m_{SO}=589$ kg/m^3,碎石用量$m_{GO}=1\,196$ kg/m^3。

按质量法计算得初步配合比为

$$m_{C0}:m_{W0}:m_{S0}:m_{G0}=430:185:589:1\,196$$

即为 1∶1.37∶2.78，$W/C=0.43$。

(2)采用体积法。

已知：水泥密度 $\rho_C=3.10\times10^3\ \mathrm{kg/m^3}$，砂表观密度 $\rho'_S=2.56\times10^3\ \mathrm{kg/m^3}$，碎石表观密度 $\rho'_G=2.70\times10^3\ \mathrm{kg/m^3}$。

由式(3-17)得

$$\left.\begin{aligned}\frac{m_{S0}}{\rho'_S}+\frac{m_{G0}}{\rho'_G}&=1\,000-\frac{m_{C0}}{\rho_C}-\frac{m_{W0}}{\rho_W}-10\alpha\\ \frac{m_{S0}}{m_{S0}+m_{G0}}\times100&=\beta_S\end{aligned}\right\}$$

非引气混凝土 $\alpha=1$，则

$$\left.\begin{aligned}\frac{m_{S0}}{2.65}+\frac{m_{G0}}{2.70}&=1\,000-\frac{430}{3.10}-\frac{185}{1}-10\times1\\ \frac{m_{S0}}{m_{S0}+m_{G0}}&=0.33\end{aligned}\right\}$$

解得：砂用量 $m_{S0}=590\ \mathrm{kg/m^3}$，碎石用量 $m_{G0}=1\,198\ \mathrm{kg/m^3}$。

按体积法计算得初步配合比 $m_{C0}:m_{W0}:m_{S0}:m_{G0}=430:185:590:1\,198$。即为 1∶1.37∶2.79，$W/C=0.43$。

(二)调整工作性、提出基准配合比

1. 计算试拌材料用量

按计算初步配合比(以绝对体积法计算结果为例)试拌 15 L 混凝土拌和物，各种材料用量为

水泥	$430\times0.015=6.45(\mathrm{kg})$
水	$185\times0.015=2.78(\mathrm{kg})$
砂	$590\times0.015=8.85(\mathrm{kg})$
碎石	$1\,198\times0.015=17.97(\mathrm{kg})$

2. 调整工作性

按计算材料用量拌制混凝土拌和物，测定其坍落度为 60 mm，未满足题给的施工和易性要求。为此，保持水灰比不变，减少 5% 水泥浆。再经拌和坍落度为 40 mm，黏聚性和保水性亦良好，满足施工和易性要求。此时，混凝土拌和物各组成材料实际用量为

水泥	$6.45\times(1-5\%)=6.13(\mathrm{kg})$
水	$2.78\times(1-5\%)=2.64(\mathrm{kg})$
砂	8.85 kg
碎石	17.97 kg

3. 提出基准配合比

根据调整工作性后，混凝土拌和物的基准配合比为

$$m_{Ca}:m_{Sa}:m_{Ga}=6.13:8.85:17.97=1:1.44:2.93$$

$$(W/C)_A=2.64/6.13=0.43$$

（三）检验强度、确定实验室配合比

1. 检验强度

采用水灰比分别为$(W/C)_A=0.38$、$(W/C)_B=0.43$和$(W/C)_C=0.48$，拌制三组混凝土拌和物。砂、碎石用量不变，用水量亦保持不变，则三组水泥分别为A组6.95 kg；B组6.13 kg；C组5.50 kg。除基准配合比一组外，其他两组亦经测定坍落度并观察其黏聚性和保水性均属合格。

三组配合比经拌制成型，在标准条件下养护28 d后，按规定方法测定其立方体抗压强度值并列于表3-23中。

表3-23　不同水灰比混凝土强度值

组别	水灰比（W/C）	灰水比（C/W）	28 d立方体抗压强度值（MPa）
A	0.38	2.63	56.59
B	0.43	2.33	49.83
C	0.48	2.08	44.48

根据表3-23试验结果，绘制混凝土28 d立方体抗压强度（$f_{cu,28}$）与灰水比（C/W）关系，如图3-16所示。

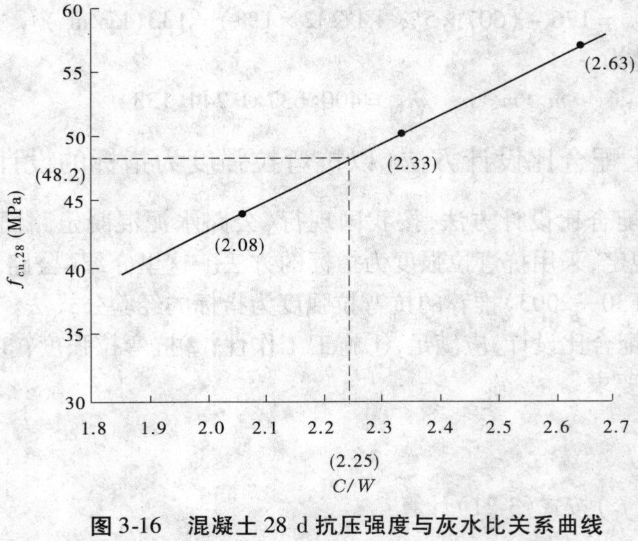

图3-16　混凝土28 d抗压强度与灰水比关系曲线

由图3-16可知，相应混凝土配制强度$f_{cu,28}=48.2$ MPa的灰水比$C/W=2.25$，即水灰比$W/C=0.44$。

2. 实验室配合比

按强度试验结果修正配合比，各材料用量为

水　　　　　　　$m_{Wb}=185\times(1-0.05)=176(\text{kg})$

水泥　　　　　　$m_{Cb}=176\div0.44=400(\text{kg})$

砂、石用量按体积法计算为

$$\left.\begin{aligned}\frac{m_{Sb}}{2.65}+\frac{m_{Gb}}{2.70}&=1\,000-\frac{400}{3.1}-\frac{176}{1}-10\times 1\\ \frac{m_{Sb}}{m_{Sb}+m_{Gb}}&=0.33\end{aligned}\right\}$$

解得：砂用量 $m_{Sb}=607$ kg，碎石用量 $m_{Gb}=1\ 232$ kg。

修正后配合比为 $m_{Cb}:m_{Sb}:m_{Gb}=400:607:1\ 232=1:1.52:3.08$，水灰比 $m_{Wb}/m_{Cb}=0.44$。

湿表观密度为 $\rho'_{CP}=400+176+607+1\ 232=2\ 415(\text{kg/m}^3)$

实测湿表观密度为 $\rho_{CP}=2\ 400\ \text{kg/m}^3$

修正系数 $\delta=2\ 400/2\ 415=0.99$

因实测拌和物的表观密度与计算的表观密度值之差不超过2%，故混凝土设计配合比的材料用量不作调整。

因此，实验室配合比为 $m'_{Cb}:m'_{Sb}:m'_{Gb}=400:607:1\ 232=1:1.52:3.08$，$W/C=0.44$。

（四）换算工地配合比

根据工地实例，砂的含水率 $\omega_S=5\%$，碎石的含水率 $\omega_G=1\%$。各种材料用量为

水泥用量 $m_C=400\ \text{kg/m}^3$

砂用量 $m_S=607\times(1+5\%)=637(\text{kg/m}^3)$

碎石用量 $m_G=1\ 232\times(1+1\%)=1\ 244(\text{kg/m}^3)$

水用量 $m_W=176-(607\times 5\%+1\ 232\times 1\%)=133(\text{kg/m}^3)$

因此，工地配合比为

$$m_C:m_S:m_G:m_W=400:637:1\ 244:133$$

4 路面水泥混凝土配合比设计方法（以抗弯拉强度为指标的设计方法）

水泥混凝土路面配合比设计方法，按我国现行《公路水泥混凝土路面施工技术规范》（JTG F30—2003）的规定，采用抗弯拉强度为指标的方法。这里介绍《公路水泥混凝土路面施工技术规范》（JTG F30—2003）推荐的抗弯拉强度为指标的经验公式法。

路面水泥混凝土配合比设计，应满足：①施工工作性；②抗弯拉强度；③耐久性（包括耐磨性）；④经济合理的要求。

4.1 计算初步配合比

4.1.1 确定配制强度

混凝土配制强度（f_c）按式（3-21）计算

$$f_c=\frac{f_r}{1-1.04C_V}+tS \tag{3-21}$$

式中 f_c——混凝土配制抗弯拉强度的均值，MPa；

f_r——混凝土抗弯拉强度标准值（见表3-15），MPa；

S——弯拉强度试验样本的标准差，MPa；

t——保证率系数，见表3-24；

C_V——弯拉强度变异系数，应按统计数据在表3-25中的规定范围内取值，在无统计数据时，弯拉强度变异系数应按设计取值，如果施工单位配制的弯拉强度超出设计规定的弯拉强度变异系数上限，则必须改进机械装备和提高施工控制水平。

表 3-24　保证率系数 t

公路技术等级	判别概率 P	样本数 n(组)				
		3	6	9	15	20
高速公路	0.05	1.36	0.79	0.61	0.45	0.39
一级公路	0.10	0.95	0.59	0.46	0.35	0.30
二级公路	0.15	0.72	0.46	0.37	0.28	0.24
三、四级公路	0.20	0.56	0.37	0.29	0.22	0.19

表 3-25　各级公路混凝土路面弯拉强度变异系数

公路技术等级	高速公路	一级公路		二级公路	三、四级公路	
混凝土弯拉强度变异水平等级	低	低	中	中	中	高
弯拉强度变异系数 C_V 允许变化范围	0.05～0.10	0.05～0.10	0.10～0.15	0.05～0.10	0.10～0.15	0.15～0.20

4.1.2　计算水灰比(W/C)

混凝土拌和物根据已知的混凝土配制抗弯拉强度(f_c)和水泥的实际抗弯拉强度(f_s)，可得到灰水比，然后可计算为水灰比。

4.1.3　选取砂率

对于碎石混凝土，有

$$C/W = (f_c + 1.0097 - 0.3595f_s)/1.5684 \tag{3-22}$$

对于砾(卵)石混凝土，有

$$C/W = (f_c + 1.5492 - 0.4709f_s)/1.2618 \tag{3-23}$$

$$\frac{W}{C} = \frac{1}{C/W} \tag{3-24}$$

式中　f_c——混凝土配制抗弯拉强度的均值，MPa；

f_s——水泥实测 28 d 抗弯拉强度，MPa；

C/W——灰水比。

路面混凝土水灰比一般不小于 0.40，不大于 0.50(见表 3-26)。

4.1.4　计算单位用水量

混凝土拌和物每 1 m^3 的用水量(kg)，按式(3-25)或式(3-26)确定。

对于碎石混凝土，有

$$m_{WO} = 104.97 + 0.309H + 11.27C/W + 0.61\beta_S \tag{3-25}$$

对于砾(卵)石混凝土，有

$$m_{WO} = 86.89 + 0.370H + 11.24C/W + 1.00\beta_S \tag{3-26}$$

式中　H——混凝土拌和物坍落度，mm；

β_S—砂率(%)，参考表 3-27 选定。

表 3-26 混凝土满足耐久性要求的最大水灰比和最小单位水泥用量

公路技术等级		高速公路、一级公路	二级公路	三、四级公路
最大水灰比		0.44	0.46	0.48
抗冰冻要求最大水灰比		0.42	0.44	0.46
抗盐冻要求最大水灰比		0.40	0.42	0.44
最小单位水泥用量（kg/m^3）	42.5 级	300	300	290
	32.5 级	310	310	305
抗冰（盐）冻时最小单位水泥用量（kg/m^3）	42.5 级	320	320	315
	32.5 级	330	330	325
掺粉煤灰时最小单位水泥用量（kg/m^3）	42.5 级	260	260	255
	32.5 级	280	270	265
抗冰（盐）冻掺粉煤灰时最小单位水泥用量（42.5 级水泥）（kg/m^3）		280	270	265

表 3-27 混凝土拌和物砂率范围

砂的细度模数		2.2～2.5	2.5～2.8	2.8～3.1	3.1～3.4	3.4～3.7
砂率 β_S（%）	碎石	30～34	32～36	34～38	36～40	38～42
	卵石	28～32	30～34	32～36	34～38	36～40

4.1.5 计算单位水泥用量（m_{CO}）

混凝土拌和物每 1 m^3 水泥用量（kg），按下式确定

$$m_{CO} = m_{WO}/(C/W) \tag{3-27}$$

路面混凝土单位水泥量一般不小于 300 kg/m^3，且不大于 400 kg/m^3。

4.1.6 计算砂、石材料单位用量（m_{SO}、m_{GO}）

砂、石材料单位用量可按绝对体积法按下式确定

$$\left.\begin{aligned}\frac{m_{CO}}{\rho_C}+\frac{m_{WO}}{\rho_W}+\frac{m_{GO}}{\rho'_G}+\frac{m_{SO}}{\rho'_S}+10\alpha=1\,000\\ \frac{m_{SO}}{m_{SO}+m_{GO}}\times 100=\beta_S\end{aligned}\right\}$$

式中 m_{CO}、m_{WO}、m_{SO}、m_{GO}——单位水泥、水、砂、石的用量，g/cm^3；

ρ_C、ρ_W——水泥、水的密度，g/cm^3；

ρ'_G、ρ'_S——粗集料、细集料的表观密度，g/cm^3；

β_S——砂率（%）；

α——路面混凝土的含气量，取值见表 3-28。

表 3-28　路面混凝土含气量及允许偏差　(%)

最大公称粒径(mm)	无抗冻性要求	有抗冻性要求	有抗盐冻要求
19.0	4.0 ±1.0	5.0 ±0.5	6.0 ±0.5
26.5	3.5 ±1.0	4.5 ±0.5	5.5 ±0.5
31.5	3.5 ±1.0	4.0 ±0.5	5.0 ±0.5

4.2　试拌、调整、提出基准配合比

4.2.1　试拌

取施工现场实际材料，配制 0.03 m^3 混凝土拌和物。

4.2.2　测定工作性

测定坍落度(或维勃稠度)，并观察黏聚性和保水性。

4.2.3　调整配合比

如流动性不符合要求，应在水灰比不变的情况下，增减水泥浆用量；若黏聚性和保水性不符合要求，应调整砂率。

4.2.4　提出基准配合比

根据调整后的结果，提出一个流动性、黏聚性和保水性均符和要求的基准配合比。

4.3　强度测定，确定实验室配合比

4.3.1　制备抗弯拉强度试件

按基准配合比增加和减少水灰比 0.03，再计算 2 组配合比，用 3 组配合比制备抗拉强度试件。

4.3.2　抗弯拉强度测定

3 组试件经 28 d 在标准条件下养护后，按标准方法测定其抗弯拉强度。

4.3.3　确定实验室配合比

根据抗弯拉强度，确定符合工作性和强度要求，并且是经济合理的实验室配合比(或称理论配合比)。

4.4　工地配合比

根据施工现场材料性、砂石材料颗粒表面含水率，对理论配合比进行换算，最后得出施工配合比。

水泥混凝土配合比设计例题(二)

(以弯拉强度为设计指标的设计方法)

【题目】试设计重庆市某二级公路路面用水泥混凝土配合比。

【原始资料】

(1)交通等级属中等，按《公路水泥混凝土路面施工技术规范》(JTG F30—2003)规定设计抗弯拉强度(f_r = 4.5 MPa)。

(2)要求施工坍落度 H = 10 ~ 30 mm。

(3)组成材料。

①水泥：42.5 级普通硅酸盐水泥，实测水泥胶砂抗弯拉强度 f_s = 7.82 MPa，密度 ρ_C =

3. 10 g/cm^3。

②碎石：原岩为灰灰岩，属一级石料，碎石最大粒径 $d_{max}=31.5$ mm，表观密度 $\rho'_G=2.75$ g/m^3。

③砂：河砂，粗度属中砂，细度模数为 2. 4，表观密度 $\rho'_S=2.70$ g/m^3。

【设计步骤】

（一）计算初步配合比

1. 确定抗弯拉强度

已知设计抗弯拉强度 $f_r=4.5$ MPa，查表 3-25，C_V 取 0. 13，标准差 S 为 0. 46 MPa，保证率系数取 0. 28。按式（3-21）配制抗弯拉强度为

$$f_c=\frac{f_r}{1-1.04C_V}+tS=\frac{4.5}{1-1.04\times0.13}+0.28\times0.46=5.33(\text{MPa})$$

2. 计算水灰比

已知配制抗弯拉强度 $f_c=5.33$ MPa，水泥实测抗弯拉强度 $f_s=7.82$ MPa 代入式（3-22）计算得灰水比 $C/W=2.25$，即

$$W/C=0.44$$

按我国现行《公路水泥混凝土路面施工技术规范》（JTG F30—2003）规定，路面混凝土水灰比不得大于 0. 46（见表 3-26）。取计算值 $W/C=0.44$，符合要求。

3. 确定砂率

已知砂的细度模数为 2. 4，粗集料为碎石，查表 3-27，取砂率

$$\beta_S=31\%$$

4. 计算单位用水量

已知灰水比 $C/W=2.25$，砂率 $\beta_S=0.31$，取坍落度 $H=20$ mm 代入式（3-25）得

$$m_{WO}=155\ kg/m^3$$

5. 计算单位水泥用量

已知用水量 $m_{WO}=155\ kg/m^3$，水灰比 $W/C=0.44$，则单位水泥用量为

$$m_{CO}=155/0.44=352(kg/m^3)$$

按《公路水泥混凝土路面施工技术规范》（JTG F30—2003）的规定，水泥用量不小于 300 kg/m^3，不大于 400 kg/m^3，计算单位用灰量 $m_{CO}=352\ kg/m^3$，符合要求。

6. 计算砂和碎石用量

已知水泥用量 $m_{CO}=352\ kg/m^3$，用水量 $m_{WO}=155\ kg/m^3$，水泥密度 $\rho_C=3.10\times10^3$ kg/m^3，水密度 $\rho_W=1\times10^3\ kg/m^3$，砂的表观密度 $\rho'_S=2.70\times10^3\ kg/m^3$，碎石 $\rho'_G=2.75\times$ $10^3\ kg/m^3$，砂率 $\beta_S=0.31$，则可得

$$m_{SO}=612\ kg/m^3$$

$$m_{GO}=1\ 362\ kg/m^3$$

初步配合比为 $m_{CO}:m_{WO}:m_{SO}:m_{GO}=352:155:612:1\ 362$

（二）试拌、调整、提出基准配合比

1. 试拌

拌制 0. 03 m^3 混凝土拌和物，材料组成为

水泥	10.56 kg
水	4.65 kg
砂	18.36 kg
碎石	40.86 kg
合计	74.43 kg

2. 测定工作性

测定混凝土拌和物坍落度 $H=20$ mm，符合工作性要求，观察黏聚性和保水性稍差。

3. 调整配合比

增加砂率 1%，即 $\beta_S=0.32$。按此重新计算水泥混凝土配合比为：$m_{Ca}=352\ kg/m^3$，$m_{Wa}=155\ kg/m^3$，$m_{Sa}=631\ kg/m^3$，$m_{Ga}=1\ 341\ kg/m^3$。混凝土计算湿度表观密度 $\rho'_{CP}=2\ 479\ kg/m^3$。

再拌制 0.03 m^3 混凝土拌和物，其组成材料为

水泥	10.56 kg
水	4.65 kg
砂	18.93 kg
碎石	40.23 kg
合计	74.37 kg

测定拌和物坍落度 $H=17$ mm，工作性符合要求，黏聚性和保水性良好。

4. 确定基准配合比

按上述配合比实例拌和物湿表观密度 $\rho_{CP}=2\ 417\ kg/m^3$。

调整系数

$$\delta=\frac{\rho_{CP}}{\rho'_{CP}}=0.97$$

$$m'_{Ca}=352\times0.97=341(kg/m^3)$$

$$m'_{Wa}=155\times0.97=150(kg/m^3)$$

$$m'_{Sa}=631\times0.97=612(kg/m^3)$$

$$m'_{Ga}=1\ 341\times0.97=1\ 301(kg/m^3)$$

混凝土基准配合比为

$$m_{Ca}:m_{Sa}:m_{Ga}=1:1.79:3.82, W/C=0.44$$

(三)检验强度，确定实验室配合比

1. 制作抗弯拉强度试件

按基准配合比的水灰比 $W/C=0.44$，增加和减少 0.02 计算另两组混凝土配合比，即

A 组　　$W/C=0.42$

B 组　　$W/C=0.44$

C 组　　$W/C=0.46$

以上述三组水灰比要求制作试件。

2. 测定抗弯拉强度

三组试件经 28 d 标准条件养护后，按规定的测试方法，测定其抗弯拉强度，结果如下

A 组 $f_{c,28}=5.80$ MPa

B 组 $f_{c,28}=5.35$ MPa

C 组 $f_{c,28}=5.07$ MPa

根据试验结果,选择 B 组配合比,它不仅工作性和强度符合要求,而且水泥用量最少。

3. 确定实验室配合比

B 组配合比即为基准配合比,故最后确定的实验室配合比亦为

$$1:1.79:3.82, W/C=0.44$$

(四)换算施工配合比

根据现场实测,砂的含水率为 3%,碎石含水率为 1%,则各种材料用量为

水泥用量 $m_C=341$ kg/m^3

砂用量 $m_S=612\times(1+3\%)=630(\text{kg/m}^3)$

碎石用量 $m_G=1\ 301\times(1+1\%)=1\ 314(\text{kg/m}^3)$

水用量 $m_W=150-(612\times3\%+1\ 301\times1\%)=119(\text{kg/m}^3)$

因此,工地配合比为

$$m_C:m_S:m_G:m_W=1:1.85:3.85:0.35$$

5 任务过程

普通混凝土抗压强度试验

(1)任务目的。

本试验规定了测定混凝土极限抗压强度的方法,以确定混凝土的强度等级,作为评定混凝土品质的主要指标。

(2)适用范围。

本试验适用于各类混凝土的立方体试件。

(3)仪具设备。

①拌和机:自由式或强制式,应附有产品品质保证文件。

②振动器:标准振动台,频率(3 000 ± 200)次/min,负荷下的振幅为 0.35 mm,空载时的振幅应为 0.5 mm;平板振动器,功率一般为 1.1 kW。

③压力试验机或万能试验机:上、下压板平整并有足够刚度,其中的一块压板应安有球形支座以便于试件对中。可以均匀地连续加荷、卸荷,可以保持固定荷载,开机、停机均灵活自如,能够满足试件破型吨位要求;其精度应不低于 ±2%,其量程应能使试件的预期破坏荷载值不少于全量程的 20%,也不大于全量程的 80%。

在实验机上、下压板及试件之间,可垫以钢垫板,钢垫板两承压面均应经机械精加工。

④球座:钢质坚硬,面部平整度要求在 100 mm 距离内高低差值不超过 0.05 mm,球面及球窝粗糙度 $R_Q=0.32$ μm,研磨、转动灵活,不应在大球座上做小试件破型,球座最好放置在试件顶面(特别是棱柱试件),并使凸面朝上,当试件均匀受力后,一般不宜再敲动球座。

⑤试模:由铸铁或钢制成,内表面刨光磨光(粗糙度 $R_Q=2.5$ μm),平整度同球座规定。可以拆卸擦洗,内部尺寸允许偏差为:棱边长度不超过 1 mm,直角则不超过 0.5°

(4)试验准备。

①混凝土抗压强度试验一般以三个试件为一组。每组试件所用的混合料应从同一船或同一车运送的混凝土中取出，或在实验室用机械或人工单独拌制。用以检验现浇混凝土工程或预制构件质量的试件分组及取样原则，应按现行《钢筋混凝土工程施工及验收规范》及其他有关规定执行。

②所有试件应在取样后立即制作。确定混凝土设计特征值、强度等级或者材料性能研究时，试件的成型方法应视混凝土的稠度而定，一般来说，坍落度小于 70 mm 的混凝土，用振动台振实；坍落度大于 70 mm 的混凝土，用捣棒人工捣实。

抗压强度试验用的试件尺寸，应根据集料的最大颗粒直径（见表 3-29）选择。制作试块所需的混凝土大致数量。

表 3-29　抗压强度试件尺寸

试件边长（mm × mm × mm）	允许集料最大粒径（mm）	每层插捣次数	每组需混凝土量（kg）
100 × 100 × 100	30	12	9
150 × 150 × 150	40	25	30
200 × 200 × 200	60	50	65

③试件成型后应覆盖，以防止水分蒸发，并在室温为（20 ± 5）℃的情况下至少静置 1 d（但不得超过 2 d），然后编号拆模。

拆模后的试件应立即放在温度为（20 ± 3）℃，相对湿度为 90% 以上的标准养护室中养护。在标准养护室内，试件应放在架上，彼此间隔为 3 ~ 5 cm，并应避免用水直接冲淋试件。

（5）方法步骤。

①试件从养护地点取出后应及时进行试验，以免试件内部的温度、湿度发生显著变化。

②试件在试压前应先擦拭干净，测量尺寸，并检查其外观，试件尺寸测量精确至 1 mm，并据此计算试件的承压面面积值 A。

试件不得有明显缺损，其承压面的不平度要求每 100 mm 不超过 0.05 mm（0.05∶100），承压面与相临面的不垂直偏差不超过 ±1°。

③把试件安放在试验机下压板中心，试件的承压面与成型时的顶面垂直。开动试验机，当上压板与试件接近时，调整球座，使接触均衡。

④以 0.3 ~ 0.8 MPa/s 的速度持续而均匀地加荷（低强度等级混凝土取较低的加荷速度，高强度等级混凝土取较高的加荷速度），当试件接近破坏而开始迅速变形时，应停止调整试验机油门，直至试件破坏，然后记录破坏荷载（P）。

（6）结果计算。

①混凝土立方体试件抗压强度按下式计算

$$f_c = \frac{p}{A}$$

式中　f_c——混凝土立方体试件抗压强度，MPa；

p——破坏荷载，N；

A——试件承压面面积，mm^2。

混凝土立方体试件抗压强度的计算应精确至 0.1 MPa。

②以三个试件算术平均值作为该组试件的抗压强度值。三个试件中的最大值或最小值中，如有一个与中间值的差异超过中间值的 15% 则把最大值及最小值一并舍除，取中间值

作为该组试件的抗压强度值。如有两个测值与中间值的差超过中间值的15%，则该组试件的试验结果无效。

③取150 mm×150 mm×150 mm试件抗压强度为标准值，用其他尺寸试件测得的强度值均应乘以尺寸换算系数见(表3-14)。

任务实施

1 任务相关知识描述

普通混凝土抗压强度试验的主要过程如下：

(1)普通混凝土抗压强度试验目的。

(2)普通混凝土抗压强度试验适用范围。

(3)普通混凝土抗压强度试验仪器设备。

(4)普通混凝土抗压强度试验方法步骤。

(5)普通混凝土抗压强度试验结果计算。

2 信息资料收集与分组

(1)普通混凝土抗压强度试验仪器工具准备。

(2)普通混凝土抗压强度试验材料准备。

(3)普通混凝土抗压强度试验技术准备。

(4)安全操作注意事项。

(5)分组并产生组长，明确任务。

3 制定计划

(1)以小组讨论的方式制定沥青针入度试验计划。

(2)与学生讨论工作计划并最终定稿。

(3)填写工作计划表(见表3-30)。

4 实施计划

(1)学生按既定工作计划完成检查并填写任务工单(见表3-31)。

(2)教师监控学生操作过程，及时更正学生的错误。

5 检查结果

(1)检查学生是否填写完整任务工单。

(2)回答学生所提出的问题。

(3)学生以小组讨论方式进行工作评估。

评价反馈

(1)对小组工作进行综合评价。

(2)提出改进意见和注意事项。

(3)填写任务评价表(见表3-32)。

表 3-30　普通混凝土抗压强度试验工作计划表

<table>
<tr><td>姓名：</td><td>学号：</td><td>班级：</td><td>组别：</td></tr>
<tr><td>任务名称</td><td colspan="3"></td></tr>
<tr><td>个人工作实施计划</td><td colspan="3"></td></tr>
<tr><td>小组其他计划特色点</td><td colspan="3"></td></tr>
<tr><td>辅导教师意见</td><td colspan="3"></td></tr>
<tr><td>个人工作实施计划定稿</td><td colspan="3"></td></tr>
</table>

表 3-31 普通混凝土抗压强度试验任务工单

<table>
<tr><td colspan="2">姓名：</td><td>学号：</td><td>班级：</td><td>组别：</td></tr>
<tr><td colspan="3" rowspan="2">评价等级：</td><td>教师签字：</td><td>成绩：</td></tr>
<tr><td>日期：</td><td>学时：</td></tr>
<tr><td>任务名称</td><td colspan="4">普通混凝土抗压强度试验</td></tr>
<tr><td>能力目标</td><td colspan="4">1. 能够说出任务目的和适用范围；
2. 能够准备任务所需仪器和材料；
3. 能够独立操作任务过程；
4. 能够正确取得任务结果；
5. 能够做好仪器保养。</td></tr>
<tr><td>任务准备</td><td colspan="4">相关仪器设备和任务试样的准备</td></tr>
<tr><td>信息获取</td><td colspan="4">1. 任务目的和适用范围(15 分)
目的：____________________
____
____
适用范围：____________________
____
____
2. 任务所需仪器设备(15 分)
____
____
____
____
____
____
____
____________________</td></tr>
</table>

续表 3-31

任务操作与要点	3. 任务准备(15 分) 4. 任务步骤(40 分) 5. 结果整理(15 分)

表 3-32　普通混凝土抗压强度试验任务评价表

评价内容	评价指标	评价等级		
		自我	小组	教师
专业能力	A. 具有安全、文明生产和环境保护的相关知识与技能。(10 分)			
	B. 高质量地完成工作任务,操作娴熟,任务工单得 85 分以上。(10 分)			
	C. 任务工单中数据真实,步骤完整,能用来描述整个过程。(10 分)			
	D. 具备了独立完成工作任务的能力。(10 分)			
社会能力	A. 具有良好的职业道德,遵守实验室管理规定。(5 分)			
	B. 具有较强的口头和书面表达能力,良好的人际交流沟通能力。(10 分)			
	C. 具有良好的团队合作精神和客户服务意识。(10 分)			
	D. 具有良好的心理素质和克服困难的能力。(5 分)			
方法能力	A. 能够制定完善的工作计划。(5 分)			
	B. 能够借助网络、文件资料等手段查找所需信息。(10 分)			
	C. 能够独立完成任务。(5 分)			
	D. 能够检查评估工作任务,并能从个案中寻找共性。(10 分)			
辅导教师关于此次任务的改进意见		总评		

学习任务4　砂浆强度试验

相关知识

1　技术性质

道路和桥隧工程中，砂浆主要用来砌筑桥涵、沿线挡土墙和隧道衬砌等砌体，以及修饰这些构筑物的表面。因此，按其用途，可分为砌筑砂浆和抹面砂浆两类。砌筑砂浆是将砌筑块体材料（砖、石、砌块等）黏结为整体的砂浆。砌体强度不仅取决于砌块，而且取决于砂浆的强度，所以砂浆为砌体的重要组元。

1.1　组成材料

砂浆的组成材料除不含粗集料外，基本上与混凝土的组成材料相同，但亦有其差异之处，现就其特点分述如下。

1.1.1　水泥

常用的各种品种水泥均可作为砂浆的结合料。但由于砂浆的强度等级较低，所以水泥的强度等级不宜太高，否则水泥的用量太低，会导致砂浆的保水性不良。通常，水泥的强度应为砂浆强度等级的4～5倍。一般以采用32.5～42.5级水泥为宜。

1.1.2　细集料

细集料为砂浆的骨料，其最大粒径不应超过砂浆层厚度的1/4～1/5。砖砌体最好使用中砂，其细度模数 $M_x=2.3\sim3.0$；砂的最大粒径为2.5 mm。石砌体用砂浆，砂的最大粒径为5.0 mm。砂浆强度等级为M5和M5以上者，含泥量和泥块含量应不大于5%；砂浆强度等级小于M5者，含泥量和泥块含量应不大于10%。

1.1.3　掺合料

为了提高砂浆的和易性，除水泥外，还掺加各种掺合料（如石灰、黏土和粉煤灰等）作为结合料，配制成各种混合砂浆，以达到提高质量、降低成本的目的。

1.1.4　水

拌制砂浆用水和混凝土用水相同。

1.1.5　外加剂

为了提高砂浆的和易性，节约结合料的用量，必要时可掺加外加剂，最常用的有微沫剂，是一种松香热聚物，掺量为水泥质量的0.005%～0.010%，已取得良好效果。

1.2　技术性质

1.2.1　新拌砂浆和易性

砂浆在硬化前应具有良好的和易性，和易性包括流动性和保水性。

1.2.1.1　流动性

流动性又称稠度，是指砂浆在自重或外力作用下流动的性能。砂浆的流动性与用水量、胶结材料的品种和用量、细集料的级配和表面特征、掺合料及外加剂的特性和用量、拌和时间等因素有关。流动性用沉入度表示，用砂浆稠度仪来测定。在选用砂浆的稠度时，可参见表3-33。

表 3-33　砌筑砂浆流动性要求

砌体种类	砂浆稠度(mm)
烧结普通砖砌体	70～90
轻集料混凝土小型空心砌块砌体	60～90
烧结多空砖、空心砖砌体	60～80
烧结普通砖平拱式过梁、空斗墙、筒拱 普通混凝土小型空心砌块砌体、加气混凝土砌块砌体	50～70
石砌体	30～50

1.2.1.2　保水性

砂浆保水性是指砂浆能保持水分的性能。砂浆在运输、静置或砌筑过程中,水分不应从砂浆中离析,并使砂浆保持必要的稠度,便于操作;同时,使水泥正常水化,保证砌体强度。砂浆的保水性与胶结料的类型和用量、细集料的级配、用水量以及有无掺合料和外加剂等有关。为了提高保水性,可在砂浆中掺加石灰膏、粉煤灰和微沫剂等。

砂浆的保水性采用分层度表示。分层度是用分层度仪测定的。良好保水性的砂浆,其分层度应不大于 3 cm。分层度大于 3 cm 的砂浆容易离析,不便施工;但分层度小于 1 cm,硬化后易产生干缩裂缝。

1.2.2　硬化后砂浆的强度

砂浆硬化后应具有足够的强度。而砂浆在圬工砌体中的作用主要是传递压力,所以要求砌筑砂浆应具有一定的抗压强度。砂浆抗压强度是确定其强度等级的重要依据。砂浆抗压强度等级是以 70.7 mm×70.7 mm×70.7 mm 的正方体试件,在标准温度(20±3) ℃和规定湿度(水泥混合砂浆相对湿度为 60%～80%,水泥砂浆和微沫砂浆相对湿度为 90% 以上)的条件下,养护 28 d 龄期的平均极限抗压强度而确定的。

我国现行《砌筑砂浆配合比设计规程》(JGJ 98—2000)规定,砂浆分为 M20、M15、M10、M7.5、M5、M2.5 等 6 个强度等级。

1.2.3　影响砂浆强度的主要因素

影响砂浆强度的因素很多,如水泥的强度等级及用量、水灰比、集料的情况、外加剂的品种和数量、混合料的拌制情况、施工及硬化时的条件等。其中,主要影响因素可按以下两种不同类型考虑。

(1)不吸水(密实)基底砂浆强度。不吸水基底砂浆的强度主要取决于水泥的强度和用量,故可用近似混凝土强度公式,如式(3-28)计算

$$f_{28} = Af_b\left(\frac{C}{W} - B\right) \tag{3-28}$$

式中　f_{28}——砂浆 28 d 抗压强度,MPa;

f_b——水泥强度,MPa;

$\frac{C}{W}$——灰水比;

A、B——经验系数,缺乏经验资料时可取 $A=0.293$,$B=0.4$。

(2)吸水基底砂浆强度。对于砖、多孔混凝土或其他多孔材料用吸水基底砂浆,其强度主要取决于水泥强度和用量,与水灰比无关,其强度按式(3-29)计算

$$f_{28} = \frac{a m_{CO} f_b}{1\,000} \tag{3-29}$$

式中 m_{CO}——1 m^3 砂浆中水泥用量,kg;

a——调整系数。

1.3 配合比设计

1.3.1 一般原则

道路和桥隧工程砌体用砂浆,可根据构筑物的部位,确定设计强度等级,然后查阅相关图表选定配合比。但在工程量较大时,为了保证质量、降低造价,应进行配合比设计,并经试验调整,最后确定配合比。

目前,常用的砂浆有水泥砂浆、水泥石灰砂浆、水泥粉煤灰砂浆和水泥石灰粉煤灰砂浆等。它们配合比设计方法略有不同,但水泥石灰粉煤灰砂浆的配合比设计方法包括了各类砂浆的配合比设计方法。

1.3.2 设计步骤

1.3.2.1 确定适配强度

$$f_{m,0} = f_2 + 0.645\sigma \tag{3-30}$$

式中 $f_{m,0}$——砂浆配制强度,精确至 0.1 MPa;

f_2——砂浆抗压强度平均值,精确至 0.1 MPa;

σ——砂浆现场强度标准差,精确至 0.01 MPa。

砌筑砂浆现场强度标准差的确定应符合下列规定:

(1)当有统计资料时,应按下式计算

$$\sigma = \sqrt{\frac{\sum_{i=1}^{n} f_{m,i}^2 - n\mu_{fm}^2}{n-1}} \tag{3-31}$$

式中 $f_{m,i}$——统计周期内同一品种砂浆第 i 组试件的强度,MPa;

μ_{fm}^2——统计周期内同一品种砂浆 n 组试件强度的平均值,MPa;

n——统计周期内同一品种砂浆试件的总组数,$n \geqslant 25$。

(2)不具有近期统计资料时,砂浆现场强度标准差 σ 可按表 3-34 采用。

表 3-34 砂浆现场强度标准差 σ 选用值 (单位:MPa)

施工水平	砂浆强度等级					
	M2.5	M5	M7.5	M10	M15	M20
优良	0.50	1.00	1.50	2.00	3.00	4.00
一般	0.62	1.25	1.88	2.50	3.75	5.00
极差	0.75	1.50	2.25	3.00	4.50	6.00

1.3.2.2 计算水泥用量(m_{CO})

每立方米水泥砂浆的水泥用量,应按下式计算

$$Q_C = \frac{1\,000(f_{m,0} - \beta)}{\alpha f_{ce}} \tag{3-32}$$

式中 Q_C——每立方米砂浆的水泥用量,精确至 1 kg;

$f_{m,0}$——砂浆试配强度,精确至 0.1 MPa;

f_{ce}——水泥的实测强度,精确至 0.1 MPa;

α、β——砂浆的特征系数,其中 $\alpha = 3.03$,$\beta = -15.09$。

1.3.2.3 计算掺和料用量

水泥混合砂浆的掺和料用量应按下式计算

$$Q_D = Q_A - Q_C \tag{3-33}$$

式中 Q_D——每立方米砂浆的掺和料用量,精确至 1 kg,石灰膏、黏土膏使用时的稠度为 (120 ± 5) mm;

Q_C——每立方米砂浆的水泥用量,精确至 1 kg;

Q_A——每立方米砂浆的水泥和掺和料的总量,精确至 1 kg,宜为 300 ~ 350 kg。

1.3.2.4 砂子用量

每立方米砂浆中砂子的用量,应按干燥状态(含水率小于 0.5%)的堆积密度值作为计算值(kg)。

1.3.2.5 确定用水量

每立方米砂浆中的用水量,根据砂浆稠度等要求可选用 240 ~ 310 kg。但应注意以下几点:

(1)混合砂浆中的用水量,不包括石灰膏和黏土膏中的水;

(2)当采用细砂或粗砂时,用水量可分别取上限或下限;

(3)稠度小于 70 mm 时,用水量可小于下限;

(4)施工现场气候干燥或炎热时,可酌量增加用水量。

1.3.3 水泥砂浆配合比选用

水泥砂浆材料用量可按表 3-35 选用。

表 3-35 水泥砂浆材料用量

强度等级	1 m^3 砂浆水泥用量(kg)	1 m^3 砂浆砂子用量(kg)	1 m^3 砂浆用水量(kg)
M2.5 ~ M5	200 ~ 230	1 m^3 砂子的堆积密度	270 ~ 330
M7.5 ~ M10	220 ~ 280		
M15	280 ~ 340		
M20	340 ~ 400		

注:1. 此表水泥强度等级为 32.5 级,大于 32.5 级水泥用量宜取下限。

2. 根据施工水平合理选用水泥用量。

3. 当采用细砂或粗砂时,用水量可分别取上限或下限。

4. 稠度小于 70 mm 时,用水量可小于下限。

5. 施工现场气候干燥或炎热时,可酌量增加用水量。

6. 试配强度应按 $f_{m,0} = f_2 + 0.645\sigma$ 计算。

1.3.4 配合比试配、调整与确定

(1)试配时应采用工程中实际使用的材料,采用机械搅拌,搅拌应符合以下规定:

①对于水泥砂浆和水泥混合砂浆,不得小于 120 s;

②对于掺粉煤灰和外加剂的砂浆,不得小于 180 s。

(2)确定砂浆的基准配合比。按要求或查表所得配合比进行试拌时,应测定拌和物的稠度和分层度,当不能满足要求时,应调整材料用量,直到符合要求。

(3)确定实验室配合比。以基准配合比的水泥用量为基准,分别增减 10% 的水泥用量,采用三组不同的配合比,在保证稠度、分层度合格的条件下,可将用水量和掺和料的用量作相应的调整。制备成标准试件,测定其强度,选定符合试配强度要求的且水泥用量最低的配合比作为砂浆配合比。掺粉煤灰后的水泥用量(m_C),如配制掺粉煤灰的水泥混合砂浆,还应计算出粉煤灰取代后的水泥用量。

【例题】 试设计某强度等级为 M7.5,稠度为 70~90 mm 的水泥混合砂浆配合比。原材料主要参数:水泥:32.5 级普通硅酸盐水泥;砂子:中砂,堆积密度为 1 450 kg/m^3;石灰膏:120 mm;施工水平:一般。

【设计步骤】

(1)确定试配强度

$$f_{m,0} = f_2 + 0.645\sigma = 7.5 + 0.645 \times 1.88 = 8.71(\text{MPa})$$

(2)计算每立方米的水泥用量 Q_C

$$Q_C = \frac{1\,000 \times (f_{m,0} - \beta)}{\alpha f_{ce}} = \frac{1\,000 \times (8.71 + 15.09)}{3.03 \times 32.5} = 242(\text{kg})$$

(3)计算每立方米石灰膏用量 Q_D

$$Q_D = Q_A - Q_C = 330 - 242 = 88(\text{kg})$$

(4)每立方米砂子用量 Q_S

$$Q_S = 1\,450\ \text{kg}$$

(5)每立方米砂浆中的用水量

$$Q_W = 300\ \text{kg}$$

(6)计算砂浆初步配合比

$$m_C : m_D : m_S = 242 : 88 : 1\,450 = 1 : 0.36 : 5.99$$

(7)根据计算出的砌筑砂浆配合比,并按本方法规定的配合比试配、调整与确定,确定出适宜的配合比。

2 抹面砂浆

抹面砂浆常用于桥涵圬工砌体和地下物的表面,一般对抹面砂浆的强度要求不高,但要求保水性好,与基底的黏附性好。

按使用要求不同,抹面砂浆又分为普通抹面砂浆和防水砂浆等。抹面砂浆常分层施工,第一层称为底层,第二层称为垫层,第三层称为面层。各层砂浆的稠度不同,底层较稀,垫层和面层较稠。由于施工要求不同,砂浆的材料及流动度要求亦不同。

抹面砂浆在组成上胶结材料用量应多于砌筑砂浆。砖石砌体用的水泥砂浆配合比(体积)为 1:1~1:6。石灰水泥混合砂浆一般为 1:0.5:4.5~1:1:6.0。

3 防水砂浆

防水砂浆主要用于隧道工程，防水砂浆除对本身成分进行调节外，还可掺加防水剂和防水粉等。常用的防水剂有氯化物金属盐类防水剂、水玻璃防水剂和金属皂类防水剂等。近年来，主要采用掺加各种高聚物涂料的方法来提高防水砂浆的性能。

4 任务过程

砂浆抗压强度试验

(1)任务目的。

检验砂浆抗压强度是否符合设计要求。

(2)适用范围。

测定砂浆的抗压强度，作为评定砂浆质量的依据之一。

(3)仪器设备。

①压力试验机：采用精度不大于 ±2% 的试验机，其量程应能使试件的预期破坏荷载值不小于全量程的 20%，也不大于全量程的 80%。

②试模：尺寸为 70.7 mm×70.7 mm×70.7 mm 的立方体，分有底试模和无底试模两种。由铸铁或钢制成，应具有足够的刚度并拆装方便。试模内的表面应机械加工，其不平整度应为每 100 mm 不超过 0.05 mm。组装后的不垂直度不应超过 ±0.5°。

③捣棒：直径 10 mm、长 350 mm 的钢棒，端部磨圆。

④垫板：试验机及上、下压板和试件之间可以垫钢板，垫板的尺寸应大于试件的承压面，其不平度应为每 100 mm 不超过 0.02 mm。

(4)方法步骤。

①当制作用于密实基底的砂浆试块时，采用有底试模，涂油后，将拌好的砂浆分两次装入，每层用捣棒插捣 12 次，然后用油漆刮刀沿试模壁插捣数次，静停 15～30 min，刮去多余部分，抹光。

②装模成型后，经 24 h 即可脱模，按下列规定进行养护：

a. 自然养护。放在室内空气中养护，混合砂浆在相对湿度 60%～80%、正温度条件下养护，水泥砂浆在正温度并保持试块表面湿润的状态下(如湿砂堆中)养护。

b. 标准养护。混合砂浆应在(20±3)℃、相对湿度为 60%～80% 的条件下养护，水泥砂浆应在温度(20±3)℃、相对湿度为 90% 以上的潮湿条件下养护。

c. 经 28 d 养护的试块，以预定破坏荷载 10% 的速度均匀加荷做抗压强度试验。记下破坏荷载 F(N)。

(5)结果计算。

试件抗压强度按下式计算(精确至 0.1 MPa)

$$f_c = \frac{F}{A} \tag{3-34}$$

式中 f_c——砂浆抗压强度，MPa；

A——受压面面积，mm^2。

每组试件为 6 块,以抗压强度算术平均值确定。当 6 个试块的最大值或最小值与平均值的差超过 20% 时,以中间 4 个试块的平均值作为该组试块的抗压强度值。

任务实施

1　任务相关知识描述

砂浆抗压强度试验的主要内容如下:

(1)砂浆抗压强度试验目的。

(2)砂浆抗压强度试验适用范围。

(3)砂浆抗压强度试验仪器设备。

(4)砂浆抗压强度试验方法步骤。

(5)砂浆抗压强度试验结果计算。

2　信息资料收集与分组

(1)砂浆抗压强度试验仪器工具准备。

(2)砂浆抗压强度试验材料准备。

(3)砂浆抗压强度试验技术准备。

(4)安全操作注意事项。

(5)分组并产生组长,明确任务。

3　制定计划

(1)以小组讨论的方式制定沥青针入度试验计划。

(2)与学生讨论工作计划并最终定稿。

(3)填写工作计划表(见表 3-36)。

4　实施计划

(1)学生按既定工作计划完成检查并填写任务工单(见表 3-37)。

(2)教师监控学生操作过程,及时更正学生的错误。

5　检查结果

(1)检查学生是否填写完整任务工单。

(2)回答学生所提出的问题。

(3)学生以小组讨论方式进行工作评估。

评价反馈

(1)对小组工作进行综合评价。

(2)提出改进意见和注意事项。

(3)填写任务评价表(见表 3-38)。

表 3-36　砂浆抗压强度试验工作计划表

姓名：	学号：	班级：	组别：
任务名称			
个人工作实施计划			
小组其他计划特色点			
辅导教师意见			
个人工作实施计划定稿			

表 3-37　砂浆抗压强度试验任务工单

<table>
<tr><td>姓名：</td><td>学号：</td><td>班级：</td><td>组别：</td></tr>
<tr><td colspan="2" rowspan="2">评价等级：</td><td>教师签字：</td><td>成绩：</td></tr>
<tr><td>日期：</td><td>学时：</td></tr>
<tr><td>任务名称</td><td colspan="3">砂浆抗压强度试验</td></tr>
<tr><td>能力目标</td><td colspan="3">1. 能够说出任务目的和适用范围；
2. 能够准备任务所需仪器和材料；
3. 能够独立操作任务过程；
4. 能够正确取得任务结果；
5. 能够做好仪器保养。</td></tr>
<tr><td>任务准备</td><td colspan="3">相关仪器设备和任务试样的准备</td></tr>
<tr><td>信息获取</td><td colspan="3">1. 任务目的和适用范围(15 分)
目的：______
______
______
适用范围：______
______
______
2. 任务所需仪器设备(15 分)
______
______
______
______
______
______
______
______</td></tr>
</table>

续表 3-37

任务操作与要点	3. 任务准备(15 分) 4. 任务步骤(40 分) 5. 结果整理(15 分)

表 3-38 砂浆抗压强度试验任务评价表

<table>
<tr><td rowspan="2">评价内容</td><td rowspan="2">评价指标</td><td colspan="3">评价等级</td></tr>
<tr><td>自我</td><td>小组</td><td>教师</td></tr>
<tr><td rowspan="4">专业能力</td><td>A. 具有安全、文明生产和环境保护的相关知识和技能。(10 分)</td><td rowspan="4"></td><td rowspan="4"></td><td rowspan="4"></td></tr>
<tr><td>B. 高质量地完成工作任务,操作娴熟,任务工单得 85 分以上。(10 分)</td></tr>
<tr><td>C. 任务工单中数据真实,步骤完整,能用来描述整个过程。(10 分)</td></tr>
<tr><td>D. 具备了独立完成工作任务的能力。(10 分)</td></tr>
<tr><td rowspan="4">社会能力</td><td>A. 具有良好的职业道德,遵守实验室管理规定。(5 分)</td><td rowspan="4"></td><td rowspan="4"></td><td rowspan="4"></td></tr>
<tr><td>B. 具有较强的口头和书面表达能力,良好的人际交流沟通能力。(10 分)</td></tr>
<tr><td>C. 具有良好的团队合作精神和客户服务意识。(10 分)</td></tr>
<tr><td>D. 具有良好的心理素质和克服困难的能力。(5 分)</td></tr>
<tr><td rowspan="4">方法能力</td><td>A. 能够制定完善的工作计划。(5 分)</td><td rowspan="4"></td><td rowspan="4"></td><td rowspan="4"></td></tr>
<tr><td>B. 能够借助网络、文件资料等手段查找所需信息。(10 分)</td></tr>
<tr><td>C. 能够独立完成任务。(5 分)</td></tr>
<tr><td>D. 能够检查评估工作任务,并能从个案中寻找共性。(10 分)</td></tr>
<tr><td>辅导教师关于此次任务的改进意见</td><td></td><td>总评</td><td colspan="2"></td></tr>
</table>

单元4　沥青材料试验

学习目标

1. 能描述各类沥青材料的相关含义、特征、特点。
2. 能根据沥青材料的化学组成、加工制作方法对沥青进行分类。
3. 能分析沥青材料的元素组成、化学组分和胶体结构。
4. 能使用各种试验方法检验沥青材料性能。
5. 能正确掌握沥青材料的技术性质和评价方法。

任务描述

沥青是一种有机胶凝材料,是一些十分复杂的碳氢化合物及其非金属(氧、氮、硫)的衍生物的混合物。沥青在常温下一般呈固体或半固体,也有少数品种的沥青呈黏性液体状态,可溶于二硫化碳、四氯化碳、三氯甲烷和苯等有机溶剂,颜色为黑褐色或褐色。

按照来源的不同,沥青可分为地沥青和焦油沥青两大类。

(1)地沥青:是指由地下原油演变或加工而得到的沥青,分天然沥青和石油沥青。

①天然沥青:是指石油在自然界长期受地壳挤压、变化,并与空气、水接触逐渐变化而形成的,以天然状态存在的石油沥青,其中常混有一定比例的矿物质。其按形成的环境可以分为湖沥青、岩沥青、海底沥青、油页岩等。

②石油沥青:是由石油经蒸馏、吹氧、调和等工艺加工得到的,主要为可溶于二硫化碳的碳氢化合物的黏稠状物质。我国天然沥青很少,但石油资源丰富,故石油沥青是使用量最大的一种沥青材料。

(2)焦油沥青:是干馏有机燃料(煤、页岩、木材等)所收集的焦油再经加工而得到的一种沥青材料。按干馏原料的不同,焦油沥青可分为煤沥青、页岩沥青、木沥青和泥炭沥青。工程上常用的焦油沥青为煤沥青。

沥青具有良好的憎水性、黏结性和塑性,因而广泛用于防水、防潮、道路和水利工程。石油沥青是应用最为广泛的沥青材料。

学习任务1　沥青针入度试验

相关知识

1　技术性质

黏滞性是指沥青在外力作用下抵抗变形的能力。沥青受到外力作用后表现的变形,是由于沥青中组分胶团发生形变或胶团之间产生相互位移。

各种石油沥青的黏滞性变化范围很大,黏滞性的大小与组分及温度有关。当沥青质含量较高,又含适量的树脂和少量的油分时,黏滞性较大。在一定温度范围内,当温度升高时,黏滞性随之降低;反之则增大。

黏滞性是与沥青路面力学性质联系最密切的一种性质,沥青的黏滞性通常用黏度表示。在现代交通条件下,为防止路面出现车辙,沥青的黏度的选择是首要考虑的参数。

针入度是测定道路石油沥青黏滞性的常用技术指标,采用针入度仪测定沥青的针入度,是在规定的温度和时间内,附加一定质量的标准针垂直贯入试样的深度,以 0.1 mm 表示。试验条件以 $P_{(T,m,t)}$ 表示,其中 P 为针入度,T 为试验温度,m 为荷重,t 为贯入时间。针入度值越小,表示黏度越大。

我国现行试验方法《公路工程沥青及沥青混合料试验规程》(JTJ 052—2000)规定:标准针和针连杆组合件总质量为(50 ± 0.05)g,另加(50 ± 0.05)g 砝码一只,试验时总质量为(100 ±0.05)g,试验温度为 25 ℃,标准针贯入时间为 5 s。例如,某沥青在上述条件时测得针入度为 65(0.1 mm),可表示为

$$P_{(25\ ℃,100\ g,5\ s)} = 65(0.1\ mm) \tag{4-1}$$

2 石油沥青

2.1 石油沥青生产工艺概述

从油井开采出来的石油又称为原油,它是多种分子量大小不等的烃类(烷烃、环烷烃和芳香烃等)的复杂混合物。炼油厂将原油分馏而提取汽油、煤油、柴油和润滑油等石油产品后所剩残渣,再进行加工可制得各种石油沥青。其生产工艺流程简况如图 4-1 所示。

常用石油沥青主要是用氧化装置、溶剂脱沥青装置或深拔装置所生产的黏稠沥青。为了改变沥青施工工艺,可将其配制成液体沥青和乳化沥青;为了改善沥青的使用性能,可将其加工成调和沥青和改性沥青。

2.2 石油沥青的分类

2.2.1 按原油成分分类

原油是生产石油沥青的原料,原油按其所含烃类成分和硫含量的不同可划分为几种基本类别(称为基属)。石油沥青的性质首先与石油沥青的基属有关。

原油的分类一般是根据关键馏分特性和含硫量进行的,可分为石蜡基原油、环烷基原油和中间基原油,以及高硫原油(含硫量 >2%)、含硫原油(含硫量 0.5% ~2%)和低硫原油(含硫量 <0.5%)。由不同基属原油炼制的石油沥青有石蜡基沥青、环烷基沥青和中间基沥青。

2.2.1.1 石蜡基沥青

这种沥青因原油中含有大量烷烃,沥青中含蜡量一般大于 5%,有的高达 10% 以上。蜡在常温下往往以结晶体存在,降低了沥青的黏结性和塑性。

2.2.1.2 环烷基沥青

环烷基沥青也称沥青基沥青,含有较多的环烷烃和芳香烃,所以此种沥青的芳香性高,含蜡量一般小于 2%,沥青的黏结性较高。

2.2.1.3 中间基沥青

中间基沥青也称混合基沥青,所含烃类成分和沥青的性质一般均介于石蜡基和环烷基

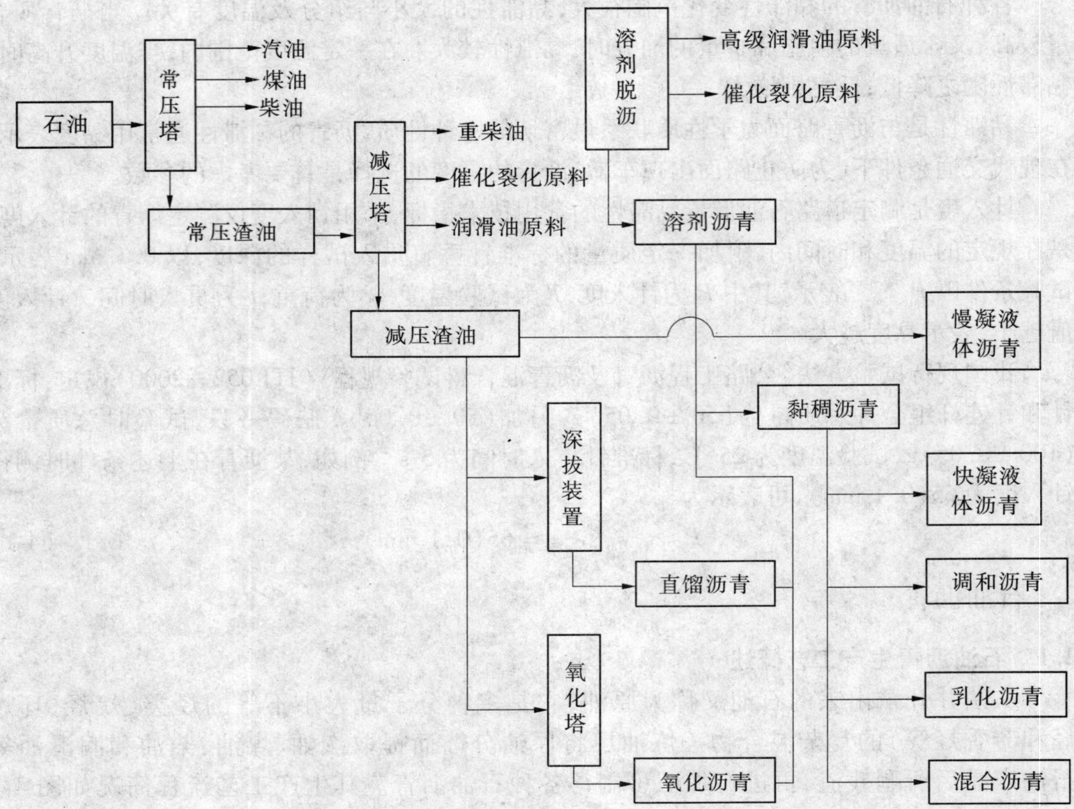

图 4-1　石油沥青生产工艺流程简况

沥青之间。

我国原油储量并不高，目前正在开采的油田中大部分为石蜡基原油，而进口油多为环烷基原油。

2.2.2　按加工方法分类

2.2.2.1　直馏沥青

原油经过常压蒸馏、减压蒸馏或深拔装置提取各种轻质及中质石油产品后可用做沥青的残渣，称为直馏沥青。在一般情况下，低稠度原油生产的直馏沥青，其温度稳定性不足，还需要进行氧化才能达到黏稠石油沥青的性质指标。

2.2.2.2　氧化沥青

将常压或减压原油，或低稠度直馏沥青在 250 ~ 300 ℃的高温吹入空气，经数小时氧化可获得常温下为半固体或固体状的沥青，称为氧化沥青。氧化沥青具有良好的温度稳定性，在道路工程使用的沥青，氧化程度不能太深，有时也称为半氧化沥青。

2.2.2.3　溶剂沥青

这种沥青是对含蜡量较高的原油采用溶剂萃取溶剂中随之被拔出，因此溶剂沥青中石蜡成分相对减少，其性质较由石蜡基原油生产的渣油或氧化沥青有很大的改善。

2.3 石油沥青的组成和结构

2.3.1 石油沥青的组成

石油沥青是由多种碳氢化合物及其非金属(氧、硫、氮)的衍生物组成的混合物,它的分子表达式为 $C_nH_{2n+a}O_bS_cN_d$。化学组成主要是碳(80% ~87%)、氢(10% ~15%),其次是非烃元素,如氧、硫、氮等(<3%)。此外,还含有一些微量的金属元素,如镍、钒、铁、锰、钙、镁、钠等,但含量都很少,一般为几个至几十个 ppm(百万分之一)。

由于石油沥青化学组成结构的复杂性,许多元素分析结果非常近似的石油沥青,它们的性质却相差很大。这主要是沥青中所含烃类基属的化学结构不同。近来的一些研究结果表明,石油沥青中所含碳原子和氢原子的数量之比(称为碳氢比,C/H),在一定程度上能说明沥青结构单元组成中烃类基属含量的大致比例,从而可间接地了解石油沥青化学组成结构的概貌。

2.3.2 石油沥青的化学组分

目前的分析技术尚难将沥青分离为纯粹的化合物单体。为了研究石油沥青化学组成与使用性能之间的联系,常将沥青所含烃类化合物中化学性质相近的成分归类分析,从而划分为若干组,称为沥青化学组分,简称组分。

将沥青分为不同组分的化学分析方法称为组分分析法,是利用沥青在不同有机溶剂中的选择性溶解或在不同吸附剂上的选择性吸附等性质。早些年,丁·马尔库松(德国)就提出将石油沥青分离为沥青酸、沥青酸酐、油分、树脂、沥青质、沥青碳物等组分的方法。后来,经过许多研究者的改进,美国的 L·R·哈巴尔德和 K·E·斯坦费尔德将其完善为三组分分析法。再后来,L·W·科尔贝特(美国)又提出四组分分析法。下面分别予以介绍。

2.3.2.1 三组分分析法

石油沥青的三组分分析法是将石油沥青分离为油分、树脂和沥青质三个组分。因我国富产石蜡基或中间基沥青,在油分中往往含有蜡,故在分析时还应将油蜡分离。这种分析方法称为溶解-吸附法,按三组分分析法所得的各组分性状如表 4-1 所示。

表 4-1 石油沥青三组分分析法的各组分性状

性状组分	外观特征	平均分子量 M_W	碳氢比 C/H	物化特征
油分	淡黄色透明液体	200 ~700	0.5 ~0.7	几乎可溶于大部分有机溶剂,具有光学活性,常发现有荧光,相对密度为 0.910 ~0.925
树脂	红褐色黏稠半固体	800 ~3 000	0.7 ~0.8	温度敏感性高,溶点低于 100 ℃,相对密度大于 1.000
沥青质	深褐色固体末状微粒	1 000 ~5 000	0.8 ~1.0	加热不熔化,分解为硬焦碳,使沥青呈黑色

2.3.2.2 四组分分析法

由 L·W·科尔贝特首先提出,该法可将沥青分离为如下四种成分:

(1)沥青质。沥青中不溶于正庚烷而溶于甲苯中的物质。

(2)饱和分。亦称饱和烃,沥青中溶于正庚烷,吸附于 A_2lO_3 谱柱下,能为正庚烷或石油醚溶解脱附的物质。

(3)芳香分。亦称饱和烃,沥青经步骤(2)处理后,为甲苯所溶解脱附的物质。

(4)胶质。沥青经步骤(3)处理后能为苯-乙醇或苯-甲醇所溶解脱附的物质。

对于多蜡沥青,还可将饱和分、芳香分用于丁酮-苯混合溶液冷冻分离出蜡。

沥青的化学组分与沥青的物理力学性质有着密切的关系,这主要表现为沥青组分及其含量的不同将引起沥青性质趋向性的变化。一般认为,油分使沥青具有流动性;树脂使沥青具有塑性,树脂中含有少量的酸性树脂(即地沥青酸和地沥青酸酐),是一种表面活性物质,能增强沥青与矿质材料表面的黏附性;沥青质能提高沥青的黏结性和热稳定性。

2.3.2.3 沥青的含蜡量

蜡在常温下呈白色晶体存在于沥青中,当温度达到 45 ℃时就会由固态转变为液态。蜡组分的存在对沥青性能的影响是沥青性能研究的一个重要课题,特别是在我国富产石蜡基原油的情况下,更是备受关注。现有研究认为:蜡对沥青路用性能的影响,主要是由于沥青中蜡的存在,在高温时会使沥青容易发软,导致沥青路面的高温稳定性降低,出现车辙;同样,在低温时会使沥青变得脆硬,导致路面低温抗裂性降低,出现裂缝。此外,蜡会使沥青与石料黏附性降低,在水分的作用下,会使路面石子与沥青产生剥落现象,造成路面破坏;更严重的是,含蜡沥青会使沥青路面的抗滑性降低,影响路面的行车安全性。对于沥青含蜡量的限制,由于世界各国测定方法不同,所以限值也不一致,我国现行规范《公路沥青路面施工技术规范》(JTG F40—2004)对沥青含蜡量有明确规定。

2.3.3 石油沥青的结构

沥青的组分并不能全面地反映沥青材料的性质,沥青的性质还与沥青的结构有着密切的联系。

2.3.3.1 胶体理论

现代胶体学说认为,沥青中沥青质是分散相,饱和分和芳香分是散介质,但沥青质不能直接分散在饱和分和芳香分中,而胶质作为一种胶溶剂,沥青吸附了胶质形成胶团而后分散于芳香分和饱和分中。所以,沥青的胶体结构是以沥青质为胶核,胶质被吸附在其表面,并逐渐向外扩散形成胶团,胶团再分散于芳香分和饱和分中。

在沥青胶团结构中,从核心到油质是均匀的、逐步递变的,并无明显分界面。

2.3.3.2 胶体的结构类型

根据沥青中各组分的化学组成和相对含量的不同,可以形成不同的胶体结构。沥青的胶体结构,可分为以下三个类型:

(1)溶胶型结构。沥青质含量较少,油分及树脂含量较多,胶团外薄膜较厚,胶团相对运动较自由(见图 4-2(a))。这种结构沥青黏滞性小、流动性大、塑性好,开裂后自行愈合能力强,但温度稳定性较差,是液体沥青结构的特征。

(2)溶－凝胶型结构。沥青质含量适当，有较多的胶质存在(见图4-2(b))，如胶团的浓度增加，胶团间具有一定的吸引力，这类沥青在高温时温度稳定性好，低温时变形能力也好。现代高级路面所用的沥青，都属于这类胶体结构类型。

(3)凝胶型结构：沥青质含量较多，油分及树脂含量较少，并有相应数量的胶质来形成胶团，胶团相互吸引力增大，相互移动较困难(见图4-2(c))。这种结构的特点是弹性和黏滞性较高，温度敏感性较小，流动性、塑性较低。

沥青的胶体结构与其路用性能有密切的关系，为工程使用方便，通常采用针入度指数(*PI*)法等来评价胶体结构类型及其稳定性。

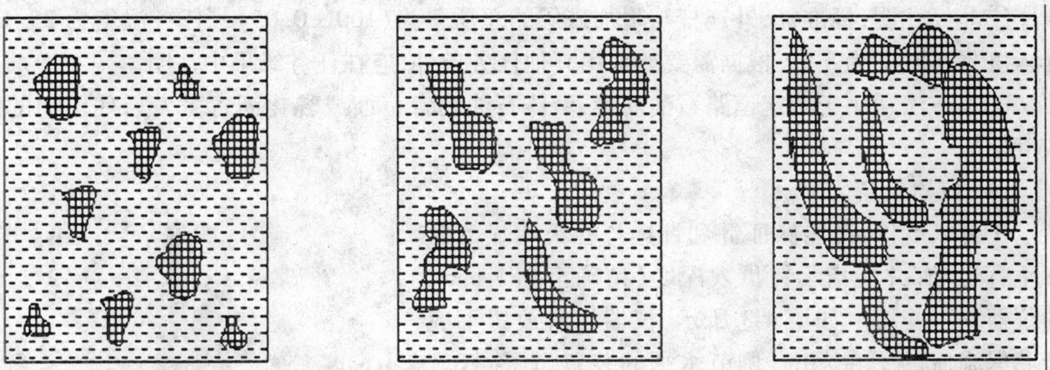

(a)溶胶型结构　(b)溶－凝胶型结构　(c)凝胶型结构

图4-2　沥青的胶体结构示意图

2.4　石油沥青的技术标准

2.4.1　道路石油沥青的技术标准

道路石油沥青分为A级、B级、C级三个等级，各自的适用范围应符合表4-2的规定。

表4-2　道路石油沥青的适用范围

沥青等级	适用范围
A级沥青	各个等级的公路，适用于任何场合和层次
B级沥青	(1)高速公路、一级公路沥青下面层及其以下的层次，二级及其以下公路的各个层次； (2)用做改性沥青、乳化沥青、改性乳化沥青、稀释沥青的基质沥青
C级沥青	三级及三级以下公路的各个层次

2.4.2　道路石油沥青标号

道路石油沥青按针入度划分为160号、130号、110号、90号、70号、50号、30号七个标号，同时对各标号沥青的延度、软化点、闪点、含蜡量、薄膜加热试验等技术指标也提出相应的要求。

3　任务过程

沥青针入度试验

(1)任务目的。

沥青的针入度是指在规定的温度和时间内,附加一定质量的标准针垂直贯入试样的深度,以0.1 mm表示。

(2)适用范围。

①非经注明,标准针、针连杆与附加砝码的总质量为(100 ±0.05)g,任务温度为25 ℃,针入度贯入时间为5 s。根据需要如采用其他任务条件,应在任务结果中注明。

②本方法适用于测定道路石油沥青、液体石油沥青蒸馏或乳化沥青蒸发后残留物的针入度。

(3)仪器设备。

①针入度仪:凡能保证针和针连杆在无明显摩擦下垂直运动,并能指示针贯入深度(精确至0.1 mm)的仪器均可使用。如图4-3所示,仪器设有放置平底玻璃保温皿的平台,并有调节水平的装置,针连杆应与平台相垂直。仪器设有针连杆制动按钮,使针连杆可自由下落。针连杆易于装卸,以便检查其质量。仪器还设有可自由转动与调节距离的悬臂,其端部有一面小镜子或聚光灯泡,借以观察针尖与试样表面的接触情况。当为自动针入度仪时,基本要求与此项相同,但应附有对计时装置的校正检验方法,以经常校验。

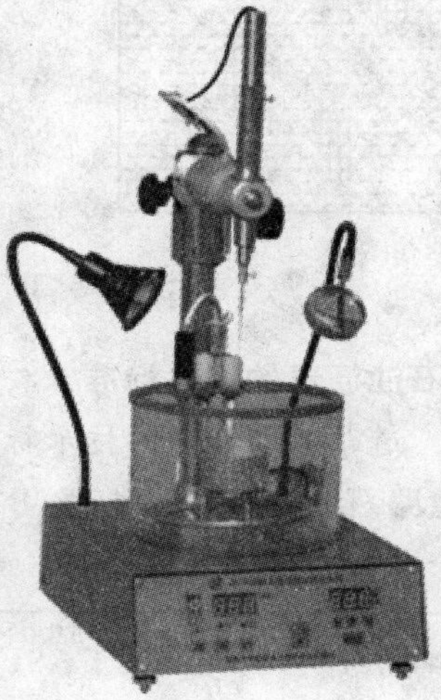

图4-3　针入度仪

②其他:电炉或砂浴、石棉网、金属锅或瓷把坩埚等。

③溶剂:三氯乙烯。

(4)方法步骤。

①准备工作。

a.将试样注入盛样皿中,试样高度应超过预计针入度值10 mm,并盖上盛样皿,以防落入灰尘。盛有试样的盛样皿在15 ~30 ℃室温中冷却1 ~1.5 h(小盛样皿)、1.5 ~2 h(大盛样皿)或2 ~2.5 h(特殊盛样皿)后,移入保持规定任务温度 ±0.1 ℃的恒温水浴中1 ~1.5 h(小盛样皿)、1.5 ~2 h(大盛样皿)或2 ~2.5 h(特殊盛样皿)。

b.调整针入度仪使之水平,检查针连杆和导轨,以确认无水和其他外来物,无明显摩擦。用三氯乙烯或其他溶剂清洗标准针,并拭干。将标准针插入针连杆,用螺丝固紧。按任务条件,加上附加砝码。

②任务步骤。

a.取出达到恒温的盛样皿,并移入水温控制在任务温度 ±0.1 ℃(可用恒温水浴中的水）的平底玻璃皿中的三脚支架上，试样表面以上的水层深度不少于 10 mm。

b. 将盛有试样的平底玻璃皿置于针入度仪的平台上，慢慢放下针连杆，用适当位置的反光镜或灯光反射观察，使针尖恰好与试样表面接触。拉下刻度盘的拉杆，使其与针连杆顶端轻轻接触，调节刻度盘或深度指示器的指针指示为零。

c. 开动秒表，在指针正指 5 s 的瞬间，用手紧压按钮，使标准针自动下落贯入试样，经规定时间，停压按钮使针停止移动。

注：当采用自动针入度仪时，计时与标准针落下贯入试样同时开始，至 5 s 时自动停止。

d. 拉下刻度盘拉杆与针连杆顶端接触，读取刻度盘指针或深度指示器的读数，精确至 0.5。

e. 同一试样平行任务至少 3 次，各测试点之间及与盛样皿边缘的距离不应小于 10 mm。每次任务后，应将盛有盛样皿的平底玻璃皿放入恒温水浴，使平底玻璃皿中水温保持任务温度。每次任务应换一根干净的标准针或将标准针取下，用蘸有三氯乙烯溶剂的棉花或布揩净，再用干棉花或布擦干。

f. 测定针入度大于 200 的沥青试样时，至少用 3 支标准针，每次任务后将针留在试样中，直至 3 次平行任务完成后，才能将标准针取出。

（5）结果计算。

同一试样 3 次平行任务结果的最大值和最小值之差在下列允许差范围内时，计算 3 次任务结果的平均值，取至整数作为针入度任务结果，以 0.1 mm 为单位。

针入度（0.1 mm）	允许差值（0.1 mm）
0 ~ 49	2
50 ~ 149	4
150 ~ 249	6
250 ~ 350	10
>350	14

精密度或允许差：

①当任务结果小于 50（0.1 mm）时，重复性任务精度的允许差为 2（0.1 mm），再现性任务精度的允许差为 4（0.1 mm）。

②当任务结果等于或大于 50（0.1 mm）时，重复性任务精度的允许差为平均值的 4%，再现性任务精度的允许差为平均值的 8%。

（6）注意事项。

①测定针入度的条件有三项，分别为温度、时间和针质量。这三项要求不一样，会严重影响结果的正确性。当将沥青试样注入盛样皿时，不应留有气泡。若有气泡，可用明火将其消掉，以免影响结果的正确性。

②任务结果之间的误差应不超过规定的允许差。

任务实施

1 任务相关知识描述

沥青针入度试验的主要过程如下：

(1)沥青针入度试验目的。

(2)沥青针入度试验适用范围。

(3)沥青针入度试验仪器设备。

(4)沥青针入度试验方法步骤。

(5)沥青针入度试验结果计算。

2 信息资料收集与分组

(1)针入度试验仪器工具准备。

(2)针入度试验材料准备。

(3)针入度试验技术准备。

(4)安全操作注意事项。

(5)分组并产生组长,明确任务。

3 制定计划

(1)以小组讨论的方式制定沥青针入度试验计划。

(2)与学生讨论工作计划并最终定稿。

(3)填写工作计划表(见表4-3)。

4 实施计划

(1)学生按既定工作计划完成检查并填写任务工单(见表4-4)。

(2)教师监控学生操作过程,及时更正学生的错误。

5 检查结果

(1)检查学生是否填写完整任务工单。

(2)回答学生所提出的问题。

(3)学生以小组讨论方式进行工作评估。

评价反馈

(1)对小组工作进行综合评价。

(2)提出改进意见和注意事项。

(3)填写任务评价表(见表4-5)。

表 4-3　沥青针入度试验工作计划表

姓名：	学号：	班级：	组别：
任务名称			
个人工作实施计划			
小组其他计划特色点			
辅导教师意见			
个人工作实施计划定稿			

表 4-4　沥青针入度试验任务工单

<table>
<tr><td colspan="2">姓名：</td><td>学号：</td><td>班级：</td><td>组别：</td></tr>
<tr><td colspan="3" rowspan="2">评价等级：</td><td>教师签字：</td><td>成绩：</td></tr>
<tr><td>日期：</td><td>学时：</td></tr>
<tr><td>任务名称</td><td colspan="4">沥青针入度试验</td></tr>
<tr><td>能力目标</td><td colspan="4">1. 能够说出任务目的和适用范围；
2. 能够准备任务所需仪器和材料；
3. 能够独立操作任务过程；
4. 能够正确取得任务结果；
5. 能够做好仪器保养。</td></tr>
<tr><td>任务准备</td><td colspan="4">相关仪器设备和任务试样的准备</td></tr>
<tr><td>信息获取</td><td colspan="4">1. 任务目的和适用范围(15 分)
目的：________________
____
____
适用范围：________________
____
____
2. 任务所需仪器设备(15 分)
____
____
____
____
____
____
____
________________</td></tr>
</table>

续表 4-4

任务操作与要点	3. 任务准备(15 分) 4. 任务步骤(40 分) 5. 结果整理(15 分)

表 4-5　沥青针入度试验任务评价表

<table>
<tr><td rowspan="2">评价内容</td><td rowspan="2">评价指标</td><td colspan="3">评价等级</td></tr>
<tr><td>自我</td><td>小组</td><td>教师</td></tr>
<tr><td rowspan="4">专业能力</td><td>A. 具有安全、文明生产和环境保护的相关知识和技能。(10 分)</td><td rowspan="4"></td><td rowspan="4"></td><td rowspan="4"></td></tr>
<tr><td>B. 高质量地完成工作任务,操作娴熟,任务工单得 85 分以上。(10 分)</td></tr>
<tr><td>C. 任务工单中数据真实,步骤完整,能用来描述整个过程。(10 分)</td></tr>
<tr><td>D. 具备了独立完成工作任务的能力。(10 分)</td></tr>
<tr><td rowspan="4">社会能力</td><td>A. 具有良好的职业道德,遵守实验室管理规定。(5 分)</td><td rowspan="4"></td><td rowspan="4"></td><td rowspan="4"></td></tr>
<tr><td>B. 具有较强的口头和书面表达能力,良好的人际交流沟通能力。(10 分)</td></tr>
<tr><td>C. 具有良好的团队合作精神和客户服务意识。(10 分)</td></tr>
<tr><td>D. 具有良好的心理素质和克服困难的能力。(5 分)</td></tr>
<tr><td rowspan="4">方法能力</td><td>A. 能够制定完善的工作计划。(5 分)</td><td rowspan="4"></td><td rowspan="4"></td><td rowspan="4"></td></tr>
<tr><td>B. 能够借助网络、文件资料等手段查找所需信息。(10 分)</td></tr>
<tr><td>C. 能够独立完成任务。(5 分)</td></tr>
<tr><td>D. 能够检查评估工作任务,并能从个案中寻找共性。(10 分)</td></tr>
<tr><td>辅导教师关于此次任务的改进意见</td><td colspan="4"></td></tr>
<tr><td></td><td></td><td colspan="2">总评</td><td></td></tr>
</table>

学习任务2　沥青延度试验

相关知识

1　技术性质

(1)塑性是指沥青在外力作用下发生变形而不破坏的能力。影响塑性大小的因素与沥青的组分及温度有关,沥青中树脂含量多,油分及沥青质含量适当,则塑性较大。当温度升高时,塑性增大,沥青膜层越厚则塑性越高;反之,塑性越差。在常温下,塑性好的沥青不易产生裂缝,并可减少摩擦时的噪声。同时,它对于沥青在温度降低时抵抗开裂的性能有重要影响。

我国现行试验规程《公路工程沥青及沥青混合料试验规程》(JTJ 052—2000)规定:沥青的塑性用延度表示,用延度仪测定。沥青延度是将沥青试样制成∞字形标准试模(中间最小截面面积为1 cm^2)在规定速度((5 ±0.25)cm/min)和规定温度(15 ℃或10 ℃)下拉断时的长度,以cm表示。

沥青的延度越大,塑性越好,柔性和抗断裂性越好。

(2)沥青在过热或过长时间加热过程中,会发生轻质馏分挥发、氧化、裂化、聚合等一系列物理及化学变化,使沥青的化学组成及性质相应地发生变化。这种性质称为沥青加热稳定性。

为了解沥青在路面施工及使用过程中的耐久性,我国现行试验规程《公路工程沥青及沥青混合料试验规程》(JTJ 052—2000)规定要进行沥青的加热质量损失和加热后残渣性质的试验。对于道路石油沥青,采用沥青薄膜加热试验;对于液体石油沥青,采用沥青蒸馏试验。

(3)沥青材料在使用时必须加热,当加热至一定温度时,沥青材料中挥发的油分蒸气与周围空气组成混合气体,此混合气体遇火焰即发生闪火。若继续加热,油分蒸气的饱和度增加,由于此种蒸气与空气组成的混合气体遇火焰极易燃烧,而引起熔油车间发生火灾或导致沥青烧坏的损失,为此必须测定沥青的闪点(闪火点)和燃点(着火点)。闪点是指加热沥青挥发出可燃气体与空气组成混合气体在规定条件下与火接触,产生闪光时的沥青温度,以℃计。燃点是指沥青加热产生的混合气体与火接触能持续燃烧5 s以上时的沥青温度。闪点和燃点温度相差10 ℃左右。

《公路工程沥青及沥青混合料试验规程》(JTJ 052—2000)常用克利夫开口杯式闪点仪测定。

(4)沥青的溶解度是指石油沥青在三氯乙烯中溶解的百分率(即有效物质含量)。那些不溶解的物质为有害物质(沥青碳、似碳物),会降低沥青的性能,应加以限制。

(5)沥青中含有水分,施工中挥发太慢,影响施工速度,所以要求沥青中含水量不宜过多。在加热过程中,若水分过多,易产生溢锅现象,引起火灾,使材料受到损失。所以,在熔化沥青时应加快搅拌速度,促进水分蒸发,控制加热温度。

2 煤沥青

煤沥青(俗称柏油)是用煤干馏炼焦和制煤气的副产品煤焦油炼制而成的。根据煤干馏的温度不同,可分为高温煤焦油(700 ℃以上)和低温煤焦油(450 ~ 700 ℃)两类。路用煤沥青主要是由炼焦或制造煤气得到的高温焦油加工而得到的。

2.1 煤沥青的化学组成和结构特点

2.1.1 煤沥青的化学组成

煤沥青的化学组成主要是芳香族碳氢化合物及其氧、硫和氮的衍生物的混合物。其元素组成主要为C、H、S和N。煤沥青的化学结构极其复杂,有的环结构上带有侧链,但侧链很短。

煤沥青化学组分的研究与石油沥青的研究方法相同,也是采用选择性溶解等方法将煤沥青划分为几个化学性质相近且与路用性能有一定联系的组。我国采用葛氏法所列流程划分煤沥青组分,其组分如下:

(1)游离碳。又称自由碳,是高分子的有机化合物的固态碳质微粒,不溶于任何有机溶剂。在煤沥青中含有游离碳,能增加沥青的黏度和提高其热稳定性。随着游离碳含量的增加,低温脆性亦随之增加。煤沥青中的游离碳相当于石油沥青中的沥青质。

(2)树脂。包括硬树脂和软树脂。硬树脂为固态晶体结构,在沥青中能增加其黏滞性,类似石油沥青中的沥青质;软树脂为赤褐色黏塑状物质,溶于氯仿能使煤沥青具有塑性,类似于石油沥青中的树脂。

(3)油分。主要由液体未饱和的芳香族碳氢化合物所组成,使煤沥青具有流动性。在油分中包含有萘油、蒽油和菲油等。萘油在常温下易挥发。当蒽油含量低于15% ~25%时,可降低煤沥青的黏结性,若超过此含量,温度低于10 ℃时蒽油结晶,也使煤沥青黏度增加。

此外,煤沥青中含有少量碱性物质(吡啶、喹啉等)和酸性物质(酚),酚有毒且能溶于水。煤沥青中的酸性物质和碱性物质都属于表面活性物质,相当于石油沥青中的沥青酸与沥青酸酐,但其活性物质含量高于石油沥青。所以,煤沥青表面活性比石油沥青高,与矿料的黏附力较好。

煤沥青各化学组分含量如表4-6所示。

表4-6 煤沥青化学组分含量

煤沥青标号	化学组分含量(%)					
	游离碳	硬树脂	软树脂	中性油	酚	萘
软煤沥青 T-9	13.32	11.78	38.14	33.71	2.41	0.64

2.1.2 煤沥青的结构特点

煤沥青和石油沥青相类似,也是复杂的胶体分散系,游离碳和硬树脂组成的胶体微粒为分散相,油分为分散介质,而软树脂为保护物质,它吸附于固态分散胶粒周围,逐渐向外扩散,并溶解于油分中,使分散系形成稳定的胶体体系。

2.2 煤沥青的技术性质与技术标准

2.2.1 煤沥青的技术性质

煤沥青与石油沥青相比,在技术性质方面有下列差异:

(1)温度稳定性差。由于可溶性树脂含量较多,受热易软化,故温度稳定性差。

(2)气候稳定性差。由于煤沥青中含有较多不饱和碳氢化合物,在热、阳光、氧气等长期综合作用下,煤沥青的组分变化较大,易老化变脆。

(3)塑性较差。因煤沥青中含有较多的游离碳,所以在使用时易因受力变形而开裂。

(4)煤沥青与矿质材料表面黏结力较强。煤沥青组分中含有酸碱等表面活性物质,故与矿质材料表面黏结力较强。

(5)防腐性能好。由于煤沥青中含有酚、蒽油、萘油等成分,所以防腐性能好,故宜用于地下防水层及防腐材料等。

2.2.2 煤沥青的技术指标

2.2.2.1 黏度

黏度表示煤沥青的稠度。当煤沥青组分中油分含量减少、固态树脂及游离碳量增加时,煤沥青的黏度增高。煤沥青的黏度测定方法与液体沥青相同,也是用道路沥青标准黏度计测定的。

2.2.2.2 蒸馏试验的馏分含量及残渣性质

煤沥青中含有各沸点的油分,这些油分的蒸发将影响其性质。因此,煤沥青的起始黏度并不能完全表达其在使用过程中黏结性的特征。为了预估煤沥青在路面使用过程中的性质变化,在测定其起始黏度的同时,还必须测定煤沥青在各馏程中所含馏分及其蒸馏后残留物的性质。

煤沥青蒸馏试验是测定试样受热时,在规定温度范围内蒸出的馏分含量,以质量百分率表示。除非特殊需要,各馏分蒸馏的标准切换温度为 170 ℃、270 ℃、300 ℃。

馏分含量的规定控制了煤沥青由于蒸发而老化的安全性,残渣性质试验保证了煤沥青残渣具有适宜的黏结性。

2.2.2.3 煤沥青焦油酸含量

煤沥青的焦油酸(亦称酚)含量是通过测定试样总的蒸馏分与碱性溶液作用形成水溶性酚盐物质的含量求得的,以体积百分率表示。

焦油酸溶解于水,易导致路面强度降低,同时它有毒。因此,对其在沥青中的含量必须加以限制。

2.2.2.4 萘含量

萘在煤沥青中低温时易结晶析出,使煤沥青产生假黏度而失去塑性,同时,常温下易升华,并促使老化加速,且萘也有毒,故对其含量应加以限制。煤沥青的萘含量是试样馏分中萘的含量,以质量百分率表示。

2.2.2.5 甲苯不溶物

煤沥青的甲苯不溶物含量是试样在规定的甲苯溶剂中不溶物(游离碳)的含量,以质量百分率表示。

2.2.2.6 水分

与石油沥青一样,在煤沥青中含有过量的水分会使煤沥青在施工加热时发生许多困难,甚至导致材料质量的劣化或造成火灾。煤沥青含水量的测定方法与石油沥青相同。

2.2.3 道路用煤沥青技术要求

道路用煤沥青适用于透层,也可用于三级及三级以下的公路铺筑表面处治或贯入式沥青路面,但不能用做热拌热铺沥青混合料。

道路用煤沥青的技术要求应符合表4-7的规定。

表4-7 道路用煤沥青技术要求

试验项目		T-1	T-2	T-3	T-4	T-5	T-6	T-7	T-8	T-9	试验方法
黏度(s)	$C_{30,5}$	5~25	26~70								T0621
	$C_{30,10}$			5~25	26~50	51~120	121~200	10~75			
	$C_{50,10}$								76~200		
	$C_{60,10}$									35~65	
蒸馏试验馏出量(%)	170 ℃前	<3	<3	<3	<2	<1.5	<1.5	<1.0	<1.0	<1.0	T0641
	270 ℃前	<20	<20	<20	<15	<15	<15	<10	<10	<10	
	300 ℃前	15~35	15~35	<30	<30	<25	<25	<20	<20	<15	
300 ℃蒸馏残渣软化点(环球法)(℃)		30~45	30~45	35~65	35~65	35~65	35~65	40~70	40~70	40~70	T0606
水分(%)≤		1.0	1.0	1.0	1.0	1.0	0.5	0.5	0.5	0.5	T0612
甲苯不溶物(%)≤		20	20	20	20	20	20	20	20	20	T0646
含萘量(%)≤		5	5	5	4	4	3.5	3	2	2	T0645
焦油酸含量(%)≤		4	4	3	3	2.5	2.5	1.5	1.5	1.5	T0642

注:黏度使用道路沥青黏度计测定,$C_{T,d}$的脚标第1个数字T代表温度,℃;第2个数字d代表孔径,mm。

2.3 煤沥青在技术性质上与石油沥青的差异

(1)煤沥青的温度稳定性差:煤沥青是较粗的分散系,同时,可溶性树脂含量较多,受热易软化,温度稳定性差。因此,加热温度和时间都要严格控制,更不宜反复加热,否则易引起性质急剧恶化。

(2)煤沥青的大气稳定性差:由于煤沥青中含有较多不饱和碳氢化合物,在热、阳光、氧气等长期综合作用下,使煤沥青的组分变化较大,易老化变脆。

(3)煤沥青的塑性较差:因煤沥青含有较多的游离碳,使塑性降低,所以在使用时易因受力变形而开裂。

(4)煤沥青与矿质材料表面黏附性能好:煤沥青组分中含酸、碱性物质较多,它们都是极性物质,赋予煤沥青较高的表面活性和较好的黏附力,对酸、碱性石料均能较好地黏附。

(5)煤沥青防腐性能好:由于煤沥青中含有酚、蒽、萘油等成分,所以防腐性好,故宜用于地下防水层及防腐材料。

(6)煤沥青含有对人体有害的成分较多,臭味较重。

2.4 煤沥青与石油沥青的鉴别

如前所述,煤沥青的技术性能与石油沥青类似,但另有不同的特性,因此使用要求有一定区别。如煤油沥青加热温度一般应低于石油沥青,加热时间宜短不宜长等。在通常情况下,煤沥青不能与石油沥青混用,否则会因两者在物理化学性质上的差异而导致絮凝结块现象。因此,在储存和加工时必须将两种沥青严格区分开来。为使在工地条件下区别鉴认这两种沥青,现根据两种沥青的某些特性提出煤沥青和石油沥青的简易鉴别方法,如表 4-8 所示。

表 4-8 煤沥青和石油沥青的简易鉴别方法

鉴别方法	石油沥青	煤沥青
相对密度	接近 1.0	1.25 ~ 1.28
燃烧	烟少,无色,有松香味,无毒	烟多,黄色,臭味大,有毒
气味	常温下无刺激性气味	常温下有刺激性臭味
颜色	呈辉亮褐色	呈浓黑色
溶解试验	可溶于汽油或煤油	难溶于汽油或煤油
锤击	韧性较好,不易碎	韧性差,较脆
大气稳定性	较好	较差
抗腐蚀性	差	强

3 改性沥青

随着国民经济的高速发展,现代高等级沥青路面的特点是交通密度大,车辆轴载重,荷载作用间歇时间短,以及高速和渠化。这些特点造成沥青路面高温出现车辙,低温产生裂缝,抗滑性很快衰降,使用年限不长,出现坑槽、松散等水损坏以及局部龟裂等。为了提高沥青混合料的路用性能,必须对沥青加以改善以提高其耐久性。

3.1 改性沥青的分类及特性

改性沥青是指掺加橡胶、树脂、高分子聚合物、磨细的橡胶粉或其他填料等外掺剂(改性剂),或采取对沥青轻度氧化加工等措施,使沥青的性能得以改善而制成的沥青结合料。

改性剂是指在沥青中加入的天然的或人工的有机或无机材料,可溶融分散在沥青中,改善或提高沥青路面性能(与沥青发生反应或裹覆在集料表面上)的材料。

从狭义来说,现在所指道路改性沥青一般是指聚合物改性沥青。按照改性的不同,一般可将沥青分为以下几类。

3.1.1 热塑性橡胶类改性沥青

热塑性橡胶类改性沥青所用的改性剂主要是苯乙烯嵌段共聚物,如苯乙烯 - 丁二烯(SBS)、苯乙烯 - 异戊二烯 - 苯乙烯(SIS)、苯乙烯 - 聚乙烯/丁基 - 聚乙烯(SE/BS)。其中,SBS 常用于路面沥青混合料,SIS 主要用于热熔黏结料,SE/BS 则应用于抗氧化、抗高温变形要求高的道路。目前,世界各国用于道路沥青改性使用最多的是 SBS 改性沥青,如首都机场高速公路及八达岭高速公路用的均是 SBS 改性沥青。

SBS 类改性沥青最大的特点是高温稳定性和低温抗裂性能都好,且有良好的弹性恢复性能,抗老化性能良好。SBS 使沥青软化点提高,使 5 ℃ 延度大幅度增大,且薄膜加热后的针入度比保持在 90% 以上。

3.1.2 橡胶类改性沥青

橡胶类改性沥青通常称为橡胶沥青,其中使用最多的是丁苯橡胶(SBR)和氯丁橡胶(CR)。它不仅是世界上最早出现并广泛应用的改性沥青品种,也是在我国较早得到研究和推广的品种。其中,SBR 是世界上应用最广泛的改性剂之一,尤其是其胶乳形式的使用越来越广泛;CR 具有极性,常掺入煤沥青中使用,已成为煤沥青的改性剂。

SBR 改性沥青的最大特点是低温性能得到改善,所以主要适宜在寒冷气候条件下使用,如青藏公路上就铺筑了橡胶沥青路面。

3.1.3 热塑性树脂类改性沥青

聚乙烯(PE)、聚丙烯、聚氯乙烯、聚苯乙烯和乙烯——乙酸乙烯酯共聚物(EVA)等在道路沥青的改性中被使用,这一类热塑性树脂的共同特点是加热后软化,冷却时硬化变硬。此类改性剂的最大特点是使沥青结合料在常温下黏度增大,从而使高温稳定性增加,遗憾的是,并不能使沥青混合料的弹性增加,且加热后易离析,再次冷却时产生众多的弥散体。不过,这些局限性一定程度上已被接受,如浙江杭州钱江二桥就使用了 ESSO 公司的 EVA 改性沥青铺筑桥面铺装。

3.1.4 掺加天然沥青的改性沥青

在沥青中通常可掺加天然沥青进行改性,如湖沥青(如特立尼达湖沥青 TLA)、岩沥青(如美国的 Gilsonite)和海底沥青(如 BMA)等。

掺加湖沥青的改性沥青有良好的高温稳定性及低温抗裂性能,耐久性好;掺加岩沥青的改性沥青有抗剥离、耐久性好、高温抗车辙、抗老化特点;海底沥青适用于重交通道路、飞机场跑道、抗磨耗层等,最小铺筑厚度可减薄到 2 cm,因此可降低工程造价。

3.1.5 其他改性沥青

3.1.5.1 掺多价金属皂化物的改性沥青

多价金属与一元羧酸所形成的盐类称为金属皂。将一定的金属皂溶解在沥青中,可使延度增加,脆点降低,明显提高与集料的黏附性能,增加沥青混合料的强度,提高沥青路面的柔性和疲劳强度。

3.1.5.2 掺碳黑的改性沥青

碳黑是由石油、天然气等碳氢化合物经高温不完全燃烧而生成的高含碳量粉状物质,在改性好的 SBS 改性沥青中混入碳黑综合改性,可使改性沥青的黏度增大,回弹性能提高。

3.1.5.3 加玻纤格栅的改性沥青

加玻纤格栅的改性沥青是将一种自黏结型的玻璃纤维格栅用一种专门的摊铺机铺设,铺在沥青混合料层中,其耐热、黏结性好。这些格栅对提高高温抗裂性能都有良好效果,同时,还可防治沥青路面的反射性裂缝。

4 任务过程

沥青延度试验

(1)任务目的。

沥青的延度是规定形状的试样在规定温度下,以一定速度受拉伸至断开时的长度,以cm表示。

(2)适用范围。

①试验温度与拉伸速率根据有关规定选用,通常采用的试验温度为25 ℃或15 ℃。非经注明,拉伸速度为(5 ±0.05)cm/min。当低温时采用(1 ±0.05)cm/min的拉伸速度,应在报告中注明。

②本方法适用于测定道路石油沥青、液体沥青蒸馏残留物和乳化沥青蒸发残留物等材料的延度。

(3)仪具设备。

①延度仪:将试件浸没于水中,能保持规定的试验温度及按照规定拉伸速度拉伸试件且试验时无明显振动的延度仪均可使用,如图4-4所示。

图4-4 沥青延度仪

②试模:黄铜制,由两个端模和两个侧模组成,试模内侧表面粗糙度 R_a =0.2 μm,当装配完好后可浇铸成表4-9所列尺寸的试样。

表4-9 延度试样尺寸 (单位:mm)

部位	尺寸
总长	74.5 ~75.5
中间缩颈部长度	29.7 ~30.3
端部开始缩颈处宽度	19.7 ~20.3
最小横断面宽度	9.9 ~10.1
厚度(全部)	9.9 ~10.1

③试模底板:玻璃板或磨光的铜板、不锈钢板(表面粗糙度 R_a =0.2 μm)。

④恒温水浴:容量不少于10 L,水温精度 ±0.1 ℃,水浴中设有带孔搁架,搁架距底不得少于50 mm。试件浸入水中深度不小于100 mm。

⑤温度计：量程 0～50 ℃，分度 0.1 ℃。

⑥砂浴或其他加热炉具。

⑦平刮刀、石棉网、酒精等。

(4)方法步骤。

①准备工作。

a. 将隔离剂拌和均匀，涂于清洁干燥的试模底板和两个侧模的内表面，并将试模在试模底板上装妥。

b. 将沥青试样仔细地自模的一端至另一端往返数次缓缓注入模中，最后略高出试模，灌模时应注意勿使气泡混入。

c. 将试件在室温中冷却 30～40 min，然后置于规定试验温度 ±0.1℃的恒温水浴中保持 30 min 后取出，用热刮刀刮除高出试模的沥青，使沥青面与试模面齐平。沥青的刮法应自试模的中间刮向两端，且表面应刮得平滑。将试模连同底板再次浸入规定试验温度的水浴中 1～1.5 h。

d. 检查延度仪延伸速度是否符合规定要求，然后移动滑板使其指针正对标尺的零点。将延度仪注水，并保温达试验温度 ±0.5 ℃。

②试验步骤。

a. 将保温后的试件连同底板移入延度仪的水槽中，然后将盛有试样的试模自玻璃板或不锈钢板上取下，将试模两端的孔分别套在滑板及槽端固定板的金属柱上，并取下侧模。水面距试件表面应不小于 25 mm。

b. 开动延度仪，并注意观察试样的延伸情况。此时应注意，在试验过程中，水温应始终保持在试验温度规定范围内，且仪器不得有振动，水面不得有晃动。当水槽采用循环水时，应暂时中断循环，停止水流。

在试验中，如发现有沥青细丝浮于水面或沉入槽底，则应在水中加入酒精或食盐，调整水的密度至与试样相近后，重新试验。

c. 试件拉断时，读取指针所指标尺上的读数，以 cm 表示。在正常情况下，试件延伸时应成锥尖状，拉断时实际断面接近于零。如不能得到这种结果，则应在报告中注明。

(5)任务结果。

同一试样，每次平行试验不少于 3 个，如 3 个测定结果均大于 100 cm，试验结果记为 >100cm；特殊需要也可分别记录实测值。如 3 个测定结果中，有 1 个以上的测定值小于 100 cm，若最大值或最小值与平均值之差满足重复性试验精度要求，则取 3 个测定结果的平均值的整数作为延度试验结果。若平均值大于 100 cm，试验结果记为 >100 cm；若最大值或最小值与平均值之差不符合重复性试验精度要求，试验应重新进行。精密度或允许差：当试验结果小于 100 cm 时，重复性试验精度的允许差为平均值的 20%；再现性试验精度的允许差为平均值的 30%。

(6)注意事项。

①在浇涛试样时，隔离剂配置要适当，以免试样取不下来，对于黏结在玻璃上的试样，应放弃。在试模底部涂隔离剂时，不易太多，以免隔离剂占用试样部分体积，冷却后造成试样断面不合格，影响试验结果。

②在灌模时应使试样高出试模，以免试样冷却后欠模。

③对于延度较大的沥青试样，为了便于观察延度值，延度值底部尽量采用白色衬砌。

④在刮模时，应将沥青与试模刮为齐平，尤其是试模中部，不应有低凹现象。

任务实施

1 任务相关知识描述

沥青延度试验的主要内容如下：

(1)沥青延度试验目的。

(2)沥青延度试验适用范围。

(3)沥青延度试验仪器设备。

(4)沥青延度试验方法步骤。

(5)沥青延度试验结果计算。

2 信息资料收集与分组

(1)沥青延度试验仪器工具准备。

(2)沥青延度试验材料准备。

(3)沥青延度试验技术准备。

(4)安全操作注意事项。

(5)分组并产生组长，明确任务。

3 制定计划

(1)以小组讨论的方式制定沥青延度试验计划。

(2)与学生讨论工作计划并最终定稿。

(3)填写工作计划表(见表4-10)。

4 实施计划

(1)学生按既定工作计划完成检查并填写任务工单(见表4-11)。

(2)教师监控学生操作过程，及时更正学生的错误。

5 检查结果

(1)检查学生是否填写完整任务工单。

(2)回答学生所提出的问题。

(3)学生以小组讨论方式进行工作评估。

评价反馈

(1)对小组工作进行综合评价。

(2)提出改进意见和注意事项。

(3)填写任务评价表(见表4-12)。

表 4-10　沥青延度试验工作计划表

<table>
<tr><td>姓名：</td><td>学号：</td><td>班级：</td><td>组别：</td></tr>
<tr><td>任务名称</td><td colspan="3"></td></tr>
<tr><td>个人工作实施计划</td><td colspan="3"></td></tr>
<tr><td>小组其他计划特色点</td><td colspan="3"></td></tr>
<tr><td>辅导教师意见</td><td colspan="3"></td></tr>
<tr><td>个人工作实施计划定稿</td><td colspan="3"></td></tr>
</table>

表 4-11　沥青延度试验任务工单

<table>
<tr><td>姓名：</td><td>学号：</td><td>班级：</td><td>组别：</td></tr>
<tr><td colspan="2" rowspan="2">评价等级：</td><td>教师签字：</td><td>成绩：</td></tr>
<tr><td>日期：</td><td>学时：</td></tr>
<tr><td>任务名称</td><td colspan="3">沥青延度试验</td></tr>
<tr><td>能力目标</td><td colspan="3">1. 能够说出任务目的和适用范围；
2. 能够准备任务所需仪器和材料；
3. 能够独立操作任务过程；
4. 能够正确取得任务结果；
5. 能够做好仪器保养。</td></tr>
<tr><td>任务准备</td><td colspan="3">相关仪器设备和任务试样的准备</td></tr>
<tr><td>信息获取</td><td colspan="3">1. 任务目的和适用范围(15 分)
目的：____________________
____
____
适用范围：____________________
____
____
2. 任务所需仪器设备(15 分)
____
____
____
____
____
____
____
____________________</td></tr>
</table>

续表 4-11

任务操作与要点	3. 任务准备(15 分) 4. 任务步骤(40 分) 5. 结果整理(15 分)

表 4-12　沥青延度试验任务评价表

评价内容	评价指标	评价等级		
		自我	小组	教师
专业能力	A. 具有安全、文明生产和环境保护的相关知识和技能。(10 分)			
	B. 高质量地完成工作任务,操作娴熟,任务工单得 85 分以上。(10 分)			
	C. 任务工单中数据真实,步骤完整,能用来描述整个过程。(10 分)			
	D. 具备了独立完成工作任务的能力。(10 分)			
社会能力	A. 具有良好的职业道德,遵守实验室管理规定。(5 分)			
	B. 具有较强的口头和书面表达能力,良好的人际交流沟通能力。(10 分)			
	C. 具有良好的团队合作精神和客户服务意识。(10 分)			
	D. 具有良好的心理素质和克服困难的能力。(5 分)			
方法能力	A. 能够制定完善的工作计划。(5 分)			
	B. 能够借助网络、文件资料等手段查找所需信息。(10 分)			
	C. 能够独立完成任务。(5 分)			
	D. 能够检查评估工作任务,并能从个案中寻找共性。(10 分)			
辅导教师关于此次任务的改进意见		总评		

学习任务3　沥青软化点试验

相关知识

1　技术性质

温度稳定性是指沥青的黏结性和塑性随温度升降而变化的性能。当温度升高时，沥青由固态或半固态逐渐软化成黏流态，当温度降低时，由黏流态转变成固态至变脆。在工程上使用的沥青，要求有较好的温度稳定性。

1.1　高温敏感性用软化点表示

沥青材料由固化点到滴点的温度间隔的87.21%称为软化点。

我国现行试验方法《公路工程沥青及沥青混合料试验规程》(JTJ 052—2000)规定：沥青软化点一般采用环球法软化点仪测定，即将沥青试样装入规定尺寸的铜环内(内径18.9 mm)，试样上放置标准钢球(质量3.5 g)浸入水或甘油中，以规定的升温速度(5 ℃/min)加热，使沥青软化下垂至规定距离时的温度，以℃表示。软化点越高，表明沥青的耐热性越好，即温度稳定性越好。

针入度是在规定温度下沥青的条件黏度，而软化点则是沥青达到规定条件黏度时的温度。软化点既是反映沥青材料感温性的一个指标，也是沥青黏度的一种量度。

以上所论及的针入度、延度、软化点是评价黏稠石油沥青路用性能最常用的经验指标，所以通称三大指标。

1.2　低温抗裂性用脆点表示

脆点是指沥青材料由黏塑状态转变为固体状态达到条件脆裂时的温度。

我国现行试验方法《公路工程沥青及沥青混合料试验规程》(JTJ 052—2000)规定，采用弗斯法测定沥青脆点。脆点试验是将沥青试样涂在金属片上，置于有冷却设备的脆点仪的曲柄上，使涂有沥青的金属片产生弯曲，随着制冷剂温度降低，沥青薄膜温度逐渐降低，当沥青薄膜在规定弯曲条件下，产生断裂时的温度，即为脆点。

在工程实际应用中，要求沥青具有较高的软化点和较低的脆点，否则容易发生沥青材料夏季流淌或冬季变脆甚至开裂等现象。

2　乳化沥青

乳化沥青是指石油沥青与水在乳化剂等的作用下经乳化加工制得的均匀沥青产品(亦称沥青乳液)，其外观为茶褐色，在常温下具有较好的流动性。乳化沥青的特点如下：

(1)可冷态施工。乳化沥青可以在常温下进行喷洒、贯入或拌和摊铺，现场无需加热，简化了施工程序，操作简便，节省了能源。

(2)与湿集料拌和，具有足够的黏结力。

(3)无毒、无嗅，保护环境，减少污染，施工安全。

(4)稳定性差，储存期不能超过半年，储存温度在0 ℃以上。

(5)乳化沥青修筑路面，成型期长。

基于以上特点，乳化沥青不仅适用于铺筑路面，而且在路堤的边坡保护、层面防水、金属材料表面防腐等工程中得到广泛的应用。

2.1 乳化沥青的组成材料

乳化沥青主要由沥青、乳化剂、稳定剂和水等组分组成。

2.1.1 沥青

沥青是乳化沥青组成的主要材料，占55%～70%。在选择作为乳化沥青用的沥青时，首先要考虑它的易乳化性。一般来说，相同油源和工艺的沥青，针入度较大者易于形成乳液。但针入度的选择，应根据乳化沥青在路面工程中的用途来决定。另外，沥青中活性组分的含量对沥青乳化难易性有直接关系，通常认为沥青中沥青酸总量大于1%的沥青，易于形成乳化沥青。对于高速公路和一级公路，应满足道路石油沥青A、B级的要求；其他情况可采用C级沥青。

2.1.2 乳化剂

乳化剂是乳化沥青形成的关键材料。沥青乳化剂是表面活性剂的一种类型，从化学结构上看，分子的一部分具有亲水性质，而另一部分具有亲油性质，这两个基团具有使互不相溶的沥青与水连接起来的特殊功能。在沥青、水分散体系中，沥青微粒被乳化剂分子的亲油基吸引，此时以沥青微粒为固体核，乳化剂包裹在沥青颗粒表面形成吸附层。乳化剂的另一端与水分子吸引，形成一层水膜，它可机械地阻碍颗粒的聚集。

乳化剂按其亲水基在水中是否电离而分为离子型和非离子型两大类。其中，离子型乳化剂包括以下几种。

2.1.2.1 阴离子型沥青乳化剂

阴离子型沥青乳化剂是在溶于水时，能电离为离子或离子胶束，且与亲油基相连的亲水基团带有阴（或负）电荷的乳化剂。

阴离子沥青乳化剂最主要的亲水基团有羧酸盐（如—COONa）、硫酸酯盐（如—OSO_3Na）、磺酸盐（如—SO_3Na）三种。

2.1.2.2 阳离子型沥青乳化剂

阳离子型沥青乳化剂是在溶于水时，能电离为离子或离子胶束，且与亲油基相连接的亲水基团带有阳（或正）电荷的乳化剂。

阳离子型沥青乳化剂按其化学结构，主要有季胺盐类、烷基胺类、酰胺类、咪唑啉类、环氧乙烷二胺类和胺化木质素类等。

2.1.2.3 两性离子型沥青乳化剂

两性离子型沥青乳化剂是在水中溶解时，能电离成离子或离子胶团，且与亲油基相连接的亲水基团，既带有阴电荷又带有阳电荷的乳化剂。

两性离子型沥青乳化剂按其两性离子的亲水基团的结构和特性，主要分为氨基酸型、甜菜型和咪唑啉型等。

2.1.2.4 非离子型沥青乳化剂

非离子型沥青乳化剂是在水中溶解时，不能离解成离子或离子胶束，而是依赖分子所含的羟基（—OH）和醚链（—O—）等作为亲水基团的乳化剂。

非离子型沥青乳化剂根据亲水基团结构可分为醚基类、酯基类、酰胺类和杂环类等，但应用最多的为环氧乙烷缩合物和一元醇或多元醇的缩合物。

目前，我国常用于乳化沥青的乳化剂类型如表4-13所示。

表 4-13　我国常用于乳化沥青的乳化剂类型

乳化剂类型	乳化剂名称
阴离子型	十二烷基苯磺酸
阳离子型	十六烷基三甲基溴化铵 十八烷基三甲基氯化铵 十八叔胺二硝酸季氯盐 十七烷基二甲基苄基氯化铵
两性离子型	氨基酸型两性乳化剂
非离子型	辛基酚聚氧乙烯醚

2.1.3　稳定剂

为使乳液具有良好的储存稳定性，以及在施工中喷洒或拌和机械作用下的稳定性，必要时加入适量的稳定剂。稳定剂可分为有机稳定剂和无机稳定剂两类。

2.1.3.1　有机稳定剂

常用的有机稳定剂有聚乙烯醇、聚丙烯酰胺、羧甲基纤维素钠、糊精、MF 废液等。这类稳定剂可提高乳液的储存稳定性和施工稳定性。

2.1.3.2　无机稳定剂

常用的无机稳定剂有氯化钙、氯化镁、氯化铵和氯化铬等。这类稳定剂可提高乳液的储存稳定性。

稳定剂对乳化剂协同作用必须通过试验来确定，并且稳定剂的用量不宜过多，一般以为沥青乳液的 0.1% ~0.15% 为宜。

2.1.4　水

水是乳化沥青的主要组成部分。水在乳化沥青中起着润湿、溶解及化学反应的作用。所以，要求乳化沥青中的水应当纯净，不含其他杂质，每升水中氧化钙含量不得超过 80 mg。水的用量一般为 30% ~70% 。

2.2　乳化沥青的形成机理

根据乳状液理论，由于沥青与水这两种物质的表面张力相差较大，将沥青分散于水中，则会因表面张力的作用使已分散的沥青颗粒重新聚集结成团块。欲使已分散的沥青能稳定均匀地存在（实际上是悬浮）于水中，必须使用乳化剂。沥青能够均匀稳定地分散在乳化剂、水和溶液中的原因主要有以下几点：

(1)乳化剂降低界面能的作用。

由于沥青与水的表面张力相差较大，在一般情况下是不能互溶的。当加入一定量的乳化剂后，乳化剂能规律地定向排列在沥青和水的界面上，由于乳化剂属表面活性物质，具有不对称的分子结构：分子一端是极性基因，是亲水的；分子另一端是非极性基因，是亲油的。所以，当乳化剂加入沥青与水组成的溶液中时，乳化剂分子吸附在沥青—水界面上，形成吸附层，从而降低了沥青和水之间的表面张力差，如图 4-5 所示。

(2)界面膜的保护作用。

乳化剂分子的亲油基吸附在沥青微滴的表面，在沥青—水界面上形成界面膜，此界面膜

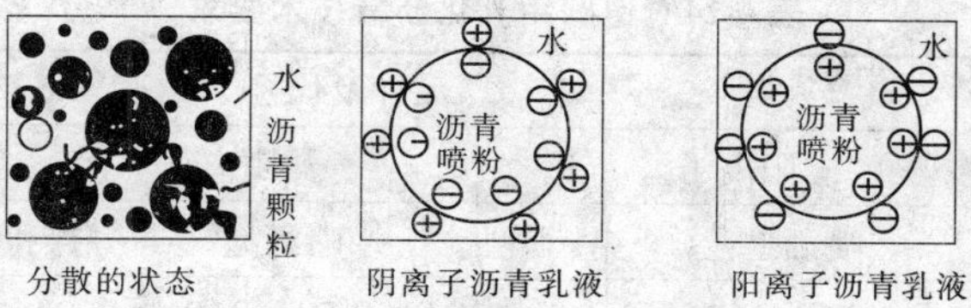

图 4-5　乳化沥青形成机理

具有一定的强度,对沥青微滴起保护作用,使其在相互碰撞时不易聚结。界面膜的紧密程度和强度与乳化剂在水中的浓度有密切关系。当乳化剂在水中的浓度最适宜时,界面膜为密排的定向分子组成,此时界面膜的强度最高,沥青微滴聚结需要克服较大的阻力,因而保证沥青—水体系的稳定性。

(3)界面电荷稳定作用。

乳化剂溶于水后发生离解,当亲油基吸附于沥青时,使沥青微滴带有电荷(阳离子乳化沥青带正电荷,此时在沥青—水界面上形成扩散双电层。由于每个沥青微滴都带相同的电荷,且有扩散双电层的作用,故沥青—水体系成为稳定体系。

2.3　乳化沥青的性质与技术要求

乳化沥青在使用中,与砂、石集料拌和成型后,在空气中逐渐脱水,水膜变薄,使沥青微粒靠拢,将乳化剂薄膜挤裂而凝成连续的沥青黏结膜层。成膜后的乳化沥青具有一定的耐热性、黏结性、抗裂性、韧性及防水性。

道路用乳化沥青的技术要求应符合表 4-14 的规定。在高温条件下宜采用黏度较大的乳化沥青,在寒冷条件下宜使用黏度较小的乳化沥青。

2.4　乳化沥青在集料表面分裂机理

分裂是指从乳液中分裂出来的沥青微滴在集料表面聚结成一层连续的沥青薄膜,这一过程称为分裂(俗称破乳)。

路用沥青乳液要有足够的稳定性:一方面,以保证在运输和洒布过程中不致过早分裂;另一方面,当乳液洒布在路面上遇到集料时,则应立即产生分裂。乳液产生分裂的外观特征是其颜色由棕褐色变成黑色,此时的乳液还含有水分,需待水分完全蒸发后,才能产生黏结力。

路用沥青乳液的分裂速度与水的蒸发速度、集料表面性质及洒布和碾压作用等因素有关。

2.4.1　乳液与集料表面的吸附作用

在水分逐渐蒸发,乳液分裂凝聚的同时,沥青与矿料表面还有吸附作用。沥青与矿料的吸附除依靠分子间力产生的物理吸附外,还有二者之间的电性吸附。如前所述,沥青乳液中乳化剂的一端为亲油基与沥青吸附,另一端为亲水基则伸入水中。当它与集料相遇时,由于产生离子吸附,使集料表面迅速牢固地形成一层沥青薄膜,其中水分子立即排除,而且这一反应过程不受气候、湿度和风速等因素的影响,故能形成高强度路面。

阴离子乳液(沥青微滴带负电荷)与带正电荷的碱性集料(石灰石、玄武石等)具有较好的黏结性。

阳离子乳液(沥青微滴带正电荷)与带负电荷的酸性集料(花岗岩、石英石等)具有较好的黏结性。同时,与碱性集料也有较好的亲和力。

由于乳化沥青的分裂需经一定时间才能彻底完成,路面初期强度不高,因此必须限制车辆行驶速度和行驶路线,以保证路面的整体性和强度的形成。

表 4-14　道路用乳化沥青技术要求

试验项目		单位	品种及代号										试验方法
			阳离子				阴离子				非离子		
			喷洒型			拌和型	喷洒型			拌和型	喷洒型	拌和型	
			PC－1	PC－2	PC－3	BC－1	PA－1	PA－2	PA－3	BA－1	PN－2	BN－1	
破乳速度			快裂	慢裂	快裂或中裂	慢裂或中裂	快裂	慢裂	快裂或中裂	慢裂或中裂	慢裂	慢裂	T0658
粒子电荷			阳离子(＋)				阴离子(－)				非离子		T0653
筛上残留(1.18 mm筛)不大于		%	0.1				0.1				0.1		T0652
黏度	恩格拉黏度计 $E_{25,3}$		2～10	1～6	1～6	2～30	2～10	1～6	1～6	2～30	1～6	2～30	T0622
黏度	道路标准黏度计 $C_{25,3}$	s	10～25	8～20	8～20	10～60	10～25	8～20	8～20	10～60	8～20	10～60	T0621
蒸发残留物	裂留分含量≥	%	50	50	50	55	50	50	50	55	50～300	60～30	T0651
蒸发残留物	溶解度≥	%	97.5				97.5				97.5		T0607
蒸发残留物	针入度(25 ℃)	0.1 mm	50～200	50～300	45～150		50～200	50～300	45～150		50～300	60～300	T0604
蒸发残留物	延度(15 ℃),≥	cm	40				40				40		T0605
与粗集料的黏附性,裹附面积,≥			2/3			—	2/3			—	2/3	—	T0654
与粗、细集料拌和试验			—			均匀	—			均匀	—		T0659
水泥拌和试验的筛上剩余≥		%	—				—				—	3	T0657
常温储存稳定性 1 d≥ 5 d≥		%	1 5				1 5				1 5		T0655

注:1. P 为喷洒型,B 为拌和型,C、A、N 分别表示阳离子乳化沥青、阴离子浮化沥青、非离子乳化沥青。

2. 黏度可选用恩格拉黏度计或沥青标准黏度计测定。

3. 表中的破乳速度与集料的黏附性、拌和试验的要求、所使用的石料品种有关,质量检验时应采用工程上实际的石料进行试验,仅进行乳化沥青产品质量评定时可不要求此三项指标。

4. 储存稳定性根据施工实际情况选用试验时间,通常采用 5 d,乳液生产后能在当天使用时也可用 1 d 的稳定性。

5. 当乳化沥青需要在低温冰冻条件下储存或使用时,尚需按 T0656 进行 －5 ℃低温储存稳定性试验,要求没有粗颗粒、不结块。

6. 如果乳化沥青是将高浓度产品运到现场经稀释后使用,表中的蒸发残留物等各项指标是指稀释前乳化沥青的要求。

2.4.2 蒸发作用

乳化沥青洒于路上，随即产生蒸发作用。蒸发快慢与气温、风速及路面环境等有关，和普通水的蒸发现象一样，在温度较高及有风的条件下，水分蒸发快，通常在开阔的路面比有树荫遮蔽的路面蒸发快。此外，还与洒布速度和压力有关。一般情况下，当沥青乳液中水分蒸发到沥青乳液的80% ~90%时，乳液即开始凝结。碾压应力也促使了沥青的凝结。

在水分蒸发的初期，乳液的分裂是可逆的，即当遇到雨水时，能使乳液再乳化；遇到大雨时甚至可使乳液从路上冲走。但是在完全分裂后，沥青微粒变成一层沥青膜时，则不再受雨水的影响。

在寒冷潮湿的条件下，分裂不完全的乳液，在行车作用下，则易引起破坏。当乳液完全形成一层黑色的薄膜后，它黏结在集料表面形成一层薄膜，与热拌沥青几乎无差别。

2.5 乳化沥青的应用

乳化沥青适用于沥青表面处治路面、沥青贯入式路面、冷拌沥青混合料路面，修补裂缝，喷洒透层、黏层与封层等。乳化沥青的品种和适用范围宜符合表4-15的规定。

表4-15　乳化沥青品种及适用范围

分类	品种及代号	适用范围
阳离子乳化沥青	PC－1	表面处治、贯入式路面及下封层用
	PC－2	透层油及基层养护用
	PC－3	黏层油用
	BC－1	稀浆封层或冷拌沥青混合料用
阴离子乳化沥青	PA－1	表面处治、贯入式路面及下封层用
	PA－2	透层油及基层养护用
	PA－3	黏层油用
	BA－1	稀浆封层或冷拌沥青混合料
非离子乳化沥青	PN－2	透层油用
	BN－1	与水泥稳定集料同时使用（基层路拌或再生）

3 任务过程

沥青软化点试验

（1）任务目的。

沥青的软化点按试样在规定尺寸的金属环内，上置规定尺寸和质量的钢球，放于水（或甘油）中，以(5±0.5) ℃/min 的速度加热，至钢球下沉达规定距离(25.4 mm)时的温度，以℃表示。

（2）适用范围。

本方法适用于测定道路石油沥青、煤沥青、液体石油沥青和乳化沥青蒸发后残留物等材料的软化点。

(3)仪具设备。

①钢球:直径 9.53 mm,质量(3.5 ±0.05)g。

②试样环:采用黄铜或不锈钢等制成。

③沥青软化点仪(见图 4-6)。

④恒温水槽。

⑤平刮刀。

⑥石棉网。

(4)方法步骤。

①准备工作。

将试样环置于涂有甘油、滑石粉隔离剂的试样底板上,将准备好的沥青试样徐徐注入试样环内至略高出环面。

如估计试样软化点高于 120 ℃,则试样环和试样底板(不用玻璃板)均应预热至 80 ~ 100 ℃。

图 4-6 沥青软化点仪

试样在室温冷却 30 min 后,用环夹夹着试样杯,并用热刮刀刮除环面上的试样,务必使其与环面齐平。

②试验步骤。

试样软化点在 80 ℃以下者按以下步骤进行:

a. 将装有试样的试样环连同试样底板置于装有(5 ±0.5)℃的保温槽冷水中至少 15 min);同时,将金属支架、钢球、钢球定位环等置于相同水槽中。

b. 烧杯内注入新煮沸并冷却至 5 ℃的蒸馏水,水面略低于立杆上的深度标记。

c. 从保温槽冷水中取出盛有试样的试样环放置在支架中层板的圆孔中,套上定位环;然后将整个环架放入烧杯中,调整水面至深度标记,并保持水温为(5 ±0.5)℃。注意,环架上任何部分不得附有气泡。将 0 ~ 80 ℃的温度计由上层板中心孔垂直插入,使端部测温头底部与试样环下面齐平。

d. 将盛有水和环架的烧杯移至放有石棉网的加热炉具上,然后将钢球放在定位环中间的试样中央,立即加热,使杯中水温在 3 min 内调节至维持每分钟上升(5 ±0.5)℃。注意,在加热过程中,如温度上升速度超出此范围,则试验应重做。

e. 试样受热软化逐渐下坠,至与下层底板表面接触时,立即读取温度,精确至 0.5 ℃。

试样软化点在 80 ℃以上者按以下步骤进行:

a. 将装有试样的试样环连同试样底板置于装有(32 ±1)℃甘油的保温槽中至少 15 min;同时,将金属支架、钢球、钢球定位环等置于甘油中。

b. 在烧杯内注入预先加热至 32 ℃的甘油中,其液面略低于立杆上的深度标记。

c. 从保温槽中取出装有试样的试样环按上述方法进行测定,读取温度至 1 ℃。

(5)任务结果。

同一试样平行试验两次,当两次测定值的差值符合重复性试验精度要求时,取其平均值作为软化点试验结果,精确至 0.5 ℃。

精密度或允许差:

①当试样软化点小于 80 ℃时,重复性试验精度的允许差为 1 ℃,再现性试验精度的允

许差为 4 ℃。

②当试样软化点等于或大于 80 ℃时，重复性试验精度的允许差为 2 ℃，再现性试验精度的允许差为 8 ℃。

任务实施

1 任务相关知识描述

沥青软化点试验的主要过程如下：

(1)沥青软化点试验目的。

(2)沥青软化点试验适用范围。

(3)沥青软化点试验仪器设备。

(4)沥青软化点试验方法步骤。

(5)沥青软化点试验结果计算。

2 信息资料收集与分组

(1)沥青软化点试验仪器工具准备。

(2)沥青软化点试验材料准备。

(3)沥青软化点试验技术准备。

(4)安全操作注意事项。

(5)分组并产生组长明确任务。

3 制定计划

(1)以小组讨论的方式制定沥青软化点试验计划。

(2)与学生讨论工作计划并最终定稿。

(3)填写工作计划表(见表 4-16)。

4 实施计划

(1)学生按既定工作计划完成检查并填写任务工单(见表 4-17)。

(2)教师监控学生操作过程，及时更正学生的错误。

5 检查结果

(1)检查学生是否填写完整任务单。

(2)回答学生所提出的问题。

(3)学生以小组讨论方式进行工作评估。

评价反馈

(1)对小组工作进行综合评价。

(2)提出改进意见和注意事项。

(3)填写任务评价表(见表 4-18)。

表 4-16　沥青软化点试验工作计划表

<table>
<tr><td>姓名：</td><td>学号：</td><td>班级：</td><td>组别：</td></tr>
<tr><td>任务名称</td><td colspan="3"></td></tr>
<tr><td>个人工作实施计划</td><td colspan="3"></td></tr>
<tr><td>小组其他计划特色点</td><td colspan="3"></td></tr>
<tr><td>辅导教师意见</td><td colspan="3"></td></tr>
<tr><td>个人工作实施计划定稿</td><td colspan="3"></td></tr>
</table>

表 4-17　沥青软化点试验任务工单

姓名：	学号：	班级：	组别：
评价等级：		教师签字：	成绩：
		日期：	学时：
任务名称	沥青软化点试验		
能力目标	1. 能够说出任务目的和适用范围； 2. 能够准备任务所需仪器和材料； 3. 能够独立操作任务过程； 4. 能够正确取得任务结果； 5. 能够做好仪器保养。		
任务准备	相关仪器设备和任务试样的准备		
信息获取	1. 任务目的和适用范围(15 分) 目的： 适用范围： 2. 任务所需仪器设备(15 分)		

续表 4-17

任务操作与要点	3. 任务准备(15 分) ______ ______ ______ ______ ______ 4. 任务步骤(40 分) ______ ______ ______ ______ ______ ______ ______ ______ ______ 5. 结果整理(15 分) ______ ______ ______ ______ ______ ______ ______

表 4-18　沥青软化点试验任务评价表

评价内容	评价指标	评价等级		
		自我	小组	教师
专业能力	A. 具有安全、文明生产和环境保护的相关知识和技能。（10 分）			
	B. 高质量地完成工作任务，操作娴熟，任务工单得 85 分以上。（10 分）			
	C. 任务工单中数据真实，步骤完整，能用来描述整个过程。（10 分）			
	D. 具备了独立完成工作任务的能力。（10 分）			
社会能力	A. 具有良好的职业道德，遵守实验室管理规定。（5 分）			
	B. 具有较强的口头和书面表达能力，良好的人际交流沟通能力。（10 分）			
	C. 具有良好的团队合作精神和客户服务意识。（10 分）			
	D. 具有良好的心理素质和克服困难的能力。（5 分）			
方法能力	A. 能够制定完善的工作计划。（5 分）			
	B. 能够借助网络、文件资料等手段查找所需信息。（10 分）			
	C. 能够独立完成任务。（5 分）			
	D. 能够检查评估工作任务，并能从个案中寻找共性。（10 分）			
辅导教师关于此次任务的改进意见		总评		

单元5　沥青混合料试验

学习目标

1. 能描述沥青混合料的结构类型和强度形成原理。
2. 能根据现行方法进行沥青混合料的组成设计。
3. 能分析热拌沥青混合料的组成结构、技术性质、组成材料和设计方法。
4. 能使用各种试验方法检验沥青混合料的性能。
5. 能正确掌握沥青混合料的技术性质和技术标准。

任务描述

沥青混合料是经人工合理选择级配组成的矿质沥青料(如碎石、石屑、砂等),与适量沥青材料拌和而成的混合料的总称。

(1)沥青混合料的特点。

沥青混合料作为高等级公路最主要的路面材料,是因为它具有许多其他建筑材料无法比拟的优越性,具体表现如下:

①沥青混合料是一种弹塑性黏性材料,因而它具有一定的高温稳定性和低温抗裂性。它不需设置施工缝和伸缩缝,路面平整且有弹性,行车比较舒适。

②沥青混合料路面有一定的粗糙度,雨天具有良好的抗滑性。路面又能保证一定的平整度,如高速公路路面,其平整度可达1.0 mm以下,而且沥青混合料路面为黑色,无强烈反光,行车比较安全。

③施工方便,速度快,养护期短,能及时开放交通。

④沥青混合料路面可分期改造和再生利用。随着道路交通量的增大,可以对原有的路面拓宽和加厚。对原有的沥青混合料,可以运用现代技术,再生利用,以节约原材料。

当然,沥青混合料也存在一些问题,如夏季高温时易软化,路面易产生车辙、波浪等现象。冬季低温时易脆裂,在车辆重复荷载作用下易产生裂缝。因老化现象会使路面表层产生松散开裂,引起路面破坏。

(2)沥青混合料的分类。

①按胶凝材料分类。

按胶凝材料的种类不同,沥青混合料可分为石油沥青混合料和煤沥青混合料。

②按公称最大粒径分类。

根据行业规程《公路工程集料试验规程》(JTG E42—2005)的定义:集料的最大粒径是指通过百分率为100%的最小标准筛筛孔尺寸,集料的公称最大料径是指全部通过或允许少量不通过(一般允许筛余不超过10%)的最小标准筛筛孔尺寸。通常,公称最大粒径比最大粒径小一粒级。例如:某集料在16 mm筛孔的通过率为100% ,在13.2 mm筛孔上的筛余量小于10%,则此集料的最大粒径为16 mm,而公称最大粒径为13.2 mm。按公称最大粒径可分为以下几种:

特粗式沥青混合料。公称最大粒径等于或大于31.5 mm的沥青混合料。

粗粒式沥青混合料。公称最大粒径为26.5 mm的沥青混合料。

中粒式沥青混合料。公称最大粒径为16 mm或19 mm的沥青混合料。

细粒式沥青混合料。公称最大粒径为9.5 mm或13.2 mm的沥青混合料。

砂粒式沥青混合料。公称最大粒径小于4.75 mm的沥青混合料。

③按矿质材料的级配类型分类。

按矿质材料的级配类型,沥青混合料可分为连续级配沥青混合料和间断级配沥青混合料。

④按矿料级配组成及空隙率大小分类。

a. 密级配沥青混合料。密级配沥青混合料是按密实级配原理设计组成的各种粒径颗粒的矿料与沥青拌和而成的,设计空隙率较小(对不同交通及气候情况、层位可作适当调整)的密实式沥青混凝土混合料(以AC表示)和密实式沥青稳定碎石混合料(以ATB表示)。按关键性筛孔通过率的不同又可分为粗型(C型)和细型(F型)密级配沥青混合料等,具体见表5-1。

表5-1 粗型和细型密级配沥青混凝土的关键筛孔通过率

混合料类型	公称最大粒径(mm)	用以分类的关键性筛孔(mm)	粗型密级配		细型密级配	
			名称	关键性筛孔通过率(%)	名称	关键性筛孔通过率(%)
AC-25	26.5	4.75	AC-25C	<40	AC-25F	>40
AC-20	19	4.75	AC-20C	<45	AC-20F	>45
AC-16	16	2.36	AC-16C	<38	AC-16F	>38
AC-13	13.2	2.36	AC-13C	<40	AC-13F	>40
AC-10	9.5	2.36	AC-10C	<45	AC-10F	>45

b. 半开级配沥青碎石混合料。半开级配沥青碎石混合料是由适当比例的粗集料、细集料及少量填料(或不加填料)与沥青拌和而成的,经马歇尔标准击实成型试件的剩余空隙率为6%~12%的半开式沥青碎石混合料(以AM表示)。

c. 开级配沥青混合料。开级配沥青混合料是矿料级配主要由粗集料嵌挤组成,细集料及填料较少,设计空隙率为18%的混合料。

⑤按沥青混合料制造工艺分类。

按制造工艺,沥青混合料可分为热拌沥青混合料、冷拌沥青混合料和再生沥青混合料等。

学习任务1 沥青混合料试件制作方法

相关知识

1 沥青混合料组成材料的技术要求

为了保证沥青混合料的技术性质,首先要选择满足质量要求的各组成材料。

1.1 沥青材料

沥青是沥青混合料的重要组成材料,在选择沥青标号时,宜按照公路等级、气候条件、交通条件、路面类型及其在结构层中的层位和受力特点、施工方法等,结合当地的使用经验,经技术论证后确定。

对高速公路、一级公路,夏季温度高、高温持续时间长、重载交通、山区及丘陵区上坡路段、服务区、停车场等行车速度慢的路段,尤其是汽车荷载剪应力大的层次,宜采用稠度大、60 ℃黏度大的沥青,也可提高高温气候分区的温度水平选用沥青标号;对冬季寒冷的地区或交通量小的公路、旅游公路宜选用稠度小、低温延度大的沥青;对温度日温差、年温差大的地区宜注意选用针入度指数大的沥青。当高温要求与低温要求发生矛盾时,应优先考虑满足高温性能的要求。

当缺乏所需标号的沥青时,可采用不同标号掺配的调和沥青,其掺配比例由试验决定。掺配后的沥青质量应符合表4-7 的要求。

1.2 粗集料

(1)沥青混合料的粗集料要求洁净、干燥、无风化、无杂质,并且具有足够的强度和耐磨性,形状要接近正立方体,针、片状颗粒的含量应符合表5-2 的要求,且要求表面粗糙,有一定的棱角。我国行业标准《公路沥青路面施工技术规范》(JTG F40—2004)规定其各项质量要求应符合表5-2 的规定,沥青混合料用粗集料的规格应符合表5-3 的规定。

表5-2 沥青混合料用粗集料质量技术要求

指标	高速公路及一级公路		其他等级公路	试验方法
	表面层	其他层次		
石料压碎值(%) ≤	26	28	30	T0316
洛杉矶磨耗损失(%) ≤	28	30	35	T0317
表观相对密度 ≥	2.60	2.50	2.45	T0304
吸水率(%) ≤	2.0	3.0	3.0	T0304
坚固性(%) ≤	12	12	—	T0314
针片状颗粒含量(混合料)(%)≤	15	18	20	T0312
粒径大于9.5 mm	12	15	—	
粒径小于9.5 mm	18	20	—	
水洗法<0.075 mm 颗粒含量(%) ≤	1	1	1	T0310
软石含量(%) ≤	3	5	5	T0320

注:1. 坚固性试验可根据需要进行。

2. 用于高速公路、一级公路时,多孔玄武岩的视密度可放宽至2.45 t/m^3,吸水率可放宽至3%,但必须得到建设单位的批准,且不得用于SMA 路面。

3. 对S14,即3 ~5 mm 规格的粗集料,针片状颗粒含量可不予要求,<0.075 mm 含量可放宽到3%。

表 5-3　沥青混合料用粗集料规格

规格	公称粒径（mm）	通过下列筛孔（方孔筛，mm）的质量百分率（%）								
		37.5	31.5	26.5	19	13.2	9.5	4.75	2.36	0.6
S6	15～30	100	90～100	—	—	0～15	—	0～5		
S7	10～30	100	90～100	—	—	—	0～15	0～5		
S8	15～25		100	90～100	90～100	0～15	—	0～5		
S9	10～20			100	90～100	—	0～15	0～5		
S10	10～15				100	90～100	0～15	0～5		
S11	5～15				100	90～100	40～70	0～15	0～5	
S12	5～10					100	90～100	0～15	0～5	
S13	3～10					100	90～100	40～70	0～20	0～5
S14	3～5						100	90～100	0～15	0～3

（2）岩石应尽量选用碱性岩石。由于碱性岩石与沥青具有较强的黏附力，组成沥青混合料可得到较高的力学强度。在缺少碱性岩石的情况下，也可采用酸性岩石代替，但必须对沥青或粗集料进行适当的处理，以增加混合料的黏聚力。粗集料与沥青的黏附性应符合表 5-4 的规定。对于高速公路、一级公路，沥青路面的表面层（或磨耗层）的粗集料的磨光值也应满足表 5-4 的规定。

表 5-4　粗集料与沥青的黏附性、磨光值的技术要求

气候区	1（潮湿区）	2（湿润区）	3（半干区）	4（干旱区）	试验方法
年降雨量（mm）	>1 000	1 000～500	500～250	<250	
粗集料的磨光值 *PSV*（高速公路、一级公路表面层）≥	42	40	38	36	T0321
粗集料与沥青黏附性　≥					
高速公路、一级公路表面层	5	4	4	3	T0616
高速公路、一级公路的其他层次及其他等级公路的各个层次	4	4	3	3	T0663

1.3　细集料

我国行业标准《公路沥青路面施工技术规范》（JTG F40—2004）对细集料的技术要求见表 5-5。

热拌沥青混合料的细集料一般采用天然砂、机制砂和石屑，天然砂可采用河砂或海砂。通常采用粗砂、中砂，其规格应符合表 5-6 的要求，在热拌密级配沥青混合料中，天然砂的用量不宜超过集料总量的 20%。石屑是指采石场破碎石料时通过 4.75 mm 或 2.36 mm 的筛下部分，其规格应符合表 5-7 的要求。细集料与粗集料和填料配制成矿质混合料，其级配应符合要求。当一种细集料不能满足级配要求时，可采用两种以上的细集料掺合使用。

表 5-5　沥青混合料用细集料质量要求

项目	高速公路、一级公路	其他等级公路	试验方法
表观相对密度　≥	2.50	2.45	T0328
坚固性（>0.3 mm）（%）　≥	12	—	T0340
含泥量（小于 0.075 mm 的含量）（%）　≤	3	5	T0330
砂当量（%）　≥	60	50	T0334
亚甲蓝值（g/kg）　≤	25	—	T0346
棱角性（流动时间）（s）　≥	30	—	T0345

表 5-6　沥青混合料用天然砂规格

筛孔尺寸（mm）	通过各筛孔的质量百分率（%）		
	粗砂	中砂	细砂
9.5	100	100	100
4.75	90～100	90～100	90～100
2.36	65～95	75～90	85～100
1.18	35～65	50～90	75～100
0.6	15～30	30～60	60～84
0.3	5～20	8～30	15～45
0.15	0～10	0～10	0～10
0.075	0～5	0～5	0～5

表 5-7　沥青混合料用机制砂或石屑规格

规格	公称粒径（mm）	水洗法通过各筛孔的质量百分率（%）							
		9.5	4.75	2.36	1.18	0.6	0.3	0.15	0.075
S15	0～5	100	90～100	60～90	40～75	20～55	7～40	2～20	0～10
S16	0～3	—	100	80～100	50～80	25～60	8～45	0～25	0～15

注：当生产石屑采用喷水抑制扬尘工艺时，应特别注意含粉量不得超过表中要求。

1.4　填料

沥青混合料的填料多为矿粉，是采用石灰岩或浆岩中的强基性岩石（碱性岩石）磨细制得的矿粉。矿粉应干燥、洁净，其质量应符合表 5-8 的要求。若使用粉煤灰作为填料，其用量不得超过填料总量的 50%，烧失量应小于 12%，与矿粉混合后塑性指数小于 4%，其余质量要求与矿粉相同，高速公路、一级公路沥青面层不宜采用粉煤灰作为填料。

表 5-8　沥青混合料用矿粉质量要求

项目	高速公路、一级公路	其他等级公路	试验方法
表观密度（t/m^3）　≥	2.50	2.45	T0352
含水量（%）　≤	1	1	T0103 烘干法
粒度范围（%） ＜0.6 mm ＜0.15 mm ＜0.075 mm	 100 90～100 75～100	 100 90～100 70～100	T0351
外观	无团粒结块	—	
亲水系数	＜1	T0353	
塑性指数	＜4	T0354	
加热安定性	实测记录	T0355	

2　沥青混合料配合比设计

沥青混合料配合比设计是采用马歇尔试验进行配合比设计的方法，适用于密级配沥青混凝土及沥青稳定碎石混合料。沥青混合料配合比设计包括目标配合比设计、生产配合比设计和生产配合比验证三个阶段。这里着重介绍目标配合比设计。

目标配合比设计可分为矿质混合料配合组成设计和最佳沥青用量确定两部分内容。

2.1　矿质混合料配合组成设计

矿质混合料配合组成设计的目的是选配一个具有足够密实度，并且有较高的内摩阻力的矿质混合料。可以根据级配理论，计算出需要的矿质混合料的级配范围，但是为了应用已有的研究成果和实践经验，通常是采用规范推荐的矿质混合料级配范围来确定。根据我国行业标准《公路沥青路面施工技术规范》（JTG F40—2004）的规定，按下列步骤进行。

2.1.1　确定沥青混合料类型

热拌沥青混合料适用于各种等级公路的沥青路面。沥青混合料的类型，根据道路等级、路面类型、所处的结构层位，按表 5-9 选定。

表 5-9　沥青混合料类型

结构层次	高速公路、一级公路、城市快速路、主干路						其他等级公路		一般城市道路及其他道路工程		
	三层式路面			二层式路面							
上面层	AC－13 AC－16 AC－20	AK－13 AK－16	SMA－13 SMA－16	AC－13 AC－16	AK－13 AK－16	SMA－13 SMA－16	AC－13 AC－16	SMA－13 SMA－16	AC－13 AC－16 AC－20	AK－13 AK－16	SMA－13 SMA－16
中面层	AC－20 AC－25			—			—		AC－20 AC－25		
下面层	AC－25 AC－30			AC－20 AC－25 AC－30			AC－20 AC－25 AC－30	AM－25 AM－30	AC－25 AC－30		AM－25 AM－30

2.1.2　确定矿质混合料的级配范围

根据已确定的沥青混合料类型，查阅规范推荐的沥青混合料矿料级配范围表（见表5-10），即可确定所需的级配范围。

表5-10　沥青混合料矿料级配范围

级配类型		通过下列筛孔（mm）的质量百分率（%）												
		31.5	26.5	19	16	13.2	9.5	4.75	2.36	1.18	0.6	0.3	0.15	0.075
粗粒式	AC－25	100	90～100	78～90	68～80	61～73	50～62	34～46	25～35	18～27	13～21	8～16	5～12	3～7
中粒式	AC～20		100	90～100	78～90	68～80	58～70	40～50	28～38	20～29	15～22	10～17	6～13	4～8
	AC～16			100	90～100	80～90	66～78	46～58	34～44	22～32	16～24	11～19	7～14	4～8
细粒式	AC～13				100	90～100	74～85	50～62	36～46	24～34	18～26	12～20	8～15	4～8
	AC～10					100	90～100	56～68	40～50	28～38	19～29	12～20	6～14	4～8
砂粒式	AC～5						100	90～100	55～67	35～47	22～34	15～24	9～17	6～10

2.1.3　矿质混合料配合比设计

2.1.3.1　组成材料的原始数据测定

根据现场取样，对粗集料、细集料和矿粉进行筛分试验，按筛分结果分别绘出各组成材料的筛分曲线，并测出各组成材料的相对密度，以供计算物理常数备用。

2.1.3.2　计算组成材料的配合比

根据各组成材料的筛分试验资料，采用图解法或试算法（也可借助电子计算机的电子表格用试配法进行），确定符合级配范围的各组成材料用量比例。

2.1.3.3　调整配合比

计算得到的合成级配应根据下列要求作必要的调整：

（1）通常情况下，合成级配曲线宜尽量接近设计级配中限，尤其应使0.075 mm、2.36 mm和4.75 mm筛孔的通过量尽量接近设计级配范围的中限。

（2）对于高速公路、一级公路、城市快速路、主干路等交通量大及轴载重的道路，宜偏向级配范围的下（粗）限。对于一般道路、中小交通量或人行道路等宜偏向级配范围的上（细）限。

（3）合成级配曲线应接近连续的或合理的间断级配，但不应过多的犬牙交错。当经过再三调整，仍有两个以上的筛孔超出级配范围时，必须对原材料进行调整或更换原材料重新试验。

2.2　确定最佳沥青用量

沥青混合料的最佳沥青用量（简称OAC）可以通过各种理论计算方法求得。但是，由于实际材料性质的差异，按理论公式计算得到的最佳沥青用量仍然要通过试验方法修正。

我国行业标准《公路沥青路面施工技术规范》(JTG F40—2004)规定的方法是采用马歇尔试验法确定最佳沥青用量。

2.2.1 制备试样

(1)按确定的矿质混合料配合比计算各种矿质材料的用量。

(2)以预估的油石比为中值,按一定间隔(对密级配沥青混合料通常为0.5%,对沥青碎石混合料可适当缩小间隔为0.3%~0.4%),取5个或5个以上不同的油石比分别成型马歇尔试件。

2.2.2 测定物理指标

按规定的试验方法测定试件的毛体积相对密度,并计算空隙率、沥青饱和度及矿料间隙率等。

2.2.3 测定力学指标

为了确定沥青混合料的最佳沥青用量,应用马歇尔稳定仪测定沥青混合料的力学指标,如马歇尔稳定度、流值。

2.2.4 确定最佳沥青用量

(1)绘制沥青用量与物理力学指标关系图。以油石比或沥青用量为横坐标,以马歇尔试验的各项指标为纵坐标,将试验结果点入图中,连成圆滑的曲线。确定均符合规范规定的沥青混合料技术标准的沥青用量范围 $OAC_{min} \sim OAC_{max}$(选择的沥青用量范围必须涵盖设计空隙率的全部范围,并尽可能涵盖沥青饱和度的要求范围,并使密度及稳定度曲线出现峰值。)

注:绘制曲线时含 *VMA* 指标,且应为下凹型曲线,但确定 $OAC_{min} \sim OAC_{max}$ 时不含 *VMA* 指标。

(2)根据试验曲线的走势,按下列方法确定沥青混合料的最佳沥青用量 OAC_1。

①在曲线图5-5上求取相应于密度最大值、稳定度最大值、目标空隙率(或中值)、沥青饱和度范围的中值的沥青用量 a_1、a_2、a_3、a_4,取平均值作为 OAC_1,即

$$OAC_1 = (a_1 + a_2 + a_3 + a_4)/4 \tag{5-1}$$

②如果所选择的用量范围未能涵盖沥青饱和度的要求范围,按式(5-2)求取三者的平均值作为 OAC_1,即

$$OAC_1 = (a_1 + a_2 + a_3 + a_4)/3 \tag{5-2}$$

③对所选择试验的沥青用量范围,当密度或稳定度没有出现峰值(最大值经常在曲线的两端)时,可直接以目标空隙率所对应的沥青用量 a_3 作为 OAC_1,但 OAC_1 必须介于 $OAC_{min} \sim OAC_{max}$ 的范围内,否则应重新进行配合比设计。

(3)以各项指标均符合技术标准(不含 *VMA*)的沥青用量范围 $OAC_{min} \sim OAC_{max}$ 的中值作为 OAC_2,即

$$OAC_2 = (OAC_{min} + OAC_{max})/2 \tag{5-3}$$

(4)通常情况下取 OAC_1 及 OAC_2 的中值作为计算的最佳沥青用量 *OAC*,即

$$OAC = (OAC_1 + OAC_2)/2 \tag{5-4}$$

(5)按式(5-4)计算的最佳沥青用量 *OAC*,从图5-1中得出所对应的空隙率和 *VMA* 值,检验其是否能满足表5-22关于最小 *VMA* 值的要求(*OAC* 宜位于 *VMA* 凹形曲线最小值的贫油一侧。当空隙率不是整数时,最小 *VNA* 值按内插法确定,并将其画入图5-1中)。

(6)检查图5-1中相应于此 *OAC* 的各项指标是否均符合马歇尔试验技术标准。

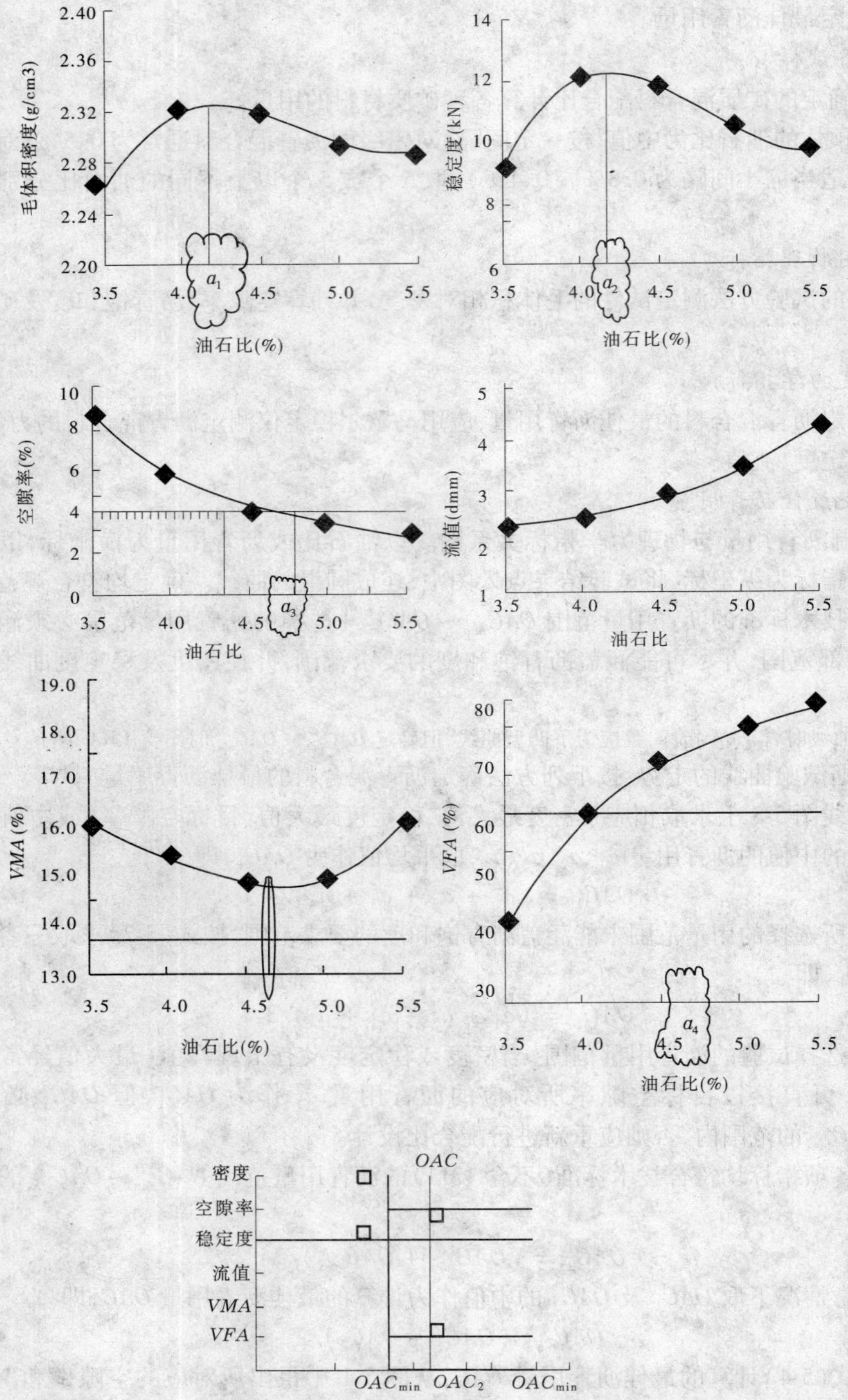

图 5-1　沥青用量与马歇尔试验关系

(7)根据实践经验和公路等级、气候条件、交通情况，调整确定最佳沥青用量 *OAC*。

①调查与当地各项条件相接近的工程的沥青用量及使用效果，论证适宜的最佳沥青用量。

②对炎热地区公路以及高速公路、一级公路的重载交通路段，山区公路的长大坡度路段，预计有可能产生较大车辙时，宜在空隙率符合要求的范围内将计算的最佳沥青用量减小 0.1% ~0.5% 作为设计沥青用量。

③对寒区公路、旅游公路、交通量很少的公路，最佳沥青用量可以在计算 *OAC* 的基础上增加 0.1% ~0.3%，以适当减小设计空隙率，但不得降低压实度要求。

(8)按相应公式计算沥青被集料吸收的比例及有效沥青含量。

(9)检验最佳沥青用量时的粉胶比和有效沥青膜厚度（计算沥青混合料的粉胶比，宜符合 0.6 ~1.6 的要求。对于常用的公路，最大粒径为 13.2 ~19 mm 的密级配沥青混合料，粉胶比宜控制在 0.8 ~1.2 范围内）。

2.2.5 配合比设计检验

(1)对用于高速公路和一级公路的密级配沥青混合料，需在配合比设计的基础上按要求进行各种使用性能的检验，不符合要求的沥青混合料，必须更换材料或重新进行配合比设计。

(2)高温稳定性检验。对公称最大粒径等于或小于 19 mm 的混合料，必须按最佳沥青用量 *OAC* 制作车辙试件进行车辙试验，动稳定度应符合规范的要求。

(3)水稳定性检验。按最佳沥青用量 *OAC* 制作试件，必须进行浸水马歇尔试验和冻融劈裂试验，残留稳定度及残留强度比均应符合表 5-11 的规定。

表 5-11 沥青混合料水稳定性检验技术要求

气候条件与技术指标		相应下列气候分区的技术所要求			
年降雨量(mm)及气候分区		>1 000	500 ~1 000	250 ~500	<250
		1. 潮湿区	2. 湿润区	3. 半干区	4. 干旱区
浸水马歇尔试验残留稳定度(%) ≥					
普通沥青混合料		80		75	
SMA 混合料	普通沥青	75			
	改性沥青	80			
冻融劈裂试验的残留强度比(%) ≥					
普通沥青混合料		75		70	
SMA 混合料	普通沥青	75			
	改性沥青	80			

(4)低温抗裂性能检验。对公称最大粒径等于或小于 19 mm 的混合料,可以按规定方法进行低温弯曲试验。

(5)渗水系数检验。可以利用轮碾机成型的车辙试件进行渗水试验。

3 任务过程

沥青混合料试件制作方法(击实法)

(1)目的与适用范围。

本方法适用于标准击实法或大型击实法制作,以供实验室进行沥青混合料物理力学性质试验使用。

标准击实法适用于马歇尔试验、间接抗拉试验等所使用的 ϕ101.6 mm × 63.5 mm 圆柱体试件的成型,大型击实法适用于 152.4 mm × 95.3 mm 的大型圆柱体试件的成型。

沥青混合料试件制作时矿料规格及试件数量应符合如下规定:

①沥青混合料配合比设计及在实验室人工配制沥青混合料试件时,试件直径不小于集料公称最大粒径的 4 倍,厚度不小于集料公称最大粒径的 1 ~ 1.5 倍。对于直径为 101.6 mm 的试件,集料公称最大粒径应不大于 26.5 mm。对于粒径大于 26.5 mm 的粗粒式沥青混合料,其粒径大于 26.5 mm 的集料应用等量粒径 13.2 ~ 26.5 mm 的集料代替(代替法),也可采用直径为 152.4 mm 的大型圆柱体试件。大型圆柱体试件适用于集料公称最大粒径不大于 37.5 mm 的情况。实验室成型的一组试件的数量不得小于 4 个,必要时宜增加至 5 ~ 6 个。

②用拌和厂及施工现场采集的拌和沥青混合料成品试样制作直径为 101.6 mm 的试件时,按下列规定选用不同的方法及试件数量:

a. 当集料公称最大粒径小于或等于 26.5 mm 时,可直接取样(直接法)。一组试件的数量通常为 4 个。

b. 当集料公称最大粒径大于 26.5 mm,但不大于 31.5 mm 时,宜将粒径大于 26.5 mm 的集料筛除后使用(过筛法),一组试件数量仍为 4 个,如采用直接法,一组试件的数量应增加至 6 个。

c. 当集料公称最大粒径大于 31.5 mm 时,必须采用过筛法。过筛的筛孔为 26.5 mm,一组试件仍为 4 个。

(2)仪器与材料。

①标准击实仪:由击实锤、直径 98.5 mm 平圆形压实头及带手柄的导向棒组成。用人工或机械将压实锤举起,从(457.2 ± 1.5) mm 高度沿导向棒自由落下击实,标准击实锤质量为(4 536 ± 9) g。

大型击实仪:由击实锤直径 149.5 mm 平圆形压实头及带手柄的导向棒(直径 15.9 mm)组成。用机械将压实锤举起,从(457.2 ± 2.5) mm 高度沿导向棒自由落下击实,大型击实锤质量为(10 210 ± 10) g。

②标准击实台:用以固定试模,在 200 mm × 200 mm × 457 mm 的硬木墩上面有一块 305 mm × 305 mm × 25 mm 的钢板,木墩用 4 根型钢固定在下面的水凝混凝土板上。木墩采用青冈栎、松或其他干密度为 0.67 ~ 0.77 g/cm 的硬木制成。人工击实或机械击实均必须有此

标准击实台。

自动击实仪是将标准击实锤及标准击实台安装成一体并用电力驱动使击实锤连续击实试件且可自动记数的设备，击实速度为(60±5)次/min。大型击实法电动击实的功率不小于250 W。

③实验室用沥青混合料拌和机：能保证拌和温度并充分拌和均匀，可控制拌和时间，容量不小于10 L。搅拌叶自转速度70～80 r/min，公转速度40～50 r/min。

④脱模机：电动或手动，可无破损地推出圆柱体试件，备有标准圆柱体试件及大型圆柱体试件的推出环。

⑤试模：由高碳钢或工具钢制成，每组包括内径(101.6±0.2) mm、高87 mm的圆柱体金属筒及底座(直径约120.6 mm)和套筒(内径101.6 mm、高70 mm)各1个。

大型圆柱体试件的试模。套筒外径165.1 mm、内径(155.6±0.3) mm，总高83 mm。试模内径(152.4±0.2) mm，总高115 mm，底座板厚12.7 mm，直径172 mm。

⑥烘箱：大、中型各一台，装有温度调节器。

⑦天平或电子秤：用于称量矿料的，感量不大于0.5 g；用于称量沥青的，感量不大于0.1 g。

⑧沥青运动黏度测定设备：毛细管黏度计、赛波特重油黏度计或布洛克菲尔德黏度计。

⑨插刀或大螺丝刀。

⑩温度计：分度为1 ℃。宜采用有金属插杆的热电偶沥青温度计，金属插杆的长度不小于300 mm，量程0～300 ℃，数字显示或度盘指针的分度0.1 ℃，且有留置读数功能。

⑪其他：电炉或煤气炉、沥青融化锅、拌和铲、标准筛、滤纸(或普通纸)、胶布、卡尺、秒表、粉笔、棉纱等。

(3)准备工作。

①确定制作沥青混合料试件拌和与压实温度。

a. 按《公路工程沥青及沥青混合料试验规程》(JTJ 052—2000)测定沥青的黏度，绘制黏温曲线。按表5-12的要求确定适宜于沥青混合料拌和及压实的等黏温度。

表5-12　适宜于沥青混合料拌和及压实的沥青等黏温度

沥青混合料种类	黏度与测定方法	适宜于拌和的沥青混合料黏度	适宜于压实的沥青混合料黏度
石油沥青(含改性沥青)	表观黏度，T0625 运动黏度，T0619 赛波特黏度，T0623	(0.17±0.02) Pa·s (170±20) mm/s (85±10) s	(0.28±0.03) Pa·s (280±30) mm/s (140±15) s
煤沥青	恩格拉黏度，T0622	25±3	40±5

注：液体沥青混合料的压实成型温度按石油沥青要求执行。

b. 当缺乏沥青黏度测定条件时，试件的拌和与压实温度可按表 5-13 选用，并根据沥青品种和标号作适当调整。针入度小、稠度大的沥青取高限，针入度大、稠度小的沥青取低限，一般取中值。对于改性沥青，应根据改性剂的品种和用量，适当提高混合料的拌和和压实温度；对于大部分聚合物改性沥青，需要在基质沥青的基础上提高 15 ~ 30 ℃，掺加纤维时，尚需再提高 10 ℃左右。

表 5-13　沥青混合料拌和及压实温度参考值

沥青混合料种类	拌和温度(℃)	压实温度(℃)
石油沥青	130 ~ 160	120 ~ 150
煤沥青	90 ~ 120	80 ~ 110
改性沥青	160 ~ 175	140 ~ 170

c. 常温沥青混合料的拌和及压实在常温下进行。

②按《公路工程沥青及沥青混合料试验规程》(JTJ 052—2000)本规程在拌和厂或施工现场采集沥青混合料试样。将试样置于烘箱中或加热的砂浴上保温，在混合料中插入温度计测量温度，待混合料温度符合要求后成型。需要适当拌和时可倒入已加热的小型沥青混合料拌和机中适当拌和，时间不超过 1 min。但不得用铁锅在电炉或明火上加热炒拌。

③在实验室人工配制沥青混合料时，材料准备按下列步骤进行：

a. 将各种规格的矿料置于(105 ± 5) ℃的烘箱中烘干至恒重(一般不少于 4 ~ 6 h)。根据需要，粗集料可先用水冲洗干净后烘干，也可将粗集料、细集料过筛用水冲洗后再烘干备用。

b. 按规定试验方法分别测定不同粒径规格粗集料、细集料及填料(矿粉)的各种密度，按《公路工程沥青及沥青混合料试验规程》(JTJ 052—2000)测定沥青的密度。

c. 将烘干分级的粗集料、细集料，按每个试件设计级配要求称其质量，在一金属盘中混合均匀，矿粉单独加热，置于烘箱中预热至沥青拌和温度以上约 15 ℃(采用石油沥青时通常为 163 ℃；采用改性沥青时通常为 180 ℃)备用。一般按一组试件(每组 4 ~ 6 个)备料，但进行配合比设计时宜对每个试件分别备料。当采用替代法时，对于粗集料中粒径大于 26.5 mm 的部分，以 13.2 ~ 26.5 mm 粗集料等量代替。常温沥青混合料的矿料不应加热。

d. 按《公路工程沥青及沥青混合料试验规程》(JTJ 052—2000)采集的沥青试样，用恒温烘箱或油浴、电热套熔化加热至规定的沥青混合料拌和温度备用，但不得超过 175 ℃。当不得已采用煤气炉或电炉直接加热进行脱水时，必须使用石棉垫隔开。

④用蘸有少许黄油的棉纱擦净试模、套筒及击实座等，并置于 100 ℃左右的烘箱中加热 1 h 备用。常用沥青混合料用试模不加热。

(4)拌制沥青混合料。

①黏稠石油沥青或煤沥青混合料。

a. 将沥青混合料拌和机预热至拌和温度以上 10 ℃左右备用(对实验室试验研究、配合比设计及采用机械拌和施工的工程，严禁用人工炒拌法热拌沥青混合料)。

b. 将每个试件预热的粗集料、细集料置于拌和机中，用小铲子适当混合，然后加入需要数量的已加热至拌和温度的沥青(如沥青已称量在一专用容器内，可在倒掉沥青后用一部分热矿粉将黏附在容器壁上的沥青擦拭,并一起倒入拌和锅中),开动拌和机一边搅拌一边将拌和叶片插入混合料中拌和 1 ~ 1.5 min,然后暂停拌和,加入单独加热的矿粉,继续拌和至均匀,并使沥青混合料保持在要求的拌和温度范围内。标准的总拌和时间为 3 min。

②液体石油沥青混合料。

将每组(或每个)试件的矿料置于已加热至 55 ~ 100 ℃的沥青混合料拌和机中,注入要求数量的液体沥青,并将混合料边加热边拌和,使液体沥青中的溶剂挥发至 50% 以下,拌和时间应事先试拌决定。

③乳化沥青混合料。

将每个试件的粗集料、细集料置于沥青混合料拌和机(不加热,也可用人工炒拌)中,注入计算的用水量(阴离子乳化沥青不加水)后,拌和均匀并使矿料表面完全湿润,再注入设计的沥青乳液用量,在 1 min 内使混合料拌匀,然后加入矿粉后迅速拌和,使混合料拌成褐色为止。

(5)成型方法。

①马歇尔标准击实法的成型步骤如下:

a. 将拌好的沥青混合料,均匀称取一个试件所需的用量(标准马歇尔试件约1 200 g,大型马歇尔试件约 4 050 g)。当已知沥青混合料的密度时,可根据试件的标准尺寸计算并乘以 1.03 的系数得到要求的混合料数量。当一次拌和几个试件时,宜将其倒入已经预热的金属盘中,用小铲适当拌和均匀,分成几份,分别取用。在试件制作过程中,为防止混合料温度下降,应将金属盘一同放在烘箱中保温。

b. 从烘箱中取出预热的试模及套筒,用蘸有少许黄油的棉纱擦拭套筒、底座及击实锤底部,将试模装在底座上,垫一张圆形的吸油性小的纸,按四分法从四个方向用小铲将混合料铲入试模中,用插刀或大螺丝刀沿周边插捣 15 次,中间插捣 10 次。插捣后将沥青混合料表面整平成凸圆弧面。对于大型马歇尔试件,混合料分两次加入,每次插捣次数同上。

c. 插入温度计,至混合料中心附近,检查混合料温度。

d. 待混合料温度符合要求的压实温度后,将试模连同底座一起放在击实台上固定,在装好的混合料上面垫一张吸油性小的圆纸,再将装有击实锤及导向棒的压实头插入试模中,然后开启电动机或人工将击实锤从 457 mm 的高度自由落下击实规定的次数(75、50 或 35 次)。对于大型马歇尔试件,击实次数为 75 次(相应于标准击实 50 次的情况)或 112 次(相应于标准击实 75 次的情况)。

e. 试件击实一面后,取下套筒,将试模掉头,装上套筒,然后以同样的方法和次数击实另一面。乳化沥青混合料试件在两面击实后,将一组试件在室温下横向放置 24 h,另一组试件置于温度为(105 ±5) ℃的烘箱中养护 24 h。将养护试件取出后立即在两面锤击各 25 次。

f. 试件击实结束后,立即用镊子取掉上下面的纸,用卡尺量取试件离试模上口的高度并由此计算试件高度,如高度不符合要求,试件应作废,并按下式调整试件的混合料质量,以保证高度符合(63.5 ±1.3) mm(标准试件)或(95.3 ±2.5) mm(大型试件)的要求

$$\text{调整后混合料质量} = \frac{\text{要求试件高度} \times \text{原用混合料质量}}{\text{所得试件的高度}} \tag{5-5}$$

②卸去套筒和底座,将装有试件的试模横向放置,冷却至室温后(不小于 12 h)至脱模

机上脱出试件。用于《公路工程沥青及沥青混合料试验规程》(JTJ 052—2000)作现场马歇尔指标检验的试件,在施工质量检验过程中如急需试验,允许采用电风扇吹冷 1 h 或浸水冷却 3 min 以上的方法脱模,但浸水脱模法不能用于测量密度、空隙率等各项物理指标。

③将试件仔细置于干燥洁净的平面上,供试验用。

任务实施

1 任务相关知识描述

沥青混合料试件制作方法(击实法)的主要内容如下:

(1)沥青混合料试件制作方法(击实法)试验目的。

(2)沥青混合料试件制作方法(击实法)适用范围。

(3)沥青混合料试件制作方法(击实法)仪器设备。

(4)沥青混合料试件制作方法(击实法)方法步骤。

(5)沥青混合料试件制作方法(击实法)结果计算。

2 信息资料收集与分组

(1)混合料试件制作方法(击实法)仪器工具准备。

(2)混合料试件制作方法(击实法)材料准备。

(3)混合料试件制作方法(击实法)技术准备。

(4) 安全操作注意事项。

(5) 分组并产生组长,明确任务。

3 制定计划

(1)以小组讨论的方式制定沥青混合料试件制作方法(击实法)试验计划。

(2)与学生讨论工作计划并最终定稿。

(3)填写工作计划表(见表 5-14)。

4 实施计划

(1)学生按既定工作计划完成检查并填写任务工单(见表 5-15)。

(2)教师监控学生操作过程,及时更正学生的错误。

5 检查结果

(1)检查学生是否填写完整任务工单。

(2)回答学生所提出的问题。

(3)学生以小组讨论方式进行工作评估。

评价反馈

(1)对小组工作进行综合评价。

(2)提出改进意见和注意事项。

(3)填写任务评价表(见表 5-16)。

表 5-14　沥青混合料试件制作方法(击实法)工作计划表

<table>
<tr><td>姓名：</td><td>学号：</td><td>班级：</td><td>组别：</td></tr>
<tr><td>任务名称</td><td colspan="3"></td></tr>
<tr><td>个人工作实施计划</td><td colspan="3"></td></tr>
<tr><td>小组其他计划特色点</td><td colspan="3"></td></tr>
<tr><td>辅导教师意见</td><td colspan="3"></td></tr>
<tr><td>个人工作实施计划定稿</td><td colspan="3"></td></tr>
</table>

表 5-15 沥青混合料试件制作方法(击实法)任务工单

姓名：	学号：	班级：	组别：
评价等级：		教师签字：	成绩：
		日期：	学时：

任务名称	沥青混合料试件制作方法(击实法)
能力目标	1. 能够说出任务目的和适用范围； 2. 能够准备任务所需仪器和材料； 3. 能够独立操作任务过程； 4. 能够正确取得任务结果； 5. 能够做好仪器保养。
任务准备	相关仪器设备和任务试样的准备
信息获取	1. 任务目的和适用范围(15 分) 目的： 适用范围： 2. 任务所需仪器设备(15 分)

续表 5-15

任务操作与要点	3. 任务准备(15 分) ____________________________ ____________________________ ____________________________ ____________________________ ____________________________ 4. 任务步骤(40 分) ____________________________ ____________________________ ____________________________ ____________________________ ____________________________ ____________________________ ____________________________ ____________________________ 5. 结果整理(15 分) ____________________________ ____________________________ ____________________________ ____________________________ ____________________________ ____________________________ ____________________________

表 5-16 沥青混合料试件制作方法(击实法)任务评价表

评价内容	评价指标	评价等级		
		自我	小组	教师
专业能力	A. 具有安全、文明生产和环境保护的相关知识和技能。(10 分)			
	B. 高质量地完成工作任务,操作娴熟,任务工单得 85 分以上。(10 分)			
	C. 任务工单中数据真实,步骤完整,能用来描述整个过程。(10 分)			
	D. 具备了独立完成工作任务的能力。(10 分)			
社会能力	A. 具有良好的职业道德,遵守实验室管理规定。(5 分)			
	B. 具有较强的口头和书面表达能力,良好的人际交流沟通能力。(10 分)			
	C. 具有良好的团队合作精神和客户服务意识。(10 分)			
	D. 具有良好的心理素质和克服困难的能力。(5 分)			
方法能力	A. 能够制定完善的工作计划。(5 分)			
	B. 能够借助网络、文件资料等手段查找所需信息。(10 分)			
	C. 能够独立完成任务。(5 分)			
	D. 能够检查评估工作任务,并能从个案中寻找共性。(10 分)			
辅导教师关于此次任务的改进意见				
		总评		

沥青混合料试件制作方法(轮碾法)

(1)目的与适用范围。

①本方法规定了在实验室用轮碾法制作沥青混合料试件的方法,以供进行沥青混合料物理力学性质试验时使用。

②轮碾法适用于300 mm×300 mm×50 mm(或40 mm)或300 mm×300 mm×100 mm板块状试件的成型,由此板块状试件用切割机切制成棱柱体试件,或在实验室用芯样钻机钻取试样,成型试件的密度应符合马歇尔标准击实试样密度(100±1)%的要求。

(2)仪器与材料。

①轮碾成型机:其式样如图5-2所示,具有与钢筒式压路机相似的圆弧形碾压轮,轮宽300 mm,压实线荷载为300 N/cm,碾压行程等于试件长度,经碾压后的板块状试件可达到马歇尔试验标准击实密度的(100±1)%。当无轮碾成型机时,可用手动碾代替,手动碾轮宽与试件同宽,备有10 kg砝码5个,以调整载重(手动碾成型的试件厚度不大于50 mm)。在施工现场也可采用压路机代替。

图5-2 轮碾成型机

②实验室用沥青混合料拌和机:能保证拌和温度并充分拌和均匀,可控制拌和时间,宜采用容量大于30 L的大型沥青混合料拌和机,也可采用容量大于10 L的小型拌和机。

③试模:由高碳钢或工具钢制成,试模尺寸应保证成型后符合所要求的试件尺寸。实验室制作车辙试验板块状试件的标准试模,内部平面尺寸为300 mm×300 mm,高50 mm(或40 mm)或100 mm。

④手动碾压成型车辙试件的试模框架:硬木或钢板制,内部尺寸300 mm×300 mm×50 mm,平面能与试模边缘齐平。

⑤切割机:实验室用金刚石锯片锯石机(单锯片或双锯片切割机)或现场用路面切割机,有淋水冷却装置,其切割厚度不小于试件厚度。

⑥钻孔取芯机:用电力或汽油机、柴油机驱动,有淋水冷却装置。金刚石钻头的直径根据试件的直径选择(通常为100 mm,根据需要也可为150 mm)。钻孔深度不小于试件厚度,钻头转速不小于1 000 r/min。

⑦烘箱:大、中型各一台,装有温度调节器。

⑧台秤、天平或电子秤:称量5 kg以上的,感量不大于1 g;称量5 kg以下的,用于称量矿料的感量不大于0.5 g,用于称量沥青的感量不大于0.1 g。

⑨沥青运动黏度测定设备:布洛克菲尔德黏度计、毛细管黏度计或赛波特黏度计。

⑩小型击实锤:钢制端部断面80 mm×80 mm,厚10 mm,带手柄,总质量0.5 kg左右。

⑪温度计:分度为1 ℃,宜采用有金属插杆的热电偶沥青温度计,金属插杆的长度不小

于 300 mm，量程 0～300 ℃，数字显示或度盘指针的分度 0.1 ℃，且有留置读数功能。

⑫其他：电炉或煤气炉、沥青融化锅、拌和铲、标准筛、滤纸、胶布、卡尺、秒表、粉笔、垫木、棉纱等。

(3)准备工作。

①制作沥青混合料试件的拌和与压实温度，常温沥青混合料的拌和及压实在常温下进行。

②在拌和厂或施工现场采集沥青混合料试样。如混合料温度符合要求，可直接用于成型。在实验室人工配制沥青混合料时，准备矿料及沥青，加热备用，常温沥青混合料的矿料不加热。

③将金属试模及小型击实锤等置于 100 ℃左右的烘箱中加热 1 h 备用。常温沥青混合料用试模不加热。

④拌制沥青混合料时，混合料及各种材料数量由 1 块试件的体积按马歇尔标准击实密度乘以 1.03 的系数求算。对于实验室试验研究、配合比设计检验及采用机械拌和施工的工程，不得用人工炒拌法拌制沥青混合料，当采用大容量沥青混合料拌和机时，宜全量一次拌和；当采用小型混合料拌和机时，可分两次拌和。

(4)轮碾成型方法。

实验室用轮碾成型机制备试件，试件尺寸通常为 300 mm × 300 mm × 50 mm(或 40 mm)。根据需要也可采用其他尺寸，但一层碾压的厚度不得超过 100 mm。

①将预热的试模从烘箱中取出，装上试模框架，在试模中铺一张裁好的普通纸(可用报纸)，使底面及侧面均被纸隔离，将拌和好的全部沥青混合料(注意不得散失，分两次拌和的应倒在一起)用小铲拌和后均匀地沿试模由边至中按顺序转圈装入试模，中部要略高于四周。

②取下试模框架，用预热的小型击实锤由边至中转圈夯实一遍，整平成凸圆弧形。

③插入温度计，待混合料稍冷却至《公路工程沥青及沥青混合料试验规程》(JTJ 052—2000)规定的压实温度(为使冷却均匀，试模底部可用垫木支起)时，在表面铺一张裁好尺寸的普通纸。

④当用轮碾机碾压时，宜先将碾压轮预热至 100 ℃左右(如不加热，应铺牛皮纸)。然后，将盛有沥青混合料的试模置于轮碾机的平台上，轻轻放下碾压轮，调整总荷载为 9 kN(线荷载 300 N/cm)。

⑤启动轮碾机，先在一个方向碾压 2 个往返(4 次)，卸荷，再抬起碾压轮，将试件调转方向，再加相同荷载碾压至马歇尔标准密实度(100 ± 1)% 为止。试件正式压实前，应经试压，决定碾压次数，一般 12 个往返(24 次)左右可达要求。当试件厚度为 100 mm 时，宜按先轻后重的原则分两层碾压。

⑥当用手动碾碾压时，先用空碾碾压，然后逐渐增加砝码荷载，直至将 5 个砝码全部加上，进行压实，至马歇尔标准密度(100 ± 1)% 为止。碾压方法及次数应由试压决定，并压至无轮迹。

⑦压实成型后，揭去表面的纸，用粉笔在试件表面标明碾压方向。

⑧盛有压实试件的试模，置室温下冷却 至少 12 h 后方可脱模。

任务实施

1 任务相关知识描述

沥青混合料试件制作方法(轮碾法)的主要过程如下:

(1)沥青混合料试件制作方法(轮碾法)试验目的。

(2)沥青混合料试件制作方法(轮碾法)适用范围。

(3)沥青混合料试件制作方法(轮碾法)仪器设备。

(4)沥青混合料试件制作方法(轮碾法)方法步骤。

(5)沥青混合料试件制作方法(轮碾法)结果计算。

2 信息资料收集与分组

(1)沥青混合料试件制作方法(轮碾法)仪器工具准备。

(2)沥青混合料试件制作方法(轮碾法)材料准备。

(3)沥青混合料试件制作方法(轮碾法)技术准备。

(4)安全操作注意事项。

(5)分组并产生组长,明确任务。

3 制定计划

(1)以小组讨论的方式制定沥青混合料试件制作方法(轮碾法)试验计划。

(2)与学生讨论工作计划并最终定稿。

(3)填写工作计划表(见表5-17)。

4 实施计划

(1)学生按既定工作计划完成检查并填写任务工单(见表5-18)。

(2)教师监控学生操作过程,及时更正学生的错误。

5 检查结果

(1)检查学生是否填写完整任务工单。

(2)回答学生所提出的问题。

(3)学生以小组讨论方式进行工作评估。

评价反馈

(1)对小组工作进行综合评价。

(2)提出改进意见和注意事项。

(3)填写任务评价表(见表5-19)。

表 5-17　沥青混合料试件制作方法(轮碾法)工作计划表

姓名：	学号：	班级：	组别：
任务名称			
个人工作实施计划			
小组其他计划特色点			
辅导教师意见			
个人工作实施计划定稿			

表 5-18　沥青混合料试件制作方法(轮碾法)任务工单

<table>
<tr><td colspan="2">姓名：</td><td>学号：</td><td>班级：</td><td>组别：</td></tr>
<tr><td colspan="3" rowspan="2">评价等级：</td><td>教师签字：</td><td>成绩：</td></tr>
<tr><td>日期：</td><td>学时：</td></tr>
<tr><td>任务名称</td><td colspan="4">沥青混合料试件制作方法(轮碾法)</td></tr>
<tr><td>能力目标</td><td colspan="4">1. 能够说出任务目的和适用范围；
2. 能够准备任务所需仪器和材料；
3. 能够独立操作任务过程；
4. 能够正确取得任务结果；
5. 能够做好仪器保养。</td></tr>
<tr><td>任务准备</td><td colspan="4">相关仪器设备和任务试样的准备</td></tr>
<tr><td>信息获取</td><td colspan="4">1. 任务目的和适用范围(15 分)
目的：______________________________
____
____
适用范围：______________________________
____
____
2. 任务所需仪器设备(15 分)
____
____
____
____
____
____
____
______________________________</td></tr>
</table>

续表 5-18

任务操作与要点	3. 任务准备(15 分) 4. 任务步骤(40 分) 5. 结果整理(15 分)

表 5-19　沥青混合料试件制作方法(轮碾法)任务评价表

评价内容	评价指标	评价等级		
		自我	小组	教师
专业能力	A. 具有安全、文明生产和环境保护的相关知识和技能。(10 分)			
	B. 高质量地完成工作任务,操作娴熟,任务工单得 85 分以上。(10 分)			
	C. 任务工单中数据真实,步骤完整,能用来描述整个过程。(10 分)			
	D. 具备了独立完成工作任务的能力。(10 分)			
社会能力	A. 具有良好的职业道德,遵守实验室管理规定。(5 分)			
	B. 具有较强的口头和书面表达能力,良好的人际交流沟通能力。(10 分)			
	C. 具有良好的团队合作精神和客户服务意识。(10 分)			
	D. 具有良好的心理素质和克服困难的能力。(5 分)			
方法能力	A. 能够制定完善的工作计划。(5 分)			
	B. 能够借助网络、文件资料等手段查找所需信息。(10 分)			
	C. 能够独立完成任务。(5 分)			
	D. 能够检查评估工作任务,并能从个案中寻找共性。(10 分)			
辅导教师关于此次任务的改进意见		总评		

学习任务2　沥青混合料高温稳定性试验

相关知识

1　技术性质

1.1　高温稳定性

沥青混合料的高温稳定性是指混合料在高温(通常为60 ℃)的条件下,经车辆荷载长期重复作用后,不产生车辙和波浪等病害的性能。

我国现行行业标准《公路沥青路面施工技术规范》(JTG F40—2004)规定,采用马歇尔稳定度试验(包括稳定度、流值)来评价沥青混合料的高温稳定性;对于高速公路、一级公路、城市快速路、主干路用沥青混合料,还应通过车辙试验检验其抗车辙能力。

1.1.1　马歇尔稳定度

马歇尔稳定度的试验方法自B·歇尔(Marshall)提出,迄今已半个多世纪,经过许多研究者的改进,目前普遍是测定马歇尔稳定度(*MS*)、流值(*FL*)两项指标。图5-3所示为马歇尔试验曲线。稳定度是指标准尺寸试件在规定温度和加荷速度下,在马歇尔仪中最大的破坏荷载(kN);流值是达到最大破坏荷载时试件的垂直变形(以0.1 mm计)。

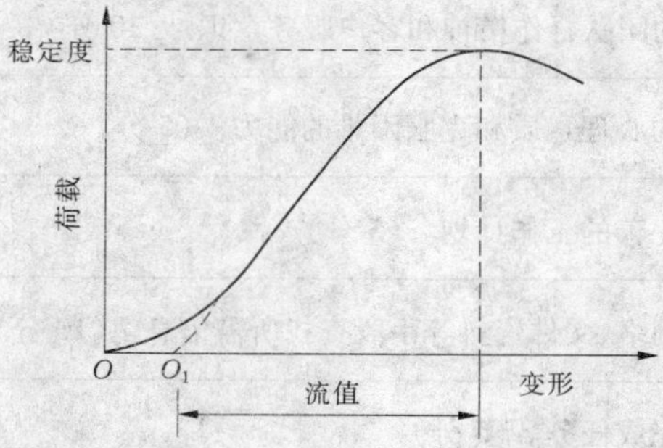

图5-3　马歇尔试验曲线

1.1.2　车辙试验

车辙试验的方法,首先由英国道路研究所(TRRL)提出,后来经过了许多国家道路工作者的研究改进。我国的试验方法是用标准成型方法,制成300 mm×300 mm×50 mm的沥青混合料试件,在60 ℃的温度条件下,以一定荷载的轮子在同一轨迹上作一定时间的反复行走,形成一定的车辙深度,然后计算试件产生1 mm变形所需的试验车轮行车次数,即为动稳定度。

我国现行行业标准《公路沥青路面施工技术规范》(JTG F40—2004)规定:对于高速公路和一级公路的公称最大粒径等于或小于19 mm的密级配沥青混合料(AC),以及SMA、OGFC混合料,必须在规定的试验条件下进行车辙试验,并符合表5-20的要求。

影响沥青混合料高温稳定性的主要因素有沥青的用量、沥青的黏度、矿料的级配、矿料的尺寸、形状等。提高路面的高温稳定性,可采用提高沥青混合料的黏结力和内摩阻力的方法。增加粗集料含量可以提高沥青混合料的内摩阻力;适当提高沥青材料的黏度,控制沥青与矿料比值,严格控制沥青用量,均能改善沥青混合料的黏结力。这样,就可以增强沥青混合料的高温稳定性。

1.2 低温抗裂性

沥青混合料随着温度的降低,变形能力下降。路面由于低温而收缩以及行车荷载的作用,在薄弱部位产生裂缝,从而影响道路的正常使用。因此,要求沥青混合料具有一定的低温抗裂性。

表 5-20 沥青混合料车辙试验动稳定度技术要求

<table>
<tr><td colspan="2">气候条件与技术指标</td><td colspan="9">相应下列气候分区所要求的动稳定度(次/mm)</td></tr>
<tr><td colspan="2" rowspan="3">7 月平均最高气温(℃)及气候分区</td><td colspan="4">>30</td><td colspan="4">20~30</td><td><20</td></tr>
<tr><td colspan="4">1. 夏炎热区</td><td colspan="4">2. 夏热区</td><td>3. 夏凉区</td></tr>
<tr><td>1-1</td><td>1-2</td><td>1-3</td><td>1-4</td><td>2-1</td><td>2-2</td><td>2-3</td><td>2-4</td><td>3-2</td></tr>
<tr><td colspan="2">普通沥青混合料 ≥</td><td colspan="2">800</td><td colspan="2">1 000</td><td>600</td><td colspan="3">800</td><td>600</td></tr>
<tr><td rowspan="2">SMA 混合料</td><td>非改性 ≥</td><td colspan="9">1 500</td></tr>
<tr><td>改性 ≥</td><td colspan="9">3 000</td></tr>
<tr><td colspan="2">OGFC 混合料</td><td colspan="9">1 500(一般交通路段)、3 000(重交通路段)</td></tr>
</table>

沥青混合料的低温裂缝是由混合料的低温脆化、低温缩裂和温度疲劳引起的。沥青混合料的低温脆化是指其在低温条件下,变形能力降低;低温缩裂通常是由于材料本身的抗拉强度不足而造成的;对于温度疲劳,可以模拟温度循环进行疲劳破坏。因此,在沥青混合料组成设计中,应选用稠度较低、温度敏感性低、抗老化能力强的沥青。评价沥青混合料低温变形能力的常用方法之一是低温弯曲试验。

1.3 耐久性

沥青混合料的耐久性是指其在长期的荷载作用和自然因素影响下,保持正常使用状态而不出现剥落和松散等损坏的能力。

影响沥青混合料耐久性的因素有沥青的化学性质、矿料的矿物成分、沥青混合料的组成结构(残留空隙率、沥青饱和度)等。其中,空隙率越小,可以越有效地防止水分渗入和日光紫外线对沥青的老化作用等,但一般沥青混合料中均应残留一定的空隙,以备夏季沥青材料膨胀。

沥青路面的使用寿命与沥青含量有很大的关系。当沥青用量低于要求用量时,将降低沥青的变形能力,使沥青混合料的残留空隙率增大。

我国现行规范采用空隙率、沥青饱和度和残留稳定度等指标来表征沥青混合料的耐久性。

1.4 抗滑性

用于高等级公路沥青路面的沥青混合料,其表面应具有一定的抗滑性,才能保证汽车高速行驶的安全性。

沥青混合料路面的抗滑性与矿质集料的表面性质、混合料的级配组成以及沥青用量等因素有关。为了提高路面抗滑性，配料时应特别注意矿料的耐磨光性，应选择硬质有棱角的矿料。我国现行行业标准《公路沥青路面施工技术规范》（JTG F40—2004）规定，沥青用量对抗滑性影响也非常敏感，沥青用量超过最佳用量的 0.5%，即可使摩阻系数明显降低。

另外，含蜡量对沥青混合料抗滑性有明显影响，应选用含蜡量低的沥青，以免沥青表层出现滑溜现象。我国现行行业标准《公路沥青路面施工技术规范》（JTG F40—2004）的道路石油沥青技术要求中对沥青含蜡量作出明确规定。

1.5　施工和易性

沥青混合料的施工和易性是指沥青混合料在施工过程中是否容易容易拌和、摊铺和压实的性能。它主要取决于矿料的级配、沥青的品种及用量，以及施工环境条件等。

单纯对混合料性质而言，影响施工和易性的首先是混合料的级配情况。如粗集料、细集料的颗粒大小相距过大，缺乏中间尺寸，混合料容易分层层积（粗颗粒集中表面，细颗粒集中底部）。如细颗粒太少，沥青层就不容易均匀地留在粗颗粒表面；如细颗粒材料过多，则使拌和困难。此外，当沥青用量过少，或矿粉用量过多时，混合料容易产生疏松，不易压实；反之，当沥青用量过多，或矿粉质量不好时，则容易使混合料黏结成块，不易摊铺。间断级配混合料的施工和易性比较差。

1.6　热拌沥青混合料的标准

我国的现行行业标准《公路沥青路面施工技术规范》（JTG F40—2004）对热拌沥青混合料的技术要求见表 5-21 和表 5-22。

表 5-21　热拌沥青混合料马歇尔试验技术标准

试验项目		沥青混合料类型								
		密级配热拌沥青混合料（AC）						密级配沥青碎石（ATB）	沥青碎石（AM）	排水式开级配（OGFC）
		高速公路、一级公路、城市快速路、主干路				其他等级道路	行人道路			
		中轻交通	重交通	中轻交通	重交通					
		夏炎热区		夏热区及夏凉区						
击实次数（双面）次		75	75	75	75	50	50	75（112）	50	50
空隙率（%）	深 100 mm 以内	3～5	4～6	2～4	3～5	3～6	2～4	3～6	6～10	≥18
	深 100 mm 以下	3～6	3～6	2～4	3～6	3～6	—			
沥青饱和度（%）		见表 5-22 的要求						55～70	40～70	—
矿料间隙率（%）		见表 5-22 的要求						≥11	—	—
稳定度（kN）　≥		8	8	8	8	5	3	7.5（15）	3.5	3.5
流值（mm）		2～4	1.5～4	2～4.5	2～4	2～4.5	2～5	1.5～4	—	—

表 5-22　密级配热拌沥青混合料的沥青饱和度与矿料间隙率的要求

集料公称最大粒径(mm)			4.75	9.5	13.2	16.0	19.0	26.5	31.5	37.5	50
沥青饱和度(%)			70～85		65～75		55～70				
在右侧设计空隙率时的矿料间隙率(%)≥	空隙率(%)	2	15	13	12	11.5	11	10	9.5	9	8.5
		3	16	14	13	12.5	12	11	10.5	10	9.5
		4	17	15	14	13.5	13	12	11.5	11	10.5
		5	18	16	15	14.5	14	13	12.5	12	11.5
		6	19	17	16	15.5	15	14	13.5	13	12.5

2　热拌沥青混合料

热拌沥青混合料是经人工组配的矿质混合料与沥青在专门设备中拌和而成的,在热态下进行摊铺和压实的混合料。

热拌沥青混合料是沥青混合料中最典型的品种,其他各种沥青混合料均由其发展而来。这里主要详述它的组成结构、技术性质、组成材料和设计方法。

2.1　沥青混合料的组成结构和强度理论

2.1.1　沥青混合料的组成结构

2.1.1.1　组成结构理论

热拌沥青混合料是由级配良好的矿质集料和适宜用量的胶结物及外掺材料所构成的,具有空间网络结构的一种多相分散体系。

目前,沥青混合料组成结构理论有两种:

第一种为表面理论,指沥青混合料是由粗集料、细集料和填料组成密实的矿质骨架,利用沥青胶结料的黏聚力,在加热状态下,矿质集料进行拌和,经压实后成为具有一定强度的整体型材料。

第二种为胶浆理论,指沥青混合料是多级空间网络状结构的多极分散系。主要分为三个分散系:

(1)粗分散系。以粗集料为分散相,分散在沥青砂浆的介质中。

(2)细分散系。以细集料为分散相,分散在沥青胶浆的介质中。

(3)微分散系。以填料为分散相,分散在高稠度的沥青介质中。

这三级分散系以沥青胶浆最为重要,它的组成结构决定沥青混合料的高温稳定性和低温变形能力。

在这两种理论中,前一种强调的是矿质集料的骨架作用,起主导作用的是矿料的强度及其级配的密实度;后一种强调的是沥青胶结物在混合料中的作用,起主导作用的是沥青与填料之间的关系。

2.1.1.2　沥青混合料组成结构类型

(1)悬浮—密实结构。

悬浮—密实结构是指矿质集料由大到小组成连续型密级配的混合料结构,如图5-4(a)所示。混合料中粗集料数量较少,不能形成骨架。这种沥青混合料黏聚力较大,内摩阻角较小,因而高温稳定性差。按照连续密级配原理设计的AC型沥青混合料是典型的悬浮—密实结构。

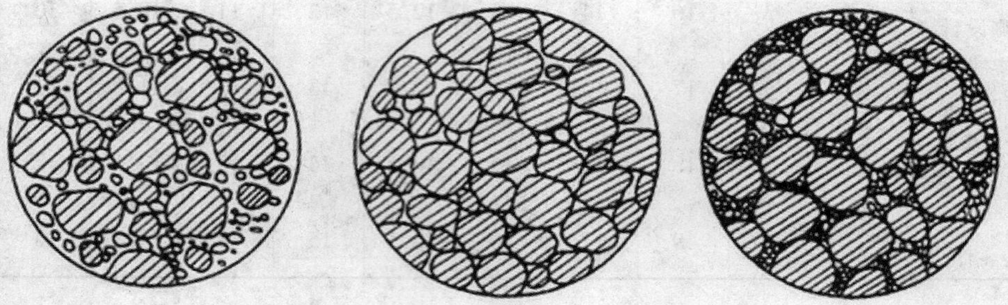

(a)　(b)　(c)

图5-4　沥青混合料的典型结构组成

(2)骨架—空隙结构。

骨架—空隙结构是指矿质集料属于连续型开级配的混合料结构,如图5-4(b)所示。矿质集料中粗集料较多,可形成矿质骨架,细集料较少,不足以填满空隙。所以,此结构沥青混合料空隙率大,耐久性差,沥青与矿料的黏聚力差,热稳定性较好,这种结构沥青混合料的强度主要取决于内摩阻角。沥青碎石混合料AM和开级配磨耗层沥青混合料OGFC是典型的骨架—空隙结构。

(3)骨架—密实结构。

骨架—密实结构是指此结构具有较多数量的粗集料形成空间骨架,同时又有足够的细集料填满骨架的空隙,如图5-4(c)所示。这种结构密实度大,具有较高的黏聚力和内摩阻角,是沥青混合料中最理想的一种结构类型。沥青玛琋脂碎石混合料SMA是典型的骨架—密实结构。

2.1.2　沥青混合料的强度理论

沥青混合料的强度理论,主要是要求沥青混合料在高温时,必须具备抗剪强度和抵抗变形的能力,称为高温强度和稳定性。沥青路面结构破坏的原因主要是:高温时抗剪强度降低、塑性变形增大而产生推挤波浪、壅包等现象;低温时,塑性能力变差,使沥青路面易产生裂缝现象。

目前,对于沥青混合料强度的研究,一般采用库仑内摩擦理论进行分析。通过三轴剪切强度研究得出结论:沥青混合料的抗剪强度(τ)主要取决于沥青与矿质集料物理、化学交互作用而产生的黏聚力(c),以及矿质集料在沥青混合料中分散程度不同而产生的内摩阻角(φ),可按式(5-6)计算

$$\tau = c + \sigma\tan\varphi \tag{5-6}$$

2.1.3　影响沥青混合料抗剪强度的因素

沥青混合料抗剪强度的影响因素主要是材料的组成、材料的技术性质以及外界因素(如车辆荷载、温度、环境条件等)。

2.1.3.1　沥青的黏度对沥青混合料抗剪强度的影响

沥青混合料中的矿质集料是分散在沥青中的分散系,因此它的抗剪强度与分散相的浓度和分散介质黏度有着密切的关系,在其他因素的条件下,沥青混合料的黏聚力 c 是随着沥青黏度的提高而增加的;同时,内摩阻角随着沥青黏度的提高稍有增大。这是因为沥青黏度大,表示沥青内部胶团相互位移时,分散介质抵抗剪切作用力大,使沥青混合料的黏滞阻力增大,因而具有较高抗剪强度。

2.1.3.2　沥青与矿质集料在界面上主交互作用

沥青混合料黏结力除与沥青材料自身的黏聚力有关外,还取决于沥青与矿质集料的交互作用。矿质集料颗粒对于包裹在表面的沥青分子具有一定的化学吸附作用,这种化学吸附作用比矿质集料与沥青间的分子力的吸附(即物理吸附)作用要强得多,并使矿质集料表面吸附沥青组分重新分布,形成一层吸附溶化膜,即结构沥青。结构沥青膜层较薄,黏度较高(见图5-5),与矿质集料之间有着较强的黏结力。在结构沥青层之外未与矿料发生交互作用的是自由沥青,保持着沥青的初始黏聚力,见图5-5。

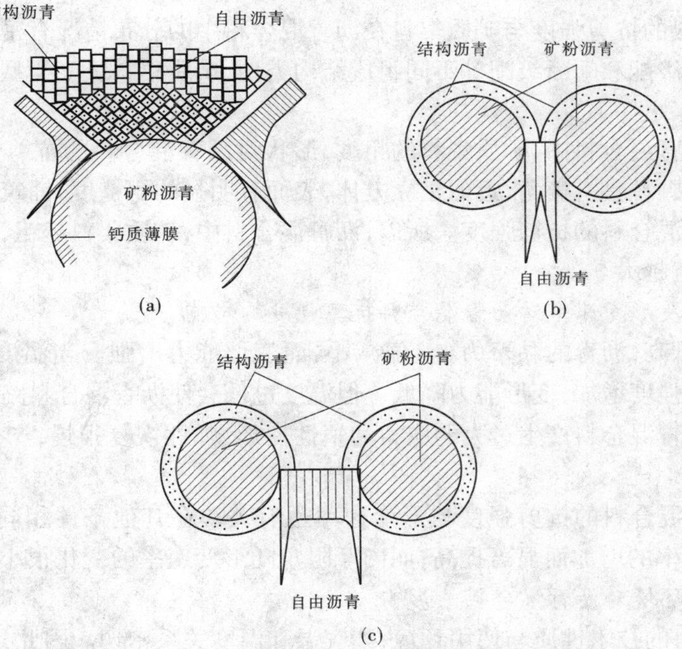

图5-5　沥青与矿料交互作用示意

由于矿料颗粒表面对沥青的化学吸附是有选择性的,所以沥青与矿质集料表面交互作用的程度还取决于矿料的岩石学特性。试验结果表明,沥青在不同矿物组成的矿料颗粒表面形成不同成分和不同厚度的吸附溶化膜,碱性岩石(如石灰岩等)对石油沥青的吸附性强,而酸性岩石(如石英岩等)对石油沥青的吸附性弱。

2.1.3.3　沥青与矿粉的用量比例

沥青用量过少,沥青不足以形成薄膜黏结矿质集料颗粒表面,随着沥青用量的增加,能完全地包裹在矿质集料表面,逐步形成结构沥青,使沥青与矿质集料间的黏结力随沥青用量的增加而增加。当沥青用量为最适宜时,沥青胶结物具有最优的黏结力。随后,若沥青用量继续增加，则由于沥青用量过多，逐渐将矿质集料颗粒推开，在颗粒间形成未与矿质集料相互作用的自由沥青，则沥青胶结物的黏结力随着自由沥青的增加而降低，当沥青用量增加至一定值后，沥青混合料的黏结力主要取决于自由沥青，所以抗剪强度几乎不变。随着沥青用量的增加，此时，沥青不仅是黏结剂，而且起着润滑剂的作用，降低了粗集料的相互密挤结构，因而降低了沥青混合料的内摩阻力(参见图5-6)。

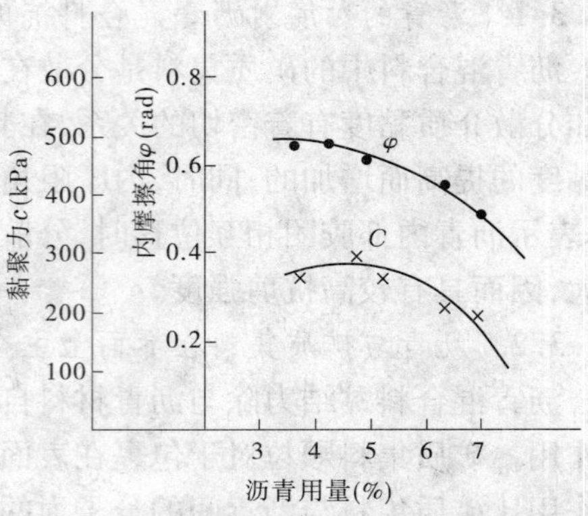

图5-6 沥青用量对沥青混合料强度的影响

在沥青用量固定的情况下，矿质集料的用量多少也直接影响着沥青混合料的密实程度及黏结力。但矿质集料用量不能过多，尤其是粒径小于0.075 mm的颗粒含量不宜过多，否则使沥青混合料结团成块，不易施工。

2.1.3.4 矿质集料的级配类型及表面性质对沥青混合料抗剪强度的影响

沥青混合料的抗剪强度与矿质集料在沥青混合料中的分布情况有密切关系。沥青混合料有密级配、开级配和间断级配等不同组成结构类型，矿质集料级配类型是影响沥青混合料抗剪强度的因素之一。

此外，在沥青混合料中，矿质集料的粗度、形状对沥青混合料的抗剪强度也有明显的影响。通常，集料颗粒具有棱角，近似正立方体，表面有明显的粗糙度，铺筑路面具有很大的内摩阻角，提高了混合料的抗剪强度。所以，沥青混合料中，矿质集料越粗，配制成的沥青混合料的内摩阻角就越大。

2.1.3.5 温度及形变速率对沥青混合料抗剪强度的影响

随着温度升高，沥青的黏聚力(c)值减小，而变形能力增强。当温度降低时，可使混合料黏聚力提高，强度增加，变形能力降低。但温度过低会使沥青混合料路面开裂。由于加荷频率高，可使沥青混合料产生过大的应力和塑性变形，弹性恢复很慢，产生不可恢复的永久变形。

同时，沥青混合料的抗剪强度与形变速率也有关。在其他条件相同的情况下，黏聚力(c)值随形变速率的增加而显著提高，而内摩阻角随形变速率的变化很小。

2.1.3.6 使用环境对沥青混合料的影响

沥青混合料的技术性质与使用环境，如气温和温度关系密切。因此，在选择沥青材料的等级、进行沥青混合料配合比设计、检验沥青混合料的使用性能时，应考虑沥青路面工程的环境因素，尤其是温度和湿度条件。所以，应按照不同气候分区的特点对沥青混合料的技术性能提出相应的要求。

沥青路面使用性能气候分区由一、二、三级区划组合而成，以综合反映该地区的气候特征，如表5-23所示。每个气候分区用3个数字表示：第一个数字代表高温分区，第二个数字代表低温分区，第三个数字代表雨量分区。数字越小，表示气候因素对沥青路面的影响越严重。如我国上海市属1－3－1气候分区，为夏炎热冬冷潮湿区，对沥青混合料的高温稳定性和水稳定性要求较高。

3　沥青玛瑅脂碎石混合料

沥青玛瑅脂碎石混合料是由沥青结合料与少量的纤维稳定剂、细集料以及较多量的填料(矿粉)组成的。沥青玛瑅脂填充于间断级配的粗集料骨架的间隙,组成一体的沥青混合料,简称SMA。它具有优良的路用性能,广泛地应用于世界各地。我国在广佛高速公路、首都机场高速公路等处使用,效果良好。

3.1　SMA的技术性质

3.1.1　抗车辙能力高

较高百分率的破碎粗集料组成一个紧密嵌锁的骨架结构,帮助消散对下层的冲击力,有效防止车辙。90%的SMA项目测试车辙深度小于4 mm,约25%的SMA项目测试未出现车辙。

表5-23　沥青路面使用性能气候分区

气候分区指标		气候分区			
按照高温指标	高温气候区	1	2	3	
	气候区名称	夏炎热区	夏热区	夏凉区	
	7月平均最高温度(℃)	>30	20~30	<20	
按照低温指标	低温气候区	1	2	3	4
	气候区名称	冬严寒区	冬严寒区	冬冷区	冬温区
	极端最低气温(℃)	<-37.5	-37.5~-21.5	-21.5~-9.0	>-9.0
按照雨量指标	雨量气候区	1	2	3	4
	气候区名称	潮湿区	湿润区	半干区	干旱区
	年降雨量(mm)	>1 000	1 000~500	500~250	<250

3.1.2　优良的抗裂性能

SMA路面很少发现温度裂缝和反射裂缝,这主要由于采用优良性质的沥青混合料和较厚的沥青膜。

3.1.3　良好的耐久性

较厚的沥青膜能减少氧化、水分渗透、沥青剥落和集料破碎,从而使面层有较长的使用寿命。

3.1.4　较好的抗滑性能

缺少中等尺寸集料可以产生一个较深的表面构造深度,增加抗滑性能和吸声性,减少雨天水漂现象。

3.1.5　摊铺和压实性能好

传统沥青混凝土中碎石较少,沥青胶砂也较少,不足以填充全部孔隙。SMA是由较多沥青胶砂将碎石骨架结构胶结成整体,所以容易摊铺和压实。

3.1.6 能见度好

SMA路面可减少车灯反射,减少水雾,提高路面能见度。

3.1.7 降低噪声

路面行车时的噪声低。

3.2 SMA的组成材料要求

3.2.1 沥青

SMA混合料采用的沥青较黏稠,以适应其高沥青含量的低流淌性,一般使用针入度等级90以下的道路石油沥青。在寒冷地区,采用此范围内较大针入度的沥青时,还应考虑其沥青改性。在其他地区,应使用较黏稠的沥青。SMA的沥青用量比沥青混凝土的沥青用量要高,这主要是由混合料中的矿质集料用量较高引起的。在实际设计和铺筑中,聚合物改性沥青在SMA中的用量范围为5.0%~6.5%。而当用有机物或矿质纤维作为稳定剂时,沥青用量一般可达5.5%~7.0%,甚至更高。

3.2.2 集料

用于SMA混合料的粗集料应是高质量的轧制碎石,为不吸水的硬质石料,表面粗糙,以便更好地发挥其骨架间的锁结磨擦作用及增强沥青与集料的黏结作用。严格限制软石含量,形状接近正立方体,针片状颗粒含量尽可能的低。集料的力学性质(如耐磨性、压碎性、耐磨光性等)要高于沥青混凝土的要求,还要尽量选择碱性集料,若不能满足要求,必须采取有效的抗剥落措施。

细集料最好选用机制砂。当采用普通石屑作为细集料时,宜采用石灰石石屑,且不得含有泥土类杂物。当与天然砂混用时,天然砂的含量不宜超过机制砂或石屑的比例。另外,细集料的棱角性最好大于45%。

粗集料、细集料的技术要求应符合表5-2、表5-5的规定。

填料必须采用石灰石等碱性岩石磨细的矿粉。矿粉的质量应满足普通热拌沥青混合料对矿粉的要求。粉煤灰不得作为SMA混合料的填料使用。回收粉尘的比例不得超过填料总量的25%。

3.2.3 稳定剂——纤维

稳定剂在SMA中的作用:一是稳定沥青,二是增加沥青混合料的抗拉强度和抗滑能力。沥青玛瑅脂碎石混合料在没有纤维、沥青含量多、矿粉用量大的情况下,沥青矿料胶浆在运输、摊铺过程中会产生流淌离析,或在成型后由于沥青膜厚而引起路面抗滑性差等现象。所以,有必要加入纤维聚合物作为稳定剂。稳定剂包括纤维和聚合物两类,也有用橡胶粉的。

有机纤维目前主要采用木质纤维素,纤维的用量一般为集料质量的0.3%~0.6%。

3.3 SMA的应用

目前,SMA被广泛地用于高速公路、城市快速路、主干线道路的抗滑表层、公路重交通路段、重载及超载车多的路段、城市道路的公交汽车专用道、城市道路交叉口、公共汽车站、停车场、城镇地区等需要降低噪声路段的铺装,特别是钢桥面铺装。

在我国,自20世纪90年代初引入SMA后,许多省份都采用这种路面结构来修筑公路,如北京长安街、机场高速、深圳世纪大道、山东同三、竹曲高速等。但随着我国国民经济的不断发展,以前所修建的许多高速公路已经不堪重负,亟待修复,国外成功的经验表明,用SMA路面在原有路面上进行加铺是非常经济有效的一种方法。

4 任务过程

沥青混合料马歇尔试验

(1)目的与适用范围。

①本方法适用于马歇尔稳定度试验和浸水马歇尔稳定度试验,以进行沥青混合料的配合比设计或沥青路面施工质量检验。浸水马歇尔稳定度试验(根据需要,也可进行真空饱水马歇尔试验)供检验沥青混合料受水损害时,抵抗剥落的能力时使用,通过测试其水温稳定性检验配合比设计的可行性。

②本方法适用于按《公路工程沥青及沥青混合料试验规程》(JTJ 052—2000)成型的标准马歇尔试件圆柱体和大型马歇尔试件圆柱体。

(2)仪器与材料。

①沥青混合料马歇尔试验仪:符合国家标准《沥青混合料马歇尔试验仪》(GB/T 11823—1989)技术要求的产品,对于高速公路和一级公路的沥青混合料宜采用自动马歇尔试验仪,用计算机 X - Y 记录仪记录荷载—位移曲线,并具有自动测定荷载与试件垂直变形的传感器、位移计,能自动显示或打印试验结果。对于直径 63.5 mm 的标准马歇尔试件,试验仪最大荷载不小于 25 kN,读数精确度为 100 N,加载速率应能保持(500 ± 5) mm/min。钢球直径 16 mm,上下压头曲率半径为 50.8 mm。当采用直径 152.4 mm 时,读数精确度为 100 N。上下压头曲率内径为(152.4 ± 0.2) mm,上下压头间距为(19.05 ± 0.1) mm。

大型马歇尔试验仪如图 5-7 所示。

图 5-7　马歇尔试验仪

②恒温水槽:控温精确度为 1 ℃,深度不小于 150 mm。

③真空饱水容器:包括真空泵及真空干燥器。

④烘箱。

⑤天平:感量不大于 0.1 g。

⑥温度计:分度为1 ℃。

⑦卡尺。

⑧其他:棉纱、黄油。

(3)标准马歇尔方法。

①准备工作。

a.标准击实法成型马歇尔试件,尺寸应符合直径(101.6 ±0.2) mm、高(63.5 ±1.3) mm的要求。对于大型马歇尔试件,尺寸应符合直径(152.4 ±0.2) mm、高(95.3 ±2.5) mm的要求。一组试件的数量不得少于4个。

b.测量试件的直径及高度:用卡尺测量试件中部的直径,用马歇尔试件高度测定器或卡尺在十字对称的4个方向测量离试件边缘10 mm处的高度,精确至0.1 mm,并以其平均值作为试件的高度。如试件高度不符合(63.5 ±1.3) mm或(95.3 ±2.5) mm要求或两侧高度差大于2 mm,此试件应作废。

c.按《公路工程沥青及沥青混合料试验规程》(JTJ 052—2000)规定的方法测定试件的密度、空隙率、沥青体积百分率、沥青饱和度、矿料间隙率等物理指标。

d.将恒温水槽调节至要求的试验温度:对于黏稠石油沥青或烘箱养护过的乳化沥青混合料为(60 ±1) ℃,对于煤沥青混合料为(33.8 ±1) ℃,对于空气养护的乳化沥青或液体沥青混合料为(25 ±1) ℃。

②试验步骤。

a.将试件置于已达规定温度的恒温水槽中保温,保温时间对标准马歇尔试件需30 ~40 min,对大型马歇尔试件需45 ~60 min。试件之间应有间隔,底下应垫起,离容器底部不小于5 cm。

b.将马歇尔试件仪的上下压头放入水槽或烘箱中达到同样温度。将上下压头从水槽或烘箱中取出擦拭干净内面。为使上下压头滑动自如,可在下压头的导棒上涂少量黄油。再将试件取出置于下压头上,盖上上压头,然后装在加载设备上。

c.在上压头的球座上放稳钢球,并对准荷载测定装置的压头。

d.当采用自动马歇尔试验仪时,将自动马歇尔试验仪的压力传感器、位移传感器与计算机或X－Y记录仪正确连接,调整好适宜的放大比例。调整好计算机程序或将X－Y记录仪的记录笔对准原点。

e.当采用压力环和流值计时,将流值计安装在导棒上,使导向套管轻轻地压住上压头,同时,将流值读数调零。调整压力环中百分表,对零。

f.启动加载设备,使试件承受荷载,加载速度为(50 ±5) mm/min。计算机或X－Y记录仪自动记录传感器压力和时间变形曲线并将数据自动存入计算机。

g.试验荷载达到最大值的瞬间,取下流值计,同时,读取压力环中百分表读数及流值计的流值读数。

h.从恒温水槽中取出试件至测出最大荷载值的时间,不得超过30 s。

(4)浸水马歇尔试验。

浸水马歇尔试验方法与标准马歇尔试验方法的不同之处在于:试件在已达规定温度的恒温水槽中的保温时间为48 h,其余的均与标准马歇尔试验方法相同。

(5)真空饱水马歇尔试验方法。

将试件先放在真空干燥器中，关闭进水胶管，开动真空泵，使干燥器的真空度达到98.3 kPa(730 mmHg)以上，维持15 min然后打开进水胶管，靠负压进入冷水流使试件全部浸入水中，浸水15 min后恢复正常，取出试件再放入已达到规定温度的恒温水槽中保温48 h，其余均与标准马歇尔试验方法相同。

(6)计算。

①试件的稳定度及流值。

a. 当采用自动马歇尔试验仪时，将计算机采集的数据绘制成压力和试件变形曲线，或由X－Y记录仪自动记录的荷载—变形曲线，按图5-3所示的方法在切线方向延长曲线与横坐标相交与O_1，将O_1作为修正原点，从O_1起量取相应荷载最大值时的变形作为流值(FL)，以mm计，精确至0.1 mm。最大荷载即为稳定度(MS)，以kN计，准确至0.01 kN。

b. 采用压力环和流值计测定时，根据压力环标定曲线，将压力环中百分秒的读数换算为荷载值，或者由荷载测定装置读取的最大值即为试样的稳定度(MS)，以kN计，精确至0.01 kN。由流值计及位移传感器测定装置读取的试件垂直变形，即为试件的流值(FL)，以mm计，准确至0.1 mm。

②试件的马歇尔模数按式(5-7)计算

$$T = \frac{MS}{FL} \tag{5-7}$$

式中 T——试件的马歇尔模数，kN/mm；

MS——试件的稳定度，kN；

FL——试件的流值，mm。

③试件的浸水残留稳定度按式(5-8)计算

$$MS_0 = \frac{MS_1}{MS} \times 100 \tag{5-8}$$

式中 MS_0——试件的浸水残留稳定度(%)；

MS_1——试件浸水48 h后的稳定度，kN。

④试件的真空饱水残留稳定度按式(5-9)计算

$$MS_0' = \frac{MS_2}{MS} \times 100 \tag{5-9}$$

式中 MS_0'——试件的真空饱水残留稳定度(%)；

MS_2——试件真空饱水后浸水48 h后的稳定度，kN。

(7)注意事项。

①当一组测定值中某个测定值与平均值之差大于标准差的k倍时，该测定值应舍弃，并以其余测定值的平均值作为试验结果。当试件数目n为3、4、5、6个时，k值分别为1.15、1.46、1.67、1.82。

②采用自动马歇尔试验时，试验结果应附上荷载—变形曲线原件或自动打印结果，并报告马歇尔稳定度、流值、马歇尔模数，以及试件尺寸、密度、空隙率和沥青用量、沥青体积百分数、沥青饱和度、矿料间隙率等各项物理指标。

任务实施

1 任务相关知识描述

沥青混合料马歇尔试验的主要内容如下:

(1)沥青混合料马歇尔试验目的。

(2)沥青混合料马歇尔试验适用范围。

(3)沥青混合料马歇尔试验仪器设备。

(4)沥青混合料马歇尔试验方法步骤。

(5)沥青混合料马歇尔试验结果计算。

2 信息资料收集与分组

(1)沥青混合料马歇尔试验仪器工具准备。

(2)沥青混合料马歇尔试验材料准备。

(3)沥青混合料马歇尔试验技术准备。

(4)安全操作注意事项。

(5)分组并产生组长,明确任务。

3 制定计划

(1)以小组讨论的方式制定沥青混合料马歇尔试验计划。

(2)与学生讨论工作计划并最终定稿。

(3)填写工作计划表(见表5-24)。

4 实施计划

(1)学生按既定工作计划完成检查并填写任务工单(见表5-25)。

(2)教师监控学生操作过程,及时更正学生的错误。

5 检查结果

(1)检查学生是否填写完整任务工单。

(2)回答学生所提出的问题。

(3)学生以小组讨论方式进行工作评估。

评价反馈

(1)对小组工作进行综合评价。

(2)提出改进意见和注意事项。

(3)填写任务评价表(见表5-26)。

表 5-24　沥青混合料马歇尔试验工作计划表

姓名：	学号：	班级：	组别：
任务名称			
个人工作实施计划			
小组其他计划特色点			
辅导教师意见			
个人工作实施计划定稿			

表 5-25　沥青混合料马歇尔试验任务工单

<table>
<tr><td>姓名：</td><td>学号：</td><td>班级：</td><td>组别：</td></tr>
<tr><td colspan="2" rowspan="2">评价等级：</td><td>教师签字：</td><td>成绩：</td></tr>
<tr><td>日期：</td><td>学时：</td></tr>
<tr><td>任务名称</td><td colspan="3">沥青混合料马歇尔试验</td></tr>
<tr><td>能力目标</td><td colspan="3">1. 能够说出任务目的和适用范围；
2. 能够准备任务所需仪器和材料；
3. 能够独立操作任务过程；
4. 能够正确取得任务结果；
5. 能够做好仪器保养。</td></tr>
<tr><td>任务准备</td><td colspan="3">相关仪器设备和任务试样的准备</td></tr>
<tr><td>信息获取</td><td colspan="3">1. 任务目的和适用范围(15 分)
目的：________________________________
____
____
适用范围：________________________________
____
____
2. 任务所需仪器设备(15 分)
____
____
____
____
____
____
____
________________________________</td></tr>
</table>

续表 5-25

任务操作与要点	3. 任务准备(15 分) ____________________ ____________________ ____________________ ____________________ ____________________ 4. 任务步骤(40 分) ____________________ ____________________ ____________________ ____________________ ____________________ ____________________ ____________________ ____________________ 5. 结果整理(15 分) ____________________ ____________________ ____________________ ____________________ ____________________ ____________________ ____________________

表 5-26　沥青混合料马歇尔试验任务评价表

<table>
<tr><th rowspan="2">评价内容</th><th rowspan="2">评价指标</th><th colspan="3">评价等级</th></tr>
<tr><th>自我</th><th>小组</th><th>教师</th></tr>
<tr><td rowspan="4">专业能力</td><td>A. 具有安全、文明生产和环境保护的相关知识和技能。(10 分)</td><td rowspan="4"></td><td rowspan="4"></td><td rowspan="4"></td></tr>
<tr><td>B. 高质量地完成工作任务，操作娴熟，任务工单得 85 分以上。(10 分)</td></tr>
<tr><td>C. 任务工单中数据真实，步骤完整，能用来描述整个过程。(10 分)</td></tr>
<tr><td>D. 具备了独立完成工作任务的能力。(10 分)</td></tr>
<tr><td rowspan="4">社会能力</td><td>A. 具有良好的职业道德，遵守实验室管理规定。(5 分)</td><td rowspan="4"></td><td rowspan="4"></td><td rowspan="4"></td></tr>
<tr><td>B. 具有较强的口头和书面表达能力，良好的人际交流沟通能力。(10 分)</td></tr>
<tr><td>C. 具有良好的团队合作精神和客户服务意识。(10 分)</td></tr>
<tr><td>D. 具有良好的心理素质和克服困难的能力。(5 分)</td></tr>
<tr><td rowspan="4">方法能力</td><td>A. 能够制定完善的工作计划。(5 分)</td><td rowspan="4"></td><td rowspan="4"></td><td rowspan="4"></td></tr>
<tr><td>B. 能够借助网络、文件资料等手段查找所需信息。(10 分)</td></tr>
<tr><td>C. 能够独立完成任务。(5 分)</td></tr>
<tr><td>D. 能够检查评估工作任务，并能从个案中寻找共性。(10 分)</td></tr>
<tr><td>辅导教师关于此次任务的改进意见</td><td></td><td>总评</td><td colspan="2"></td></tr>
</table>

沥青混合料车辙试验

(1)目的与适用范围。

①本方法适用于测定沥青混合料的高温抗车辙能力,供沥青混合料配合比设计的高温稳定性检验使用。

②车辙试验的试验温度与轮压可以根据有关规定和需要选用,非经注明,试验温度为60 ℃,轮压为0.7 MPa。根据需要.如在寒冷地区也可采用45 ℃,在高温条件下采用70 ℃等,但应在报告中注明。计算动稳定度的时间原则上为试验开始后45~60 min。

(2)仪器与设备。

①车辙试验机:如图5-8所示。

图5-8 车辙试验机

②恒温室:车辙试验机必须整机安放在恒温室内,装有加热器、气流循环装置及自动温度控制设备,能保持恒温(60±1)℃(试件内部温度(60±0.5)℃),根据需要亦可为其他需要的温度,用于保温试件并进行试验。温度应能自动连续记录。

③台秤:称量15 kg,感量不大于5 g。

(3)方法与步骤。

①准备工作。

a. 试验轮接地压强测定:测定在60 ℃时进行,在试验台上放置一块50 mm厚的钢板,其上铺一张毫米方格纸,上铺一张新的复写纸,以规定的700 N荷载后试验轮静压复写纸,即可在方格纸上得出轮压面积,并由此求得接地压强。当压强不符合(0.7±0.05) MPa时,荷载应予以适当调整。

b. 按《公路工程沥青及沥青混合料试验规程》(JTJ 052—2000)用轮碾成型法制作车辙试验试块。在实验室或工地制备成型的车辙试验试件,其标准尺寸为300 mm×300 mm×50 mm,也可从路面切割得到300 mm×150 mm×50 mm的试件。

当直接在拌和厂取拌和好的沥青混合料样品制作试件检验生产配合比设计或混合料生产质量时,必须将混合料装入保温桶中,在温度下降至成型温度之前迅速送到实验室制作试件,若温度稍有不足,可放在烘箱中稍加热(时间不超过30 min)后使用。也可直接在现场用手动碾压或压路机碾压成型试件，但不得将混合料放冷却后二次加热重塑制作试件。重塑制作的试验结果仅供参考，不得用于评定配合比设计检验是否合格使用。

c. 如需要，将试模脱模，按《公路工程沥青及沥青混合料试验规程》（JTJ 052—2000）的方法测定密度及空隙率各项物理指标。如经水浸，应用电扇将其吹干，然后装回原试模中。

d. 试件成型后，连同试模一起在常温条件下放置的时间不得少于 12 h。对于聚合物改性沥青混合料，放置的时间以 48 h 为宜，使聚合物改性沥青充分固化后方可进行车辙试验，但室温放置时间也不得长于 1 周。

注：为使试件与试模紧密接触应使四边的方向位置不变。

②试验步骤。

a. 将试件连同试模一起，置于已达到试验温度（60 ± 1）℃的恒温室中，保温不少于 5 h，也不得多于 24 h。在试件的试验轮不行走的部位上，粘贴一个电热偶温度计（也可在试件制作时预先将电热隅导线埋入试件一角），控制试件温度稳定在（60 ± 0.5）℃。

b. 将试件连同试模移置于车辙试验机的试验台上，试验轮在试件的中央部位，其行走方向须与试件碾压或行车方向一致。开动车辙变形自动记录仪，然后启动试验机，使试验轮往返行走，时间约 1 h，或最大变形达到 25 mm 时为止。试验时，记录仪自动记录变形曲线（见图 5-9）及试件温度。

注：对于 300 mm 宽且试验时变形较小的试件，也可对一块试件在两侧 1/3 位置上进行两次试验取平均值。

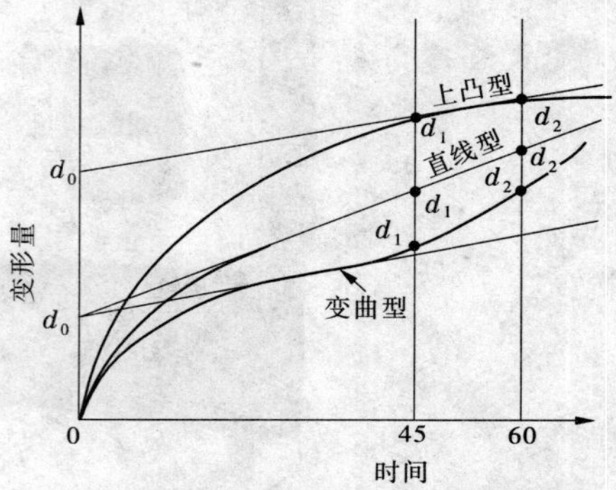

图 5-9　车辙试验自动记录的变形曲线

（4）计算。

①从车辙试验机上读取 45 min（t_1）及 60 min（t_2）时的车辙变形 d_1 及 d_2，精确至 0.01 mm。

当变形过大，在未到 60 min 变形已达 25 mm 时，则以达到 25 mm（d_2）时的时间为 t_2，将其前 15 min 为 t_1，此时的变形量为 d_1。

②沥青混合料试件的动稳定度按下式计算

$$DS = \frac{(t_2 - t_1) \times N}{d_2 - d_1} \times C_1 \times C_2 \tag{5-10}$$

式中　DS——沥青混合料的动稳定度，次/mm；

d_1——对应于时间 t_1 的变形量，mm；

d_2——对应于时间 t_2 的变形量，mm；

C_1——试验机类型修正系数，曲柄连杆驱动试件的变速行走方式为 1.0，链驱动试验轮的等速行走方式为 1.5；

C_2——试件系数，实验室制备的宽 300 mm 的试件为 1.0，从路面切割的宽 150 mm 的试件为 0.8；

N——试验轮往返碾压速度，通常为 42 次/min。

（5）报告。

①同一沥青混合料或同一路段的路面，至少平行试验 3 个试件，当 3 个试件的动稳定度变异系数小于 20% 时，取其平均值作为试验结果；当 3 个试件的动稳定度变异系数大于 20% 时

应分析原因,并追加试验。当计算动稳定度值大于6 000次/mm时,记为>6 000次/mm。

②试验报告应注明试验温度、试验轮接地压强、试件密度、空隙率及试件制作方法等。

③重复性试验动稳定度变异系数的允许差为20%。

任务实施

1 任务相关知识描述

沥青混合料车辙试验的主要过程如下:

(1)沥青混合料车辙试验目的。

(2)沥青混合料车辙试验适用范围。

(3)沥青混合料车辙试验仪器设备。

(4)沥青混合料车辙试验方法步骤。

(5)沥青混合料车辙试验结果计算。

2 信息资料收集与分组

(1)沥青混合料车辙试验仪器工具准备。

(2)沥青混合料车辙试验材料准备。

(3)青混合料车辙试验技术准备。

(4)安全操作注意事项。

(5)分组并产生组长,明确任务。

3 制定计划

(1)以小组讨论的方式制定沥青混合料车辙试验计划。

(2)与学生讨论工作计划并最终定稿。

(3)填写工作计划表(见表5-27)。

4 实施计划

(1)学生按既定工作计划完成检查并填写任务工单(见表5-28)。

(2)教师监控学生操作过程,及时更正学生的错误。

5 检查结果

(1)检查学生是否填写完整任务工单。

(2)回答学生所提出的问题。

(3)学生以小组讨论方式进行工作评估。

评价反馈

(1)对小组工作进行综合评价。

(2)提出改进意见和注意事项。

(3)填写任务评价表(见表5-29)。

表 5-27　沥青混合料车辙试验工作计划表

姓名：	学号：	班级：	组别：
任务名称			
个人工作实施计划			
小组其他计划特色点			
辅导教师意见			
个人工作实施计划定稿			

表 5-28　沥青混合料车辙试验任务工单

<table>
<tr><td>姓名：</td><td>学号：</td><td>班级：</td><td>组别：</td></tr>
<tr><td colspan="2" rowspan="2">评价等级：</td><td>教师签字：</td><td>成绩：</td></tr>
<tr><td>日期：</td><td>学时：</td></tr>
<tr><td>任务名称</td><td colspan="3">沥青混合料车辙试验</td></tr>
<tr><td>能力目标</td><td colspan="3">1. 能够说出任务目的和适用范围；
2. 能够准备任务所需仪器和材料；
3. 能够独立操作任务过程；
4. 能够正确取得任务结果；
5. 能够做好仪器保养。</td></tr>
<tr><td>任务准备</td><td colspan="3">相关仪器设备和任务试样的准备</td></tr>
<tr><td>信息获取</td><td colspan="3">1. 任务目的和适用范围(15 分)
目的：______________________________
____
____
适用范围：______________________________
____
____
2. 任务所需仪器设备(15 分)
____
____
____
____
____
____
____
______________________________</td></tr>
</table>

续表 5-28

任务操作 与要点	3. 任务准备(15 分) 4. 任务步骤(40 分) 5. 结果整理(15 分)

表 5-29　沥青混合料车辙试验任务评价表

评价内容	评价指标	评价等级		
		自我	小组	教师
专业能力	A. 具有安全、文明生产和环境保护的相关知识和技能。(10 分)			
	B. 高质量地完成工作任务,操作娴熟,任务工单得 85 分以上。(10 分)			
	C. 任务工单中数据真实,步骤完整,能用来描述整个过程。(10 分)			
	D. 具备了独立完成工作任务的能力。(10 分)			
社会能力	A. 具有良好的职业道德,遵守实验室管理规定。(5 分)			
	B. 具有较强的口头和书面表达能力,良好的人际交流沟通能力。(10 分)			
	C. 具有良好的团队合作精神和客户服务意识。(10 分)			
	D. 具有良好的心理素质和克服困难的能力。(5 分)			
方法能力	A. 能够制定完善的工作计划。(5 分)			
	B. 能够借助网络、文件资料等手段查找所需信息。(10 分)			
	C. 能够独立完成任务。(5 分)			
	D. 能够检查评估工作任务,并能从个案中寻找共性。(10 分)			
辅导教师关于此次任务的改进意见		总评		

学习任务3　压实沥青混合料密度试验

相关知识

1　其他沥青混合料

1.1　冷拌沥青混合料

冷拌沥青混合料也称常温沥青混合料，是指矿料与乳化沥青或液体沥青在常温状态下拌和、铺筑的沥青混合料。这种混合料一般比较松散，存放时间达3个月以上，可随时取料施工。

1.1.1　组成材料

冷拌沥青混合料中对矿料的要求与热拌沥青混合料大致相同，冷拌沥青混合料中的沥青可采用液体石油沥青、乳化沥青，我国普遍采用乳化沥青。乳化沥青用量应根据当地实践经验及交通量、气候、石料情况、沥青标号、施工机械等条件确定，一般较热拌沥青碎石混合料沥青用量减少15%～20%。

1.1.2　技术性质

1.1.2.1　混合料压实前的性质

(1)冷拌沥青混合料在道路铺筑前，常温条件下应保持疏松，易于施工，不易结团。

(2)冷拌沥青混合料，不能在道路修筑时达到完全固结压实的程度，而是在开放交通后，在车辆的作用下逐渐使路面固结起来，达到要求的密实度。

1.1.2.2　冷拌冷铺混合料在铺筑压实后的性质

(1)抗压强度：以标准试件($h=50$ mm，$d=50$ mm)在温度20 ℃的极限抗压强度值表示。

(2)水稳定性：以标准试件在常温下，经真空抽气1 h后的饱水率表示，其饱水率为3%～6%。

1.1.2.3　应用

冷拌沥青混合料适用于三级及三级以下公路的沥青面层、二级公路的罩面层，以及各级公路沥青路面的基层、联结层或整平层。冷拌改性沥青混合料可用于沥青路面的坑槽冷补。

1.2　桥面铺装材料

对于大中型水泥混凝土桥，为保护桥面板，应在上面铺筑沥青铺装层。铺装层应具有下列要求：沥青混凝土与桥面有良好的黏结性，能防渗、防滑以及有较高抵抗振动变形的能力，对于钢桥，还要防止钢桥面生锈。

沥青铺装层由黏层、防水层、保护层及沥青面层组成，总厚度为6～10 cm。对于潮湿多雨、纵坡度较大或设计车速较高的桥面，还应加设抗滑表层。下面分述如下。

1.2.1　黏层

黏层沥青可采用快裂的洒布型乳化沥青，或快中凝液体石油沥青、煤沥青，其种类、标号应与面层所使用沥青相同。

1.2.2 防水层

防水层厚度宜为1.0~1.5 mm,可做沥青涂胶类下封层,用高分子聚合物涂刷或铺设沥青防水卷材。

1.2.3 保护层

保护层厚度宜为1.0 cm,主要为防止损伤防水层而设置。一般采用AC-10或AC-5型沥青混凝土或单层式沥青表面处治。

1.2.4 沥青面层

沥青面层可采用高温稳定性好的AC-16或AC-20型中粒式热拌热铺沥青混凝土混合料铺筑。面层所用沥青最好为改性沥青。

1.3 水泥混凝土路面接缝材料——沥青胶粘剂

水泥混凝土路面必须修筑纵向和横向的接缝,以防受温度的影响而使路面破坏。为了使路表水不致渗入接缝而降低路面基层的稳定性,必须在这些缝的上部或全部用防水性材料——沥青胶粘剂充填。

1.3.1 沥青胶粘剂的特性

(1)沥青胶粘剂具有足够的弹性、柔韧性和黏结力。

(2)沥青胶粘剂在低温条件下,受交通的作用不产生脆裂。

(3)沥青胶粘剂具有较高的软化点(60~85 ℃)。在高温条件下,沥青胶粘剂不因软化膨胀而挤出,以适应混凝土路面接缝间距离的变化。

1.3.2 沥青胶粘剂的配合组成

水泥混凝土填缝用沥青胶粘剂可由沥青、石粉、石棉屑配制而成,其各组成材料的比例详见表5-30。

表5-30 沥青胶粘剂各组成材料比例

编号	材料组成	软化点(℃)
1	油-100,沥青60%,石粉(石灰石)20%,7级石棉屑20%	70~85
2	油-100,沥青60%,石粉(石灰石)20%,石棉屑15%,橡胶屑5%	60~70
3	油-60甲,沥青60%,石粉(石灰石)25%,7级石棉屑15%	60~65

1.3.3 沥青胶粘剂的制备

(1)首先将沥青脱水加热至140~160 ℃。

(2)称取各材料用量并拌和均匀。

(3)掺有橡胶屑或橡胶粉的胶粘剂,应先将橡胶预先溶于有机溶剂中或与少量沥青溶解,然后拌和。

(4)填缝用沥青胶粘剂亦可制成预制条,在水泥混凝土摊铺切割温度缝后进行安装,然后将胶粘剂烫平。

1.4　乳化沥青稀浆封层混合料

乳化沥青稀浆封层混合料是用适当级配的石屑或砂、填料（水泥、石灰、粉煤灰、石粉等）与乳化沥青、外加剂和水，按一定比例拌和而成的流动状态的沥青混合料，将其均匀地摊铺在路面上形成的沥青封层。

1.4.1　乳化沥青稀浆封层混合料的组成

(1)集料：必须是坚硬、耐磨、无风化并且表面干净的碱性矿料。若采用酸性矿料，须掺加消石灰或抗剥离剂。细集料可采用机制砂或石屑，不得使用天然砂。

(2)乳化沥青：常用阳离子慢凝乳液，可采用慢裂或中裂的拌和型乳化沥青，国外也较多采用改性沥青。

(3)填料：为提高集料的密实度，需掺加石灰或粉煤灰和石粉等粒径小于0.075 mm的粉料。

(4)水：为润湿集料，使稀浆混合料具有要求的流动度，需掺加适量的水。

(5)外加剂：为调节稀浆混合料的和易性和凝结时间需添加各种助剂，如氯化铵、氯化钠、硫酸铝等。

1.4.2　乳化沥青稀浆封层的配合比设计

乳化沥青稀浆封层混合料的配合比设计主要是根据不同的用途要求由室内试验而定的，应满足稀浆封层厚度、抗磨耗、抗滑、龟网裂处治、稠度、易拌和摊铺、初凝时间等性能要求。在实际工作中，一般是先根据需要初步确定配合比范围，然后进行稠度、凝结时间、养护时间、湿轮迹等试验检验配合比是否符合要求，若不符合要求则需调整配合比，直至符合要求。

1.4.3　乳化沥青稀浆封层混合料的应用

由于稀浆封层具有防水、防滑、耐磨、平整及恢复路面表面功能的作用，因此它既可作为新建、改建路面的表面磨耗层，又可作为维修旧路面病害的加铺层，还可处理路面早期病害（如磨损、老化、细小裂缝、光滑、松散等），延长路面使用寿命。

1.5　多孔隙沥青混凝土表面层（PAWC）

多孔隙沥青混凝土表面层（PAWC）或多孔隙沥青混凝土磨耗层在一些国家又称开级配磨耗层（OGFC）或称排水沥青混凝土磨耗层或透水沥青混凝土磨耗层。多孔隙沥青混凝土经压实后其空隙率为15%～30%，从而在层内形成一个水道网。

1.5.1　技术性能

(1)降低噪声。PAWC有降低噪声水平的性能，主要是由于：

①层内孔隙吸声。

②消除了轮胎与路面接触面的吸气。

③有良好的平整度。

(2)改善抗滑能力。多孔隙沥青混凝土的主要优点在于改善潮湿气候（即降雨时）条件下和高速行驶时的抗滑能力。

(3)减少行车引起的水雾。多孔隙沥青路面可以在相当程度上减少由交通引起的水雾现象，40 mm厚的多孔隙沥青足以吸收8 mm的雨量才使内部空隙趋于饱和状态。

(4)耐久性较差。多孔隙沥青混凝土的缺点是易剥落,如掺加改性剂改善沥青性质则可以延长寿命。

(5)多孔隙沥青混凝土沥青含量允许范围较小,如果沥青含量过低则集料裹覆不够或是沥青膜太薄而很快地被氧化导致路面提早破坏,沥青含量过多又会导致沥青从集料中析出,摊铺时材料中沥青含量不均匀。

1.5.2 多孔隙混合料组成和设计

多孔隙沥青混合料的组成设计目标是:保证混合料压实后具有较大的空隙率;结合料不被氧化,具有较高的耐久性;易于拌和、摊铺和压实;与普通沥青混凝土同样要求的强度、稳定性、表面抗滑性等指标。

1.5.2.1 组成材料的选择

应采用坚固、耐久性,高强度(集料压碎值不大于20%)、低扁平指数和高磨光值的碎石。混合料应具有耐久性,与填料和细料混合后有足够的黏度,以防施工中流失。采用聚合物、废橡胶粉或纤维可加强耐久性、改善抗疲劳能力和预防沥青流失。填料用熟石灰比用石灰石粉更好。

1.5.2.2 合适级配的选择

选定的矿料级配应使混合料的孔隙大于20%。通常,采用2.36~9.5 mm的间断级配的矿料,断的量值取决于所用结合料和设计的空气率。为达到目标空气率,级配中应含高比例的粗集料,大于4.75 mm的矿料含量超过75%,填料含量为2%~5%,并取决于所用结合料。

1.5.2.3 应用

由于PAMC既有利于环境,又有利于交通安全,所以从20世纪70年代末以来,在国外高等级公路上得到较多的应用,如要求低噪声的高速公路,都尽可能地使用PAWC。

1.6 多碎石沥青混凝土(SAC)

1.6.1 定义

4.75 mm以上碎石含量占主要部分的密级配沥青混凝土称为多碎石沥青混凝土。当前使用的多碎石沥青混凝土矿料组成中超过4.75 mm以上的方孔筛的碎石含量为60%(范围中值)。

1.6.2 技术性能

为了保证大量车辆在高速公路上能安全舒适地高速通行,沥青面层必须有良好的抗滑性能。面层不但要有较高的摩擦系数,而且要有较深的表面构造深度和较小的透水性。表面构造深度达不到要求是Ⅰ型沥青混凝土的明显缺点。Ⅱ型沥青混凝土碎石含量大,按级配范围的中值达60%,但其中细料和填料的含量少,因此混合料的空隙率大,透水性也大。Ⅱ型沥青混凝土的优点是表面构造深度深,能达到规定要求,而且抗变形能力较强。透水性和耐久性差是Ⅱ型沥青混凝土的最大缺点。

多碎石沥青混凝土(SAC)既具有Ⅰ型沥青混凝土的优点,又具有Ⅱ型沥青混凝土的优点,同时,它又避免了两种传统沥青混凝土各自的缺点,因而广泛应用于高速公路的表面层。

1.6.3 应用

由于多碎石沥青混凝土具有以上优点,所以目前在沪宁高速公路和长吉高速公路已得到使用，获得很好的路面使用性能。

1.7 再生沥青混合料

1.7.1 概述

再生沥青路面就是利用已破坏的旧沥青路面材料，通过添加再生剂、新沥青和新集料，合理设计配合比，重新铺筑的沥青路面。再生沥青混合料有表面处治型再生混合料、再生沥青碎石以及再生沥青混凝土三种形式；按集料最大粒径的尺寸，可以分为粗粒式、中粒式和细粒式三种；按施工温度分为热拌再生混合料和冷拌再生混合料两种，热拌再生混合料由于在热态下拌和，旧沥青和新沥青处于熔融状态，经过机械搅拌，能够充分地混和，再生效果较好，而冷拌再生沥青混合料再生效果较差，成型期较长，通常限于低交通量的道路上。

1.7.2 组成材料

再生沥青混合料由再生沥青和集料组成。再生沥青由旧沥青、添加剂以及新沥青材料组成，集料由旧集料和新集料组成。

从化学角度讲，沥青再生就是老化的逆过程。沥青老化就是沥青中化学组分含量的比值失去平衡，胶体结构产生变化，可以采用再生剂调节旧沥青（旧油）化学组分，使其达到平衡。再生剂的作用在于：

(1)调节旧沥青的黏度，使旧沥青过高的黏度降低，使过于脆硬的旧沥青混合料软化，以便于机械拌和，并同新沥青、新集料均匀混合。

(2)使老化的旧沥青中凝聚的沥青质重新分解，调节沥青的胶体结构，从而达到改善沥青流变性质的目的。

1.7.3 技术性能

(1)再生沥青混合料必须具有足够的强度和热稳定性。

(2)再生沥青混合料具有良好的低温抗裂性，低温下表现为较低的线收缩系数、较高的抗弯强度和较低的弯拉模量。

(3)再生沥青路面有足够的抗滑性和防渗性。

(4)再生沥青路面具有良好地耐久性。

(5)尽可能地使用旧路面材料，最大限度地节约沥青和砂石材料。

1.7.4 再生沥青混合料配合比设计

(1)确定旧路面材料掺配比例。

(2)选择再生剂和新沥青材料并确定其用量。

(3)选择砂石集料，确定新旧集料的配合比例。

(4)检验再生沥青品质，并确定再生混合料最佳油石比。

(5)根据路用要求，检验再生混合料的物理力学性质。

1.8 其他新型沥青混合料

1.8.1 法国的薄沥青面层

1.8.1.1 概况

法国是国际上采用薄沥青面层的代表性国家。1988 年，薄沥青面层开始被用于磨耗层的养护，然后很快就推广应用到新路面。随后，很薄沥青混凝土和超薄沥青混凝土也相继被推广使用。

由于基层沥青混凝土的模量高，超薄沥青混凝土的使用日益增多。超薄面层可以很好地解决粗糙度问题，材料的高模量保证了结构稳定性。

1.8.1.2　混合料组成

(1)级配曲线。

法国的薄沥青混凝土没有一个级配范围。薄沥青混凝土的标准只包括一根级配曲线，并且是明显的断级配。根据使用和级配要求的摊铺厚度列于表5-31中。

(2)结合料。

法国的薄沥青混凝土中不需要加纤维。

表5-31　薄沥青层的摊铺厚度

薄沥青面层类型(mm)	厚度(cm)	用量(kg/m)
0～14	3.5～5	75～125
0～10	3～4	60～100
0～6	2～3	40～70

1.8.1.3　力学性能

薄沥青混凝土标准要求15 ℃和10 Hz下的劲度模量要大于或等于5 400 MPa。在同样条件下的劲度模量大于800 MPa。

1.8.2　高模量沥青混凝土

在法国，传统的沥青胶结基层材料是最大粒径14 mm或20 mm的级配好的碎石集料，与4.5%针入度为50/70或35/50的沥青拌制而成。1980年，一个沥青混凝土承包商设计了一种沥青胶结基层材料，沥青用量为5.7%～6.0%(如同磨耗层所用)，但沥青很硬(针入度10/20)，以很硬的沥青产生了很好的抗永久形变能力和很高的劲度模量，使基层底面的拉应变较小。此外，高沥青含量产生了较高的容许疲劳应变，对于一给定的疲劳寿命，基层厚度减少30%。另外，高模量沥青混凝土的辙槽深度(仅由沥青混合料的塑性形变产生)较小。

目前，它被作为高速公路路面的加强层，用于对抗辙槽性能要求较高的路段，以及在城镇需要减薄厚度的路段。

1.8.3　超薄热拌沥青混合料面层

法国的超薄热拌沥青混合料面层厚25 mm，用砂含量少的间断级配以改善宏观表面构造，高结合料含量和聚合物改性沥青或添加纤维以改善宏观表面构造的耐久性。

由于超薄沥青混凝土的宏观构造深度好，因此它保障了行车安全。这种混合料与SMA相似，但砂含量较多，结合料含量较少，因此稳定度较好。

1988年，在法国铺筑了超薄沥青混凝土面层试验段。超薄沥青混凝土使用了聚合物改性沥青纤维，累计重车交通量为100万～500万。其抗滑性能优于传统的沥青混合料，但主要用于高速情况下。

1988 年,又开发了 15 mm 厚的热拌沥青混合料面层。此沥青混合料铺在厚黏层上(沥青乳液),其沥青用量介于传统黏层和表面处治沥青层之间。

1.8.4 粗骨架高结合料混合料(CMHB)

最近,美国得克萨斯州运输局开发了一种新型的粗骨架高结合料混合料(CMHB)设计方法,它不需要添加剂或填料。在粗骨架高结合料混合料中,集料级配设计成允许粗碎石互相接触。这样,行车荷载由粗集料承担并传递到下层路面。

由于粗碎石是混合料中主要的承担荷载的组成部分,所以这种混合料有很好的抗辙槽能力,并且不会离析。

粗骨架高结合料混合料的性能如下:

(1)耐久性较好。粗骨架高结合料混合料中,粗集料高度集中使得可以使用较多的沥青。较高的沥青含量和矿料上较厚的沥青膜将改善混合料的耐久性。

(2)增加沥青膜厚度。当粗集料含量增加时,沥青膜的厚度也增加,同时,细和中等尺寸集料减少,使混合料较易压实,更加致密。

(3)无辙槽。混合料表现好且很均匀。在摊铺混合料过程中没有产生离析,也没有产生可见辙槽。

1.8.5 水泥-乳化沥青复合结合料

水泥-乳化沥青复合结合料是在沥青中掺入水泥、石灰或采用沥青、水泥分层包裹集料的方法,在水的参与下,以期获得半刚性面层材料。选用的乳化沥青和水泥分别为基本的有机和无机结合料,最好能基于冷拌冷铺工艺进行。

乳化沥青用量增加,油灰比增大,胶砂试件的变形能力增加,脆度系数减小。另外,相同结合料用量条件下,混凝土配合比将会影响混凝土韧性大小;降低水灰比,混凝土孔隙率减小,试件强度应有所提高。但水灰比的变化对水泥-乳化沥青复合结合料混凝土的性质影响不能简单确定,应综合考虑其他因素,如密实度、成型拌和工艺等。

通过试验表明:沥青同矿料之间以及沥青同水泥之间相互作用的加强及沥青分散程度的提高,能够有效地提高混凝土抗折强度、降低脆度系数,从而增加其韧性,降低面层材料的刚度。

对于水泥-乳化沥青复合结合料,还要从成型工艺上深化研究,如采用上压、下振的成型工艺等,这样才能更好地发挥其作用。

2 任务过程

(1)目的与适用范围。

①水中重法适用于测定几乎不吸水的密实的Ⅰ型沥青混合料试件的表观相对密度或表观密度。

②当试件很密实,几乎不存在与外界连通的开口空隙时,可采用本方法测定的表观相对密度代替按表干法测定的毛体积相对密度,并据此计算沥青混合料试件的空隙率、矿料间隙率等各项体积指标。

(2)仪器与材料。

①浸水天平或电子秤:当最大称量在 3 kg 以下时,感量不大于 0.1 g;当最大称量在 3 kg

以上时，感量不大于 0.5 g；当最大称量在 10 kg 以上时，感量不大于 5 g，应有测量水中重的挂钩。

②网篮。

③溢流水箱：使用洁净水，有水位溢流装置，保持试件和网篮浸入水中后的水位一定。试验时的水温应为 15 ~ 25 ℃，并与测定密度时的水温相同。

④试件悬吊装置：天平下方悬吊网篮及试件的装置，吊线应采用不吸水的细尼龙线绳，并有足够的长度。对碾压成型机的板块状试件可用铁丝悬挂。

⑤秒表。

⑥电风扇或烘箱。

(3) 方法与步骤。

①选择适宜的浸水天平或电子秤，最大称量应不小于试件质量的 1.25 倍，且不大于试件质量的 5 倍。

②除去试件表面的浮粒，称取干燥试件的空气中质量（m_a），根据选择的天平的感量读数，精确至 0.1 g、0.5 g 或 5 g。

③挂上网篮，浸入溢流水箱的水位，调节水位，将天平调平或复零，把试件置于网篮中（注意不使水晃动），待天平稳定后立即读数，称取水中质量（m_w）。若天平读数持续变化，不能在数秒内达到稳定，说明试件有吸水情况，不适用于此法测定，应改用《公路工程沥青及沥青混合料试验规程》(JTJ 052—2000) 的方法测定。

④对于从路上钻取的非干燥试件，可先称取水中质量（m_w），然后用电风扇将试件吹干至恒重（一般不小于 12 h，当不需进行其他试验时，也可在 (60 ± 5) ℃烘箱烘干至恒重），再称取空气中质量（m_a）。

(4) 计算。

①按式 (5-11) 及式 (5-12) 计算用水中重法测定的沥青混合料试件的表观相对密度及表观密度，结果取 3 位小数

$$\gamma_a = \frac{m_a}{m_a - m_w} \tag{5-11}$$

$$\rho_a = \frac{m_a}{m_a - m_w} \times \rho_w \tag{5-12}$$

式中 γ_a——试件的表观相对密度，无量纲；

ρ_a——试件的表观密度，g/cm³；

m_a——干燥试件的空气中质量，g；

m_w——试件的水中质量，g；

ρ_w——常温水的密度，取 1 g/cm。

②当试件为几乎不吸水的密实沥青混合料时，以表观相对密度代替毛体积相对密度，按《公路工程沥青及沥青混合料试验规程》(JTJ 052—2000) 的方法计算试件的理论最大相对密度及空隙率、沥青的体积百分率、矿质集料间隙率、粗集料骨架间隙率、沥青饱和度等各项体积指标。

任务实施

1 任务相关知识描述

压实沥青混合料密度试验的主要内容如下：

(1)压实沥青混合料密度试验目的。

(2)压实沥青混合料密度试验适用范围。

(3)压实沥青混合料密度试验仪器设备。

(4)压实沥青混合料密度试验方法步骤。

(5)压实沥青混合料密度试验结果计算。

2 信息资料收集与分组

(1)压实沥青混合料密度试验仪器工具准备。

(2)压实沥青混合料密度试验材料准备。

(3)压实沥青混合料密度试验技术准备。

(4)安全操作注意事项。

(5)分组并产生组长,明确任务。

3 制定计划

(1)以小组讨论的方式制定压实沥青混合料密度试验计划。

(2)与学生讨论工作计划并最终定稿。

(3)填写工作计划表(见表5-32)。

4 实施计划

(1)学生按既定工作计划完成检查并填写任务工单(见表5-33)。

(2)教师监控学生操作过程,及时更正学生的错误。

5 检查结果

(1)检查学生是否填写完整任务工单。

(2)回答学生所提出的问题。

(3)学生以小组讨论方式进行工作评估。

评价反馈

(1)对小组工作进行综合评价。

(2)提出改进意见和注意事项。

(3)填写项目任务表(见表5-34)。

表 5-32　压实沥青混合料密度试验工作计划表

姓名：	学号：	班级：	组别：
任务名称			
个人工作实施计划			
小组其他计划特色点			
辅导教师意见			
个人工作实施计划定稿			

表 5-33　压实沥青混合料密度试验任务工单

<table>
<tr><td>姓名：</td><td>学号：</td><td>班级：</td><td>组别：</td></tr>
<tr><td colspan="2" rowspan="2">评价等级：</td><td>教师签字：</td><td>成绩：</td></tr>
<tr><td>日期：</td><td>学时：</td></tr>
<tr><td>任务名称</td><td colspan="3">压实沥青混合料密度试验</td></tr>
<tr><td>能力目标</td><td colspan="3">1. 能够说出任务目的和适用范围；
2. 能够准备任务所需仪器和材料；
3. 能够独立操作任务过程；
4. 能够正确取得任务结果；
5. 能够做好仪器保养。</td></tr>
<tr><td>任务准备</td><td colspan="3">相关仪器设备和任务试样的准备</td></tr>
<tr><td>信息获取</td><td colspan="3">1. 任务目的和适用范围(15 分)
目的：________________
____
____
适用范围：
____
____
____
2. 任务所需仪器设备(15 分)
____
____
____
____
____
____
____
________________</td></tr>
</table>

续表 5-33

任务操作与要点	3. 任务准备(15 分) 4. 任务步骤(40 分) 5. 结果整理(15 分)

表 5-34 压实沥青混合料密度试验任务评价表

评价内容	评价指标	评价等级		
		自我	小组	教师
专业能力	A. 具有安全、文明生产和环境保护的相关知识和技能。(10 分)			
	B. 高质量地完成工作任务,操作娴熟,任务工单得 85 分以上。(10 分)			
	C. 任务工单中数据真实,步骤完整,能用来描述整个过程。(10 分)			
	D. 具备了独立完成工作任务的能力。(10 分)			
社会能力	A. 具有良好的职业道德,遵守实验室管理规定。(5 分)			
	B. 具有较强的口头和书面表达能力,良好的人际交流沟通能力。(10 分)			
	C. 具有良好的团队合作精神和客户服务意识。(10 分)			
	D. 具有良好的心理素质和克服困难的能力。(5 分)			
方法能力	A. 能够制定完善的工作计划。(5 分)			
	B. 能够借助网络、文件资料等手段查找所需信息。(10 分)			
	C. 能够独立完成任务。(5 分)			
	D. 能够检查评估工作任务,并能从个案中寻找共性。(10 分)			
辅导教师关于此次任务的改进意见				
		总评		

单元6　建筑钢材试验

学习目标

1. 能熟练说出钢材的分类、钢材的表示方法。
2. 能对进场钢材外观质量检查及合格判定。
3. 熟练掌握钢筋拉伸性能、弯曲性能及硬度性能检测的方法。
4. 掌握钢筋的拉伸性能、冷弯性能及硬度性能指标。

任务描述

建筑钢材是指在建筑工程结构中使用的各种钢材，如型钢有角钢、槽钢、工字钢等，板材有厚板、中板、薄板等，钢筋有光圆钢筋和带肋钢筋等。建筑钢材具有强度高、塑性及韧性好、耐冲击、性能可靠、可加工性能好等优点，因而在建筑结构中被广泛采用。

由于桥梁结构需要承受车辆等荷载的作用，同时需要经受各种大气因素的考验，对于桥梁用钢材要求具有高的强度及良好的塑性、韧性和可焊性。

学习任务1　钢筋的拉伸试验

相关知识

1　技术性质

拉伸是建筑钢材的主要受力形式，所以拉伸性能是表示钢材性能和选用钢材的重要指标。图6-1是低碳钢受拉的应力—应变关系曲线。

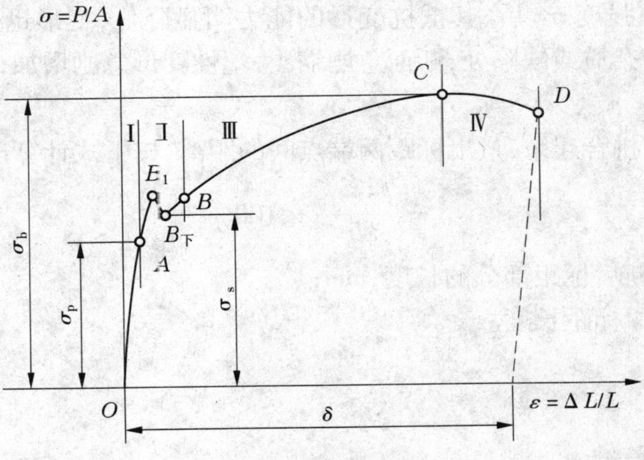

图5-1　低碳钢受拉的应力—应变图

由低碳钢在拉伸过程中形成的应力（σ）—应变（ε）关系图可知，低碳钢受拉至拉断经历了四个阶段，即弹性阶段（OA）、屈服阶段（AB）、强化阶段（BC）、颈缩阶段（CD）。

（1）弹性阶段（OA）。

在 OA 范围内应力与应变成正比例关系，如果卸去外力，试件则恢复原来的形状，这个阶段称为弹性阶段。

弹性阶段的最高点 A 所对应的应力值称为弹性极限 σ_p。当应力稍低于 A 点时，应力与应变呈线性正比例关系，其斜率称为弹性模量 E。E 反映钢材抵抗弹性变形的能力，是工程结构力学计算的基本参数。

（2）屈服阶段（AB）。

当应力超过弹性极限 σ_p 后，应力和应变不再成正比关系，开始出现明显的塑性变形，称此现象为屈服。产生屈服现象时的最小应力值即为屈服点。应力在 $B_{上}$ 至 $B_{下}$ 小范围内波动，而应变迅速增长。在 $\sigma \sim \varepsilon$ 关系图上出现了一个接近水平的线段。如果卸去外力已出现塑性变形，AB 称为屈服阶段。在屈服阶段，锯齿形的最高点所对应的应力称为屈服上限，锯齿形的最低点所对应的应力称为屈服下限。屈服上限与试验过程中的许多因素有关；屈服下限比较稳定，容易测试，所以规定以屈服下限作为钢材的屈服点 σ_s。钢材受力大于屈服点后，会出现较大的塑性变形，已不能满足使用要求，因此屈服强度是设计上钢材强度取值的依据，是工程结构计算中非常重要的一个参数。

（3）强化阶段（BC）。

当应力超过屈服强度后，由于钢材内部组织产生晶格扭曲、晶粒破碎等，阻止了塑性变形的进一步发展，钢材抵抗外力的能力重新提高。在 $\sigma \sim \varepsilon$ 关系图上形成 BC 段的上升曲线，这一过程称为强化阶段。对应于最高点 C 的应力称为抗拉强度，用 σ_b 表示，它是钢材所能承受的最大应力。抗拉强度虽然不能直接作为计算依据，但屈服强度与抗拉强度之比（屈强比）σ_s/σ_b 是评价钢材的利用率和安全可靠程度的一个参数。屈强比越小，钢材受力超过屈服点工作时的可靠性越大，安全性越高，但是，屈强比太小，钢材强度的利用率偏低，浪费材料。建筑结构钢合理的屈强比一般为 0.60～0.75。

（4）颈缩阶段（CD）

当应力达到抗拉强度 σ_b 后，其抵抗变形的能力明显降低，变形迅速发展，应力逐渐下降，试件被拉长，在有杂质或缺陷处，断面急剧缩小，塑性变形急剧增加，产生颈缩现象，并很快断裂。

将断裂后的试件拼合起来，量出标距两端点间的距离，按下式计算出伸长率 δ

$$\delta = \frac{l_1 - l_0}{l_0} \times 100\% \qquad (6\text{-}1)$$

式中 l_1——试件拉断后标距部分的长度，mm；

l_0——试件的原标距长度。

2 建筑钢材

2.1 钢材的冶炼

钢是由生铁冶炼而成的。钢和铁都是铁碳合金，钢的含碳量在 2% 以下，而生铁的含碳量大于 2%。另外，钢中的杂质含量也少于生铁。

钢的冶炼就是将熔融的生铁进行氧化,使碳的含量降低到规定范围,同时,把其他杂质含量也降低到允许范围之内。

根据炼钢设备所用炉种不同.炼钢方法主要可分为平炉炼钢、氧气转炉炼钢、空气转炉炼钢、电炉炼钢四种。

2.1.1 平炉炼钢

平炉炼钢是以熔融状或固体状生铁、铁矿石或废钢铁为原料,以煤气或重油为燃料进行冶炼。利用铁矿石中的氧或鼓入空气中的氧使杂质氧化。平炉炼钢由于熔炼时间长,化学成分可以精确控制,杂质含量少,成品质量高,可用于炼制优质碳素钢和合金钢等,但能耗大、成本高、冶炼周期长。

2.1.2 氧气转炉炼钢

氧气转炉炼钢是以熔融的铁水为原料,用纯氧代替空气,由转炉顶部吹入高压氧气,能有效地去除磷、硫等有害杂质,并且冶炼时间短(20 ~40 min),生产效率高。所以,氧气转炉钢质量好,成本低,应用广泛,常用来炼制优质碳素钢和合金钢。

2.1.3 空气转炉炼钢

空气转炉炼钢是以熔融状态的铁水为原料,在转炉底部或侧面吹入高压热空气,使杂质在空气中氧化而被除去。其缺点是在吹炼过程中,易混入空气中的氮、氢等有害气体,且熔炼时间短,化学成分难以精确控制,这种钢质量较差,但成本较低,生产效率高。

2.1.4 电炉炼钢

电炉炼钢是以生铁或废钢为原料,利用电能迅速加热,进行高温冶炼。其熔炼温度高,而且温度可以调节,清除杂质容易。因此,电炉钢的质量最好,但成本高,主要用于冶炼优质碳素钢及特殊合金钢。电炉又分为电弧炉、感应炉和电渣炉等。

在铸锭冷却过程中,由于钢内某些元素在铁的液相中的溶解度高于固相,使这些元素向凝固较迟的钢锭中心集中,导致化学成分在钢锭截面上分布不均匀,这种现象称为化学偏析,其中尤以硫、磷最为严重。偏析现象对钢的质量有很大影响。

2.2 钢材的分类

钢材用途广泛,品种繁多。为了便于管理和使用,钢材的品种必须按各种属性和标志进行归类、分组。

2.2.1 按化学成分分类

2.2.1.1 碳素钢

碳素钢的化学成分主要是铁,其次是碳,故也称铁-碳合金。其含碳量为0.02% ~2.06%。此外,尚含有极少量的硅、锰和微量的硫、磷等元素。碳素钢按含碳量又可分为低碳钢(含碳量小于0.25%)、中碳钢(含碳量为0.25% ~0.60%)、高碳钢(含碳量大于0.60%)。

2.2.1.2 合金钢

合金钢是指在炼钢过程中,有意识地加入一种或多种能改善钢材性能的合金元素而制得的钢种。常用合金元素有硅、锰、钛、钒、铌、铬等。按合金元素总含量的不同,合金钢可分为低合金钢(合金元素总含量小于5%)、中合金钢(合金元素总含量为5% ~10%)、高合金钢(合金元素总含量大于10%)。

2.2.2 按脱氧程度的不同分类

2.2.2.1 沸腾钢

炼钢时仅加入锰铁进行脱氧,则脱氧不完全。这种钢水浇入锭模时,会有大量的 CO 气体从钢水中外逸,引起钢水呈沸腾状,故称沸腾钢。

沸腾钢组织不够致密,成分不太均匀,硫、磷等杂质偏析较严重,故质量较差,但因其成本低、产量高,因此被广泛用于一般建筑工程。

2.2.2.2 镇静钢

炼钢时采用锰铁、硅铁和铝锭等作为脱氧剂,脱氧完全,同时,能起去硫作用。这种钢水铸锭时能平静地充满锭模冷却凝固,故称镇静钢。

镇静钢成本较高,但组织致密,成分均匀,性能稳定,故质量好,适用于预应力混凝土等重要的结构工程。

2.2.2.3 半镇静钢

半镇静钢脱氧程度介于沸腾钢和镇静钢之间,为质量较好的钢。

2.2.3 按品质分类

根据硫、磷有害杂质的含量不同,钢材分为普通钢、优质钢和高级优质钢等。

2.2.4 按用途分类

根据用途不同,钢材分为结构钢、工具钢和特殊钢。

2.3 钢材牌号表示方法

钢材的牌号简称钢号,是对每一种具体钢产品所取的名称,是人们了解钢的一种共同语言。凡列入国家标准和行业标准的钢铁产品,均应按《钢铁产品牌号表示方法》(GB/T 221—2000)规定的牌号表示方法编写牌号。

2.3.1 基本原则

产品牌号的表示一般采用汉语拼音字母、化学元素符号和阿拉伯数字相结合的方法,具体含义及表示方法如下:

(1)钢号中化学元素采用国际化学符号表示。

(2)采用汉语拼音字母表示产品名称、用途、特性和工艺方法时,一般从代表产品名称的汉语拼音中选取第一个字母。当和另一个产品所选用的字母重复时,改取第二个字母或第三个字母,或同时选取两个汉字中的第一个拼音字母。采用汉语拼音字母,原则上只取一个,一般不超过两个。暂时没有可采用的汉字及汉语拼音的,采用符号为英文字母。

(3)钢中主要化学元素含量(%)采用阿拉伯数字表示。

2.3.2 常用建筑钢材的牌号表示方法

2.3.2.1 碳素结构钢和低合金高强度钢

通用结构钢采用代表屈服点的拼音字母“Q”、屈服点数值(单位为 MPa)和质量等级(A、B、C、D、E)、脱氧方法(F、B、Z、TZ)等符号按顺序组成牌号,镇静钢符号“Z”和特殊镇静钢符号“TZ”可省略。根据需要,通用低合金高强度结构钢的牌号也可以采用两位阿拉伯数字(表示平均含碳量,以万分之几计)和化学元素符号按顺序表示。

2.3.2.2 优质碳素结构钢

优质碳素结构钢采用两位阿拉伯数字(表示平均含碳量,以万分之几计)或阿拉伯数字和元素符号组合成牌号。

(1)沸腾钢和半镇静钢在牌号尾部分别加符号"F"和"B"。

(2)镇静钢(S、P 含量均≤0.035%)一般不标符号。

(3)较高含锰量的优质碳素结构钢,在表示平均含碳量的阿拉伯数字后加锰元素符号。

(4)高级优质碳素结构钢(S 含量≤0.030%、P 含量≤0.030%),在牌号后加符号"A"。

(5)特级优质碳素结构钢(S 含量≤0.020%、P 含量≤0.025%),在牌号后加符号"E"。

2.3.2.3　合金结构钢

合金结构钢牌号采用两位阿拉伯数字(表示平均含碳量,以万分之几计)和标准的化学元素符号表示。合金元素含量表示方法为:当平均合金含量小于 1.50% 时,牌号中仅标明元素,一般不标明含量;当平均合金含量为 1.50% ~2.49%、2.50% ~3.49%、3.50% ~4.49%等时,在合金元素后相应写成 2、3、4 等。高级优质合金结构钢(S、P 含量均≤0.025%),在牌号尾部加符号"A"表示。特级优质合金结构钢(S 含量≤0.015%、P 含量≤0.025%),在牌号尾部加符号"E"。

2.3.2.4　焊接用钢

焊接用钢包括焊接用碳素钢、焊接用合金钢和焊接用不锈钢等,其牌号表示方法是在各类焊接用钢牌号头部加符号"H"。高级优质焊接用钢,在牌号尾部加符号"A"。

2.4　钢的化学成分对钢材性能的影响

2.4.1　碳是决定钢材性能的主要元素

随着含碳量的增加,钢的强度和硬度提高,塑性和韧性下降。但当含碳量大于 1.0% 时,由于钢材变脆,强度反而下降。含碳量对热轧碳素钢性质的影响如图 6-2 所示。

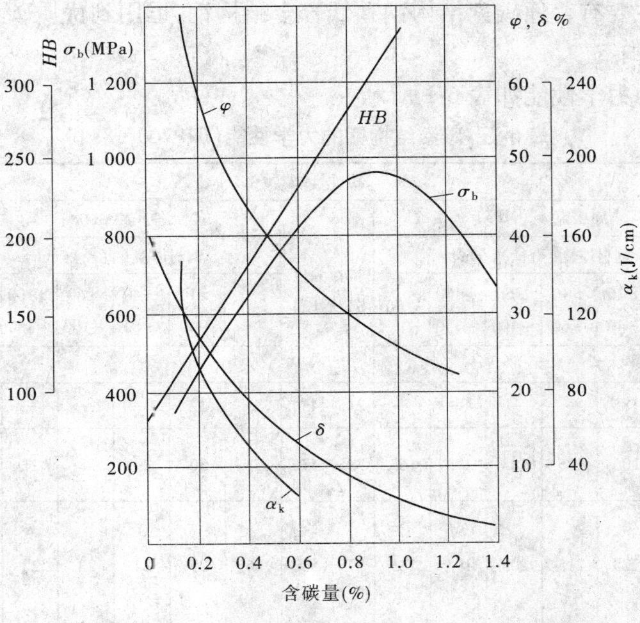

σ_b—抗拉强度;α_k—冲击韧性;HB—硬度;

δ—伸长率;φ—面积缩减率

图 6-2　含碳量对热轧碳素钢性质的影响

2.4.2 硅、锰

加入硅和锰可以与钢中有害成分 FeO 和 FeS 分别形成 SiO_2、MnO 和 MnS 而进入钢渣排出，起到脱氧、降硫的作用。

2.4.3 硫、磷

硫不溶于铁而以 FeS 的形式存在，FeS 和 Fe 形成低熔点的共晶体。当钢材温度升至 1 000 ℃以上进行热加工时，共晶体熔化，晶粒分离，使钢材沿晶界破裂，这种现象叫做热脆性。

磷能使钢的强度、硬度提高，但显著降低钢材的塑性和韧性，特别是低温状态的冲击韧性下降更为明显，使钢材容易脆裂，这种现象叫做冷脆性。

2.4.4 氧、氮

未除尽的氧、氮大部分以化合物的形式存在，如 FeO、Fe_4N 等。这些非金属化合物、夹杂物降低了钢材的强度、冷弯性能和焊接性能。氧还使钢的热脆性增加，氮使冷脆性及时效敏感性增加。

2.4.5 钛、钒、铌

钛、钒、铌是钢的强脱氧剂和合金元素，能改善钢的组织、细化晶粒、改善韧性，并显著提高强度。

2.5 建筑钢材的技术标准及选用

建筑工程中需要消耗大量的钢材，按用于不同的工程结构类型可分为钢结构用钢（如各种型钢、钢板、钢管等）、钢筋混凝土工程用钢（如各种钢筋和钢丝）。

从材质上分主要有普通碳素结构钢和低合金结构钢，也用到优质碳素结构钢。

2.5.1 碳素结构钢

碳素结构钢的力学性能如表 6-1 所示。

表 6-1 碳素结构钢的力学性能（GB 700—88）

牌号	等级	拉伸性能														冲击试验	
		屈服点 σ_s（MPa）						抗拉强度 σ_b（MPa）	伸长率 δ（%）						温度（℃）	V 型冲击功（纵向）（J）
		钢材厚度（直径）（mm）							钢材厚度（直径）（mm）							
		≤16	>16~40	>40~60	>60~100	>100~150	>150		≤16	>16~40	>40~60	>60~100	>100~150	>150		
		≥							≥							≥
Q195	—	(195)	(185)	—	—	—	—	315~430	33	32	—	—	—	—	—	—
Q215	A B	215	205	195	185	175	165	335~450	31	30	29	28	27	26	— 20	— 27
Q235	A B C D	235	225	215	205	195	185	375~500	26	25	24	23	22	21	— 20 0 -20	— 27
Q255	A B	255	245	235	225	215	205	401~550	24	23	22	21	20	19	— 20	— 27
Q275	—	275	265	255	245	235	225	490~630	20	19	18	17	16	15	—	—

碳素结构钢随牌号的增大，含碳量增加，其强度和硬度提高，塑性和韧性降低，冷弯性能逐渐变差。

Q195、Q215 号钢强度低，塑性和韧性较好，易于冷加工，常用于轧制薄板和盘条，制造钢钉、铆钉、螺栓及铁丝等。Q215 号钢经冷加工后可代替 Q235 号钢使用。Q235 号钢是建筑工程中应用最广泛的钢，属低碳钢，具有较高的强度，良好的塑性、韧性及可焊性，综合性能好，能满足一般钢结构和钢筋混凝土用钢要求，且成本较低，大量被用于轧制各种型钢、钢板及钢筋。Q255、Q275 号钢强度较高，但塑性、韧性较差，可焊性也差，不易焊接和冷弯加工，可用于轧制钢筋、螺栓配件等，但更多用于机械零件和工具等。

2.5.2 低合金高强度结构钢

低合金高强度结构钢综合性能较为理想，尤其是在大跨度、承受动荷载和冲击荷载的结构中更适用，而且与使用碳素钢相比，可节约钢材 20% ~30%，但成本并不很高。低合金高强度结构钢的化学成分和力学性能分别如表 6-2 和表 6-3 所示。

表 6-2 低合金高强度结构钢的化学成分

牌号	质量等级	化学成分(%)										
		C ≤	Mn	Si	P ≤	S ≤	V	Nb	Ti	Al ≥	Cr ≤	Ni ≤
Q295	A	0.16	0.80 ~1.50	0.55	0.045	0.045	0.02 ~0.15	0.015 ~0.060	0.02 ~0.20	—		
	B	0.16	0.80 ~1.50	0.55	0.040	0.040	0.02 ~0.15	0.015 ~0.060	0.02 ~0.20	—		
Q345	A	0.20	1.00 ~1.60	0.55	0.045	0.045	0.02 ~0.15	0.015 ~0.060	0.02 ~0.20	—		
	B	0.20	1.00 ~1.60	0.55	0.040	0.040	0.02 ~0.15	0.015 ~0.060	0.02 ~0.20	—		
	C	0.20	1.00 ~1.60	0.55	0.035	0.035	0.02 ~0.15	0.015 ~0.060	0.02 ~0.20	0.015		
	D	0.18	1.00 ~1.60	0.55	0.030	0.030	0.02 ~0.15	0.015 ~0.060	0.02 ~0.20	0.015		
	E	0.18	1.00 ~1.60	0.55	0.025	0.025	0.02 ~0.15	0.015 ~0.060	0.02 ~0.20	0.015		
Q390	A	0.20	1.00 ~1.60	0.55	0.045	0.045	0.02 ~0.20	0.015 ~0.060	0.02 ~0.20	—	0.30	0.70
	B	0.20	1.00 ~1.60	0.55	0.040	0.040	0.02 ~0.20	0.015 ~0.060	0.02 ~0.20	—	0.30	0.70
	C	0.20	1.00 ~1.60	0.55	0.035	0.035	0.02 ~0.20	0.015 ~0.060	0.02 ~0.20	0.015	0.30	0.70
	D	0.20	1.00 ~1.60	0.55	0.030	0.030	0.02 ~0.20	0.015 ~0.060	0.02 ~0.20	0.015	0.30	0.70
	E	0.20	1.00 ~1.60	0.55	0.025	0.025	0.02 ~0.20	0.015 ~0.060	0.02 ~0.20	0.015	0.30	0.70
Q420	A	0.20	1.00 ~1.70	0.55	0.045	0.045	0.02 ~0.20	0.015 ~0.060	0.02 ~0.20	—	0.40	0.70
	B	0.20	1.00 ~1.70	0.55	0.040	0.040	0.02 ~0.20	0.015 ~0.060	0.02 ~0.20	—	0.40	0.70
	C	0.20	1.00 ~1.70	0.55	0.035	0.035	0.02 ~0.20	0.015 ~0.060	0.02 ~0.20	0.015	0.40	0.70
	D	0.20	1.00 ~1.70	0.55	0.030	0.030	0.02 ~0.20	0.015 ~0.060	0.02 ~0.20	0.015	0.40	0.70
	E	0.20	1.00 ~1.70	0.55	0.025	0.025	0.02 ~0.20	0.015 ~0.060	0.02 ~0.20	0.015	0.40	0.70
Q460	C	0.20	1.00 ~1.70	0.55	0.035	0.035	0.02 ~0.20	0.015 ~0.060	0.02 ~0.20	0.015	0.70	0.70
	D	0.20	1.00 ~1.70	0.55	0.030	0.030	0.02 ~0.20	0.015 ~0.060	0.02 ~0.20	0.015	0.70	0.70
	E	0.20	1.00 ~1.70	0.55	0.025	0.025	0.02 ~0.20	0.015 ~0.060	0.02 ~0.20	0.015	0.70	0.70

低合金高强度结构钢的性能和应用如下所述：

表 6-3　低合金高强度结构钢的力学性能

牌号	质量等级	屈服点 σ_s(MPa)				抗拉强度 σ_b(MPa)	伸长率 δ_5(%)	V型冲击功(A_k)(纵向)(J)				180°弯曲试验 d—弯心直径 a—试件厚度(直径)	
		厚度(直径、边长)(mm)						+20 ℃	0 ℃	-20 ℃	-40 ℃	钢材厚度(直径)(mm)	
		≤15	>16~35	>35~50	>50~100							≤16	>16~100
		≥					≥						
Q295	A	295	275	255	235	390~570	23					$d=2a$	$d=3a$
	B	295	275	255	235	390~570	23	34				$d=2a$	$d=3a$
Q345	A	345	325	295	275	470~630	21					$d=2a$	$d=3a$
	B	345	325	295	275	470~630	21	34				$d=2a$	$d=3a$
	C	345	325	295	275	470~630	22		34			$d=2a$	$d=3a$
	D	345	325	295	275	470~630	22			34		$d=2a$	$d=3a$
	E	345	325	295	275	470~630	22				27	$d=2a$	$d=3a$
Q390	A	390	370	350	330	490~650	19					$d=2a$	$d=3a$
	B	390	370	350	330	490~650	19	34				$d=2a$	$d=3a$
	C	390	370	350	330	490~650	20		34			$d=2a$	$d=3a$
	D	390	370	350	330	490~650	20			34		$d=2a$	$d=3a$
	E	390	370	350	330	490~650	20				27	$d=2a$	$d=3a$
Q420	A	420	400	380	360	520~680	18					$d=2a$	$d=3a$
	B	420	400	380	360	520~680	18	34				$d=2a$	$d=3a$
	C	420	400	380	360	520~680	19		34			$d=2a$	$d=3a$
	D	420	400	380	360	520~680	19			34		$d=2a$	$d=3a$
	E	420	400	380	360	520~680	19				27	$d=2a$	$d=3a$
Q460	C	460	440	420	400	550~720	17					$d=2a$	$d=3a$
	D	460	440	420	400	550~720	17		34	34		$d=2a$	$d=3a$
	E	460	440	420	400	550~720	17				27	$d=2a$	$d=3a$

(1)Q295 号钢中含有少量的合金元素,强度不高,但有良好的塑性、冷弯性能、焊接性能及耐蚀性能,主要用于建筑工程中对强度要求不高的一般工程结构。

(2)Q345、Q390 号钢综合力学性能好,焊接性能、冷热加工性能和耐蚀性能均好,C、D、E 级钢具有良好的低温韧性,主要用于工程中承受较高荷载的焊接结构。

(3)Q420、Q460 号钢强度高,特别是在热处理后有较高的综合力学性能,主要用于大型工程结构及荷载大的轻型结构。

2.5.3 热轧钢筋的技术要求

热轧钢筋的技术要求如表 6-4 所示。

表 6-4 热轧钢筋的技术要求

牌号	外形	钢种	公称直径(mm)	屈服强度(MPa)	抗拉强度(MPa)	伸长率 δ_5(%)	冷弯性能	
				≥			角度(°)	弯心直径
HPB235	光圆	低碳钢	8~20	235	370	25	180	$d=a$
HRB335	月牙肋	低碳低合金钢	6~25	335	490	16	180	$d=3a$
			28~50					$d=4a$
HRB400			6~25	400	570	14	180	$d=4a$
			28~50					$d=5a$
HRB500	等高肋	中碳低合金钢	6~25	500	630	12	180	$d=6a$
			28~50					$d=7a$

热轧光圆钢筋的强度较低,但塑性及焊接性能很好,便于各种冷加工,因而广泛用做普通钢筋混凝土构件的受力筋及各种钢筋混凝土结构的构造筋;HRB335 和 HRB400 钢筋强度较高,塑性和焊接性能也较好,故广泛用做大中型钢筋混凝土结构的受力筋;HRB500 钢筋强度高,但塑性和焊接性能较差,可用做预应力钢筋。

3 任务过程

建筑钢材拉伸试验

(1)任务目的。

建筑钢材拉伸试验用于测定钢材的屈服强度、抗拉强度及伸长率三项力学性能指标。

(2)仪器设备。

①各种类型拉力试验机均可使用。试验机应按照相应的标准进行检验,并应为 1 级或优于 1 级准确度。

②各种类型的引伸计均可用以测定试样的伸长。测定上屈服强度、下屈服强度、规定非比例延伸强度等的性能,应使用不劣于 1 级准确度的引伸计;测定抗拉强度、断后伸长率等

其他具有较大延伸率的材料拉伸性能时，应使用不劣于 2 级准确度的引伸计。

(3)方法步骤。

①根据试样的形状、尺寸和预计材料的抗拉强度来估算最大拉力，并以此力作为示力盘量程的 40% ~80%，以选择合适的示力盘和相应的摆锤。然后，选用与试样相适应的夹具。

②在试样的原始标距长度 L_0 范围内用划线机等分 10 个分格线，以便观察标距范围内沿轴向变形的情况和试样破坏后测定断后延伸率。

③根据国家标准《金属室温拉伸试验方法》(GB/T 228—2002)中的规定，测定试样原始横截面面积。本次试验采用圆形试样，应在标距的两端及中间处的两个相互垂直的方向上各测一次横截面直径，取其算术平均值，选用三处测得的直径最小值，并以此值计算横截面面积。

④安装试样，依据万能材料试验机的操作规程进行操作，将示力盘指针调零，并将自动绘图装置调好。经指导教师检查后即可开始试验。

⑤加载试验，在试验过程中，要求均匀缓慢地进行加载。对于低碳钢试样的拉伸试验，要注意观察拉伸过程四个阶段中的各种现象，并记下屈服荷载 F_{el} 值，最大荷载 F_m 值。对于铸铁试样，只需测定其最大荷载 F_m 值。试样被拉断后立即停机，并取下试样。

⑥对于拉断后的低碳钢试样，要分别测量断裂后的标距 L_U 和颈缩处的最小直径 d_U。测定 L_U 的方法为将试样断裂后的两段在断口处紧密地对接起来：

a. 如果试样断口断在试样中部，直接测量原标距两端的距离作为断后的标距。

b. 若断口处到最邻近标距端线的距离小于 $L_0/3$，则需要用移位法来计算 L_U。其方法是：在长段上从拉断处 O 取基本等于短段格数得 B 点，接着取等于长段所余格数(偶数，见图 6-3(a))的一半，得 C 点；或者取所余格数(奇数，图 6-3(b))分别减 1 与加 1 的一半，得 C 和 C_1 点。移位后的 L_1 分别为 $AB+2BC$ 或者 $AB+BC+BC_1$。

测定断面收缩率时，在试样颈缩最小处两个相互垂直的方向上测量其直径 d_1，取其算术平均值作为 d_1 计算其断面收缩率。

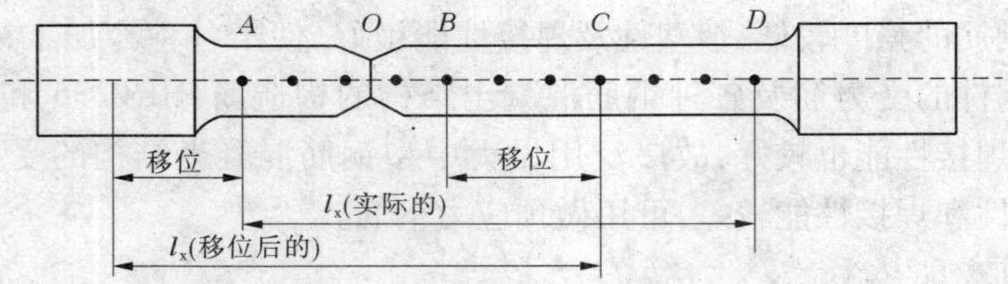

(a)余格为偶数

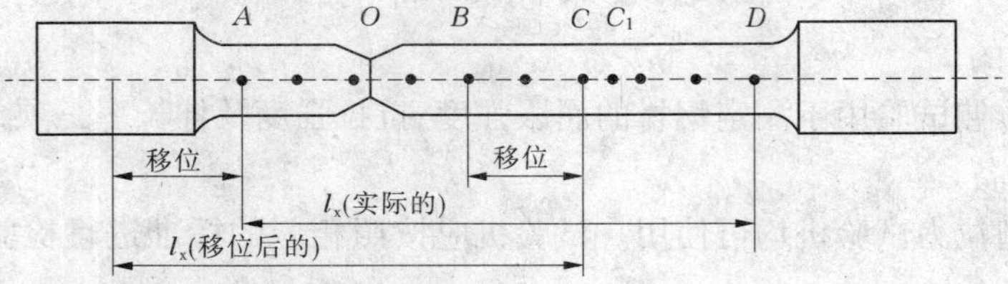

(b)余格为奇数

图 6-3　用移位法确定断后延伸率

任务实施

1 任务相关知识描述

建筑钢材拉伸试验的主要过程如下：

(1)建筑钢材拉伸试验目的。

(2)建筑钢材拉伸试验适用范围。

(3)建筑钢材拉伸试验仪器设备。

(4)建筑钢材拉伸试验方法步骤。

(5)建筑钢材拉伸试验结果计算。

2 信息资料收集与分组

(1)建筑钢材拉伸试验仪器工具准备。

(2)建筑钢材拉伸试验材料准备。

(3)建筑钢材拉伸试验技术准备。

(4)安全操作注意事项。

(5)分组并产生组长,明确任务。

3 制定计划

(1)以小组讨论的方式制定建筑钢材拉伸试验计划。

(2)与学生讨论工作计划并最终定稿。

(3)填写工作计划表(见表6-5)。

4 实施计划

(1)学生按既定工作计划完成检查并填写任务工单(见表6-6)。

(2)教师监控学生操作过程,及时更正学生的错误。

5 检查结果

(1)检查学生是否填写完整任务工单。

(2)回答学生所提出的问题。

(3)学生以小组讨论方式进行工作评估。

评价反馈

(1)对小组工作进行综合评价。

(2)提出改进意见和注意事项。

(3)填写任务评价表(见表6-7)。

表 6-5　建筑钢材拉伸试验工作计划表

姓名：		学号：	班级：	组别：
任务名称				
个人工作实施计划				
小组其他计划特色点				
辅导教师意见				
个人工作实施计划定稿				

表 6-6　建筑钢材拉伸试验任务工单

姓名：	学号：	班级：	组别：
评价等级：		教师签字：	成绩：
		日期：	学时：
任务名称	建筑钢材拉伸试验		
能力目标	1. 能够说出任务目的和适用范围； 2. 能够准备任务所需仪器和材料； 3. 能够独立操作任务过程； 4. 能够正确取得任务结果； 5. 能够做好仪器保养。		
任务准备	相关仪器设备和任务试样的准备		
信息获取	1. 任务目的和适用范围(15 分) 目的：________________ ________________ ________________ 适用范围：________________ ________________ ________________ 2. 任务所需仪器设备(15 分) ________________ ________________ ________________ ________________ ________________ ________________ ________________ ________________		

续表 6-6

任务操作与要点	3. 任务准备(15 分) 4. 任务步骤(40 分) 5. 结果整理(15 分)

表 6-7　建筑钢材拉伸试验任务评价表

评价内容	评价指标	评价等级		
		自我	小组	教师
专业能力	A. 具有安全、文明生产和环境保护的相关知识和技能。(10 分)			
	B. 高质量地完成工作任务,操作娴熟,任务工单得 85 分以上。(10 分)			
	C. 任务工单中数据真实,步骤完整,能用来描述整个过程。(10 分)			
	D. 具备了独立完成工作任务的能力。(10 分)			
社会能力	A. 具有良好的职业道德,遵守实验室管理规定。(5 分)			
	B. 具有较强的口头和书面表达能力,良好的人际交流沟通能力。(10 分)			
	C. 具有良好的团队合作精神和客户服务意识。(10 分)			
	D. 具有良好的心理素质和克服困难的能力。(5 分)			
方法能力	A. 能够制定完善的工作计划。(5 分)			
	B. 能够借助网络、文件资料等手段查找所需信息。(10 分)			
	C. 能够独立完成任务。(5 分)			
	D. 能够检查评估工作任务,并能从个案中寻找共性。(10 分)			
辅导教师关于此次任务的改进意见		总评		

学习任务2　建筑钢材冷弯试验

相关知识

1　技术性质

冷弯性能是指钢材在常温条件下承受规定弯曲程度的弯曲变形的能力，并且是显示缺陷的一种工艺性能，是建筑钢材的重要工艺性能。

钢材的冷弯性能指标是用弯曲角度和弯心直径对试件厚度（直径）的比值来衡量的。试验时采用的弯曲角度越大，弯心直径对试件厚度（直径）的比值越小，表示对冷弯性能的要求越高。

钢材的冷弯性能是塑性变形能力的反映。

冷弯试验是一种工艺试验。借此可了解受测试钢材对某种工艺加工适合的程度。钢材含碳、含磷量较高，或曾经不正常的热处理，则冷弯试验往往不能合格，故钢筋和桥梁建筑用钢等常做此种试验。

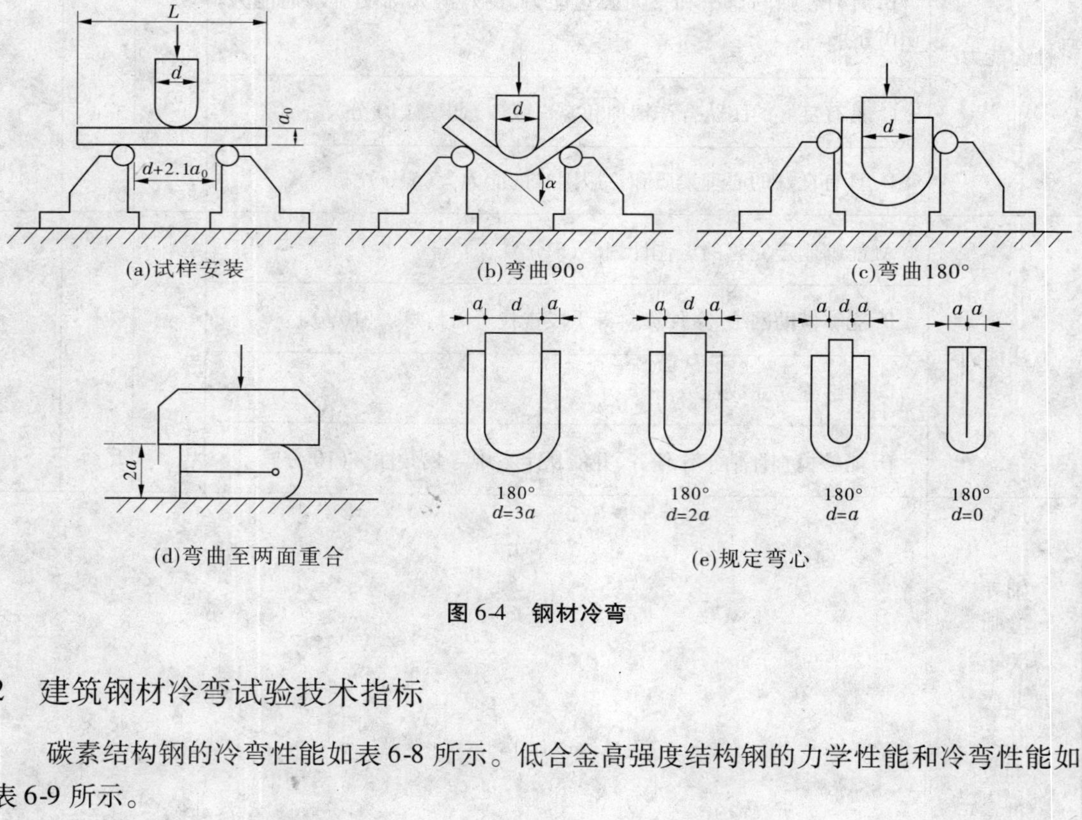

图6-4　钢材冷弯

2　建筑钢材冷弯试验技术指标

碳素结构钢的冷弯性能如表6-8 所示。低合金高强度结构钢的力学性能和冷弯性能如表6-9 所示。

3　建筑钢材的评定标准

评定试验结果时，若无裂纹、裂缝或裂断，则评定试件合格。

表 6-8　碳素结构钢的冷弯性能(GB 700—88)

牌号	试样方向	冷弯试验 $B=2a$,180°		
		钢材厚度(直径)(mm)		
		60	>60~100	>100~120
		弯心直径 d		
Q195	纵	0	—	—
	横	0.5a		
Q215	纵	0.5a	1.5a	2a
	横	a	2a	2.5a
Q235	纵	a	2a	2.5a
	横	1.5a	2.5a	3a
Q255	—	2a	3a	3.5a
Q275	—	3a	4a	4.5a

注:B 为试样宽度;a 为钢材厚度。

表 6-9　低合金高强度结构钢的力学性能和冷弯性能

牌号	质量等级	屈服点 σ_s(MPa)				抗拉强度 σ_b(MPa)	伸长率 δ_5(%)	V 型冲击功(A_k)(纵向)(J)				180°弯曲试验 d—弯心直径 a—试件厚度(直径)	
		厚度(直径、边长)(mm)						+20℃	0℃	−20℃	−40℃	钢材厚度(直径)(mm)	
		≤15	>16~35	>35~50	>50~100		≥	≥				≤16	>16~100
		≥											
Q295	A	295	275	255	235	390~570	23					$d=2a$	$d=3a$
	B	295	275	255	235	390~570	23	34				$d=2a$	$d=3a$
Q345	A	345	325	295	275	470~630	21					$d=2a$	$d=3a$
	B	345	325	295	275	470~630	21	34				$d=2a$	$d=3a$
	C	345	325	295	275	470~630	22		34			$d=2a$	$d=3a$
	D	345	325	295	275	470~630	22			34		$d=2a$	$d=3a$
	E	345	325	295	275	470~630	22				27	$d=2a$	$d=3a$
Q390	A	390	370	350	330	490~650	19					$d=2a$	$d=3a$
	B	390	370	350	330	490~650	19	34				$d=2a$	$d=3a$
	C	390	370	350	330	490~650	20		34			$d=2a$	$d=3a$
	D	390	370	350	330	490~650	20			34		$d=2a$	$d=3a$
	E	390	370	350	330	490~650	20				27	$d=2a$	$d=3a$
Q420	A	420	400	380	360	520~680	18					$d=2a$	$d=3a$
	B	420	400	380	360	520~680	18	34				$d=2a$	$d=3a$
	C	420	400	380	360	520~680	19		34			$d=2a$	$d=3a$
	D	420	400	380	360	520~680	19			34		$d=2a$	$d=3a$
	E	420	400	380	360	520~680	19				27	$d=2a$	$d=3a$
Q460	C	460	440	420	400	550~720	17					$d=2a$	$d=3a$
	D	460	440	420	400	550~720	17		34	34		$d=2a$	$d=3a$
	E	460	440	420	400	550~720	17				27	$d=2a$	$d=3a$

(1)完好:试件弯曲处的外表面金属基本上无肉眼可见因弯曲变形产生的缺陷。

(2)微裂纹:试件弯曲外表面金属基本上出现细小裂纹,其长度不大于 2 mm,宽度不大于0.2 mm。

(3)裂纹:试件弯曲外表面金属基本上出现裂纹,其长度大于 2 mm 而小于或等于 5 mm,宽度大于 0.2 mm 而小于或等于 0.5 mm。

(4)裂缝:试件弯曲外表面金属基本上出现明显开裂,其长度大于5 mm,宽度大于0 .5 mm。

(5)裂断:试件弯曲外表面出现沿宽度贯穿的开裂,其深度超过试件厚度的 1/3。

注:在微裂纹、裂纹、裂缝中规定的长度和宽度,只要有一项达到某规定范围,即应按该级评定。

4 任务过程

建筑钢材冷弯试验

(1)任务目的。

冷弯试验是测定金属承受规定弯曲程度的弯曲变形性能,通过检验钢筋的工艺性能评定钢筋的质量。掌握 GB/T 232—1999 钢筋弯曲(冷弯)性能的测试方法和钢筋质量的评定方法,正确使用仪器设备,并观察其是否有裂纹、起层或断裂等情况。

(2)适用范围。

本方法不适用于金属管材和金属焊接接头的弯曲试验。

(3)仪器设备。

万能机:附有冷弯支座和弯心,冷弯支座和弯心顶端圆柱应有一定的硬度,一面受压变形,亦可采用冷弯试验机。

(4)方法步骤。

①试样制备。

a. 试验使用圆形、方形、矩形或多边形横截面的试样。直径为 d 的圆钢,边长为 a 的方钢,或宽度小于 100 mm、厚度为 a 的钢板,试件长度 $l \approx 5a + 150$ mm,宽度为 $b = 2a$,并且 b 不小于 10 mm。

b. 样坯的切取位置和方向应按照相关产品标准的要求进行。试件可由试样两端或边部截取,切割线与试件实际边距离不小于 10 mm。试样中间 1/3 范围内不准有凿冲等工具刻痕或压痕。试件的弯曲外表面不得有划痕和损伤。

c. 试样加工时,应去除剪切或火焰切割等形成的影响区域。

d. 当钢筋直径小于 35 mm 时,不需加工,直接试验;若试验机能量允许,直径不大于 50 mm 的试件亦可用全截面的试件进行试验。

e. 当钢筋直径大于 35 mm 时,应加工成直径 25 mm 的试件。加工时应保留一侧原表面,弯曲试验时,原表面应位于弯曲的外侧。

f. 弯曲试件长度根据试件直径和弯曲试验装置而定。

②任务步骤。

以采用支辊式弯曲装置为例介绍试验步骤与要求。

a. 试样放置于两个支点上,将一定直径的弯心在试样两个支点中间施加压力,使试样弯曲到规定的角度,或出现裂纹、裂缝、断裂为止。

b. 试样在两个支点上按一定弯心直径弯曲至两臂平行时,可一次完成试验,也可先弯曲至 90°,然后放置在试验机平板之间继续施加压力,压至试样两臂平行。

c. 试验时应在平稳压力作用下，缓慢施加试验力。

d. 弯心直径必须符合相关产品标准中的规定，弯心宽度必须大于试样的宽度或直径，两支辊间的距离为$(d+30)\pm0.50$ mm，并且在试验过程中不允许有变化。

e. 试验应在10～35 ℃下进行，在控制条件下，试验在(23±2) ℃下进行。

f. 卸除试验力以后，按有关规定进行检查并进行结果评定。

任务实施

1 任务相关知识描述

建筑钢材冷弯试验的主要过程如下：

(1)建筑钢材冷弯试验目的。

(2)建筑钢材冷弯试验适用范围。

(3)建筑钢材冷弯试验仪器设备。

(4)建筑钢材冷弯试验方法步骤。

(5)建筑钢材冷弯试验结果计算。

2 信息资料收集与分组

(1)建筑钢材冷弯试验仪器工具准备。

(2)建筑钢材冷弯试验材料准备。

(3)建筑钢材冷弯试验技术准备。

(4)安全操作注意事项。

(5)分组并产生组长，明确任务。

3 制定计划

(1)以小组讨论的方式制定建筑钢材冷弯试验计划。

(2)与学生讨论工作计划并最终定稿。

(3)填写工作计划表(见表6-10)。

4 实施计划

(1)学生按既定工作计划完成检查并填写任务工单(见表6-11)。

(2)教师监控学生操作过程，及时更正学生的错误。

5 检查结果

(1)检查学生是否填写完整任务工单。

(2)回答学生所提出的问题。

(3)学生以小组讨论方式进行工作评估。

评价反馈

(1)对小组工作进行综合评价。

(2)提出改进意见和注意事项。

(3)填写任务评价表(见表6-12)。

表 6-10 建筑钢材冷弯试验工作计划表

姓名：		学号：	班级：	组别：
任务名称				
个人工作实施计划				
小组其他计划特色点				
辅导教师意见				
个人工作实施计划定稿				

表 6-11　建筑钢材冷弯试验任务工单

<table>
<tr><td>姓名：</td><td>学号：</td><td>班级：</td><td>组别：</td></tr>
<tr><td colspan="2" rowspan="2">评价等级：</td><td>教师签字：</td><td>成绩：</td></tr>
<tr><td>日期：</td><td>学时：</td></tr>
<tr><td>任务名称</td><td colspan="3">建筑钢材冷弯试验</td></tr>
<tr><td>能力目标</td><td colspan="3">1. 能够说出任务目的和适用范围；
2. 能够准备任务所需仪器和材料；
3. 能够独立操作任务过程；
4. 能够正确取得任务结果；
5. 能够做好仪器保养。</td></tr>
<tr><td>任务准备</td><td colspan="3">相关仪器设备和任务试样的准备</td></tr>
<tr><td>信息获取</td><td colspan="3">1. 任务目的和适用范围(15 分)
目的：________________
____
____
适用范围：________________
____
____
2. 任务所需仪器设备(15 分)
____
____
____
____
____
____
____
________________</td></tr>
</table>

续表 6-11

任务操作与要点	3. 任务准备(15 分) 4. 任务步骤(40 分) 5. 结果整理(15 分)

表 6-12　建筑钢材冷弯试验任务评价表

评价内容	评价指标	评价等级		
		自我	小组	教师
专业能力	A. 具有安全、文明生产和环境保护的相关知识和技能。(10 分)			
	B. 高质量地完成工作任务，操作娴熟，任务工单得 85 分以上。(10 分)			
	C. 任务工单中数据真实，步骤完整，能用来描述整个过程。(10 分)			
	D. 具备了独立完成工作任务的能力。(10 分)			
社会能力	A. 具有良好的职业道德，遵守实验室管理规定。(5 分)			
	B. 具有较强的口头和书面表达能力，良好的人际交流沟通能力。(10 分)			
	C. 具有良好的团队合作精神和客户服务意识。(10 分)			
	D. 具有良好的心理素质和克服困难的能力。(5 分)			
方法能力	A. 能够制定完善的二作计划。(5 分)			
	B. 能够借助网络、文件资料等手段查找所需信息。(10 分)			
	C. 能够独立完成任务。(5 分)			
	D. 能够检查评估工作任务，并能从个案中寻找共性。(10 分)			
辅导教师关于此次任务的改进意见		总评		

学习任务3　建筑钢材硬度试验

相关知识

1　技术性质

硬度是指钢材抵抗较硬物体压入产生局部变形的能力,特别是抵抗塑性变形、压痕或划痕的能力,它是衡量材料软硬的指标。

硬度试验简便易行,基本无损于零件,因此作为金属材料性能检测的主要手段,在生产和科研中得到十分广泛的应用。硬度试验也反映了钢材的耐磨性能。测定钢材硬度采用压入法,即以一定的静荷载 P,把一定的压头压在金属表面,通过测定压痕的面积或深度来确定硬度,如图 6-5 所示。

材料的强度越高,塑性变形抵抗力越强,硬度值也就越大。钢材的 HB 值与抗拉强度之间有一定的相关关系,其经验关系式:当 $HB<175$ 时,$\sigma_b \approx 0.36HB$;当 $HB>175$ 时,$\sigma_b \approx 0.35HB$。

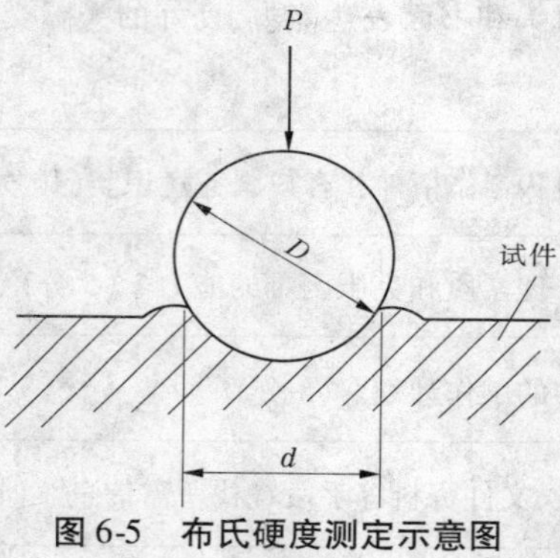

图 6-5　布氏硬度测定示意图

2　测定方法

按压头或压力不同,有布氏法、洛氏法、维氏法等,相应的硬度试验指标分别称布氏硬度(HB)、洛氏硬度(HR)和维氏硬度。布氏硬度法较准确,但压痕较大,不宜用于成品检验;洛氏硬度法的压痕小,所以常用于判断工件的热处理效果。

2.1　布氏硬度

布氏硬度数值通过布氏硬度试验测定。

布氏法是用一直径为 D 的硬质钢球,在荷载 P(N)的作用下压入试件表面,经规定的时间后卸去荷载,用读数放大镜测出压痕直径 d,以压痕表面积(mm^2)除荷载 P,即为布氏硬度值 HB。使用淬火钢球压头时用符号 HBS,使用硬质合金球压头时用符号 HBW。HB 值越大,表示钢材越硬。

当 P、D 一定时,布氏硬度值仅与压痕直径 d 的大小有关。

布氏硬度习惯上只写出硬度值而不必注明单位,其标注方法是,符号 HBS 或 HBW 之前为硬度值,符号后面按顺序用数值表示试验条件。

布氏硬度值的测量误差小,数据稳定,重复性强。

2.2 洛氏硬度

洛氏硬度值由洛氏硬度试验测定。

2.2.1 洛氏硬度试验原理与方法

洛氏硬度试验是在初始试验力 F_0 及总试验力 F_1 的先后作用下,将压头(金刚石圆锥或钢球)压入被测材料或零件表面,经规定保持时间后,卸除主试验力,用测量的残余压痕深度增量计算硬度值的一种压痕硬度试验方法。三种常用洛氏硬度中,以 *HRC* 应用最多。

2.2.2 表面洛氏硬度

由于洛氏硬度试验所用荷载较大,不宜测定极薄零件和表面硬化层(如渗氮及金属镀层)的硬度,因此根据洛氏硬度的试验原理,发展了表面洛氏硬度试验。

表面洛氏硬度用符号 *HR* 表示,*HR* 前面为硬度数值,*HR* 后面为使用的标尺。

2.2.3 洛氏硬度试验的特点及应用

洛氏硬度法测定简单,方便快捷,可直接从表盘上读出硬度数值,压痕小,多用来测试较硬材料的硬度或成品零件的硬度;测试范围大,能测定较薄零件的硬度。测定结果波动较大,稳定性较差,故需测试三点,取其算术平均值,一般不适宜测试组织不均匀的材料。

2.3 维氏硬度

维氏硬度是将相对面夹角为136°的正四棱锥体金刚石压头以选定的试验力(49.03 ~ 980.7 N)压入被测材料或零件表面,经规定保持时间后卸除试验力,用测量的压痕对角线长度计算硬度的一种压痕硬度试验。

维氏硬度的表示符号为 *HV*,测量范围是 5 ~ 1 000,标注方法与布氏硬度相同。值写在符号的前面,试验条件写在符号的后面。当钢及铸铁的试验力保持时间为 10 ~ 15 s 时,可以不标出。例如:640*HV*30 表示用 294.2 N(30kgf)试验力保持 10 ~ 15 s 测定的维氏硬度值为 640。

维氏硬度的适用范围广,从极软到极硬的材料都可以测量。

2.4 里氏硬度简介

里氏硬度为用规定质量的冲击体在弹力作用下以一定速度冲击被测材料或零件表面,用冲头在被测材料或零件表面 1 mm 处的回弹速度与冲击速度的比值计算硬度值。其表示符号为 *HL*。

2.5 硬度指标的实用性

硬度实际上反映了金属材料的综合力学性能。常常把硬度判据作为唯一的力学性能指标予以标注,作为检验零件质量的依据。

耐磨性是材料抵抗磨损的一种性能指标,可用磨损量表示。

本试验只介绍生产上常用的布氏硬度试验法和洛氏硬度试验法。

3 任务过程

建筑钢材硬度试验

(1)任务目的。

①布氏硬度试验法。

了解布氏硬度的试验原理和应用范围，掌握布氏硬度试验计的基本构造和操作方法。

试验时，根据被测的材料不同，球直径、试验力及试验力保持时间按表 6-13 选择。

表 6-13　布氏硬度试验规范

金属种类	布氏硬度范围 *HBS*(*HBW*)	试样厚度(mm)	$0.102P/D^2$	球的直径(mm)	试验力 *P* (kN)(kgf)	试验力保持时间(s)
黑色金属	140 ~ 450	6 ~ 3 4 ~ 2 <2	30	10.0 5.0 2.5	29.42(3 000) 7.355(750) 1.839(187.5)	12
	<140	>6 6 ~ 3	10	10.0 5.0	9.807(1 000) 2.452(250)	12
非铁金属	>130	6 ~ 3 4 ~ 2 <2	30	10.0 5.0 2.5	29.42(3 000) 7.355(750) 1.839(187.5)	30
	36 ~ 130	9 ~ 3 6 ~ 3	10	10.0 5.0	9.807(1 000) 2.452(250)	30
	8 ~ 35	>6	2.5	10.0	2.452(250)	60

②洛氏硬度试验法。

了解洛氏硬度的试验原理和应用范围，掌握洛氏硬度试验计的基本构造和操作方法。

硬度值可直接从硬度计表盘上读出。

试验时，根据被测的材料不同、压头的类型、试验力及按表 6-14 选择，对应的洛氏硬度标尺为 HRA、HRB、HRC 三种。

表 6-14　常用三种洛氏硬度试验规范

符号	压头类型	荷载(kgf)	硬度有效范围	使用范围
HRA	120°金刚石圆锥体	60	70 ~ 85	适用于测量硬质合金钢表面淬火层或渗碳层
HRB	直径为 1.588 mm 钢球	100	25 ~ 100（相当 *HB*60 ~ 230）	适用于测量非铁金属退火、正火等
HRC	120°金刚石圆锥体	150	20 ~ 67（相当 *HB*230 ~ 700）	适用于调质钢、淬火钢等

（2）适用范围。

作为金属材料性能检测的主要手段，在生产和科研中得到十分广泛应用。

(3)试验设备和消耗材料。

①布氏硬度试验法。

a. 布氏硬度试验计 2 台。

b. 读数显微镜 4 台。

c. 中碳钢(退火状态)、灰口铸铁、非铁金属试样各若干个。试样应制成光滑平面,其表面粗糙度 R_a 不应大于 3.2 μm,若球直径为 2.5 mm,试样表面粗糙度 R_a 不应大于 1.6 μm,以使压痕边缘清晰,保证测量结果的准确性,试样表面应无氧化皮、电镀层、脱碳层、渗碳层以及表面受热、加工硬化或其他污物。

②洛氏硬度试验法。

a. 洛氏硬度试验计 2 台。

b. 各种硬度值的试样若干块。试样表面必须平整光洁,不得有油污、氧化物、加工痕迹,试样应安放稳固。距边缘距离应大于 3 mm,相邻压痕应保持较大间距。

(4)方法步骤。

①布氏硬度试验法。

a. 熟悉布氏硬度试验计的操作规程。

b. 试验应在 10 ~ 30 ℃温度下进行。

c. 根据预计硬度,选择试样厚度、钢球直径、荷载及保持时间。硬度大于 450*HBS* 的材料不得用布氏硬度法测定,以避免钢球变形开裂,测试结果不准确。

d. 将试样平稳放置在钢球下方的工作台上,顺时针转动升降手轮,使试样与钢球接触,直到手轮与升降螺母产生相对运动。

e. 启动加载电动机,将预选荷载加到试样上并保持一定时间。

f. 逆时针旋转手轮 ,取下试样。

g. 用读数显微镜在两个相互垂直的方向上测量压痕直径,并求出其平均值。

h. 根据平均压痕直径由上述公式计算可得,或由表 6-13 中直接查出 *HBS*(*HBW*)值。

i. 填写试验报告。

②洛氏硬度试验法。

a. 试验应在 10 ~ 30 ℃温度下进行。

b. 根据试样材料、形状和大小,按表 6-14 常用三种洛氏硬度试验规范选择压头、试验力。

c. 将试样平稳放置在工作台上,顺时针转动手轮,使试样升起与压头接触,当表盘上小针移动至红点处后停止转动手轮。此时,大指针应垂直向上指向 B 与 C 处,左右偏移不超过 5 格。试样此时即已施加了 100 N 的初荷载。应当注意的是,试样上各压痕中心的距离及压痕中心至试样边缘的距离均不得小于 3 mm。

d. 调整读数表盘 ,使大指针对准“0”位。

e. 平稳地操纵手柄,向后推倒,加上主试验力,待大指针停住后,保持试验力 10 s,再将手柄扳回,卸除主试验力。

f. 读硬度值。表盘上大指针指示的数字即为硬度读数。

g. 逆时针转动手轮,降下工作台,取下试样。

h. 用同样方法在试样的不同位置再测 2 个数据,取其算术平均值即为该试样的硬度。

i. 当 3 个值相差过于悬殊时,应予以重测。

j. 填写试验报告。

任务实施

1 任务相关知识描述

建筑钢材硬度试验的主要过程如下:

(1)建筑钢材硬度试验目的。

(2)建筑钢材硬度试验适用范围。

(3)建筑钢材硬度试验仪器设备。

(4)建筑钢材硬度试验方法步骤。

(5)建筑钢材硬度试验结果计算。

2 信息资料收集与分组

(1)建筑钢材硬度试验仪器工具准备。

(2)建筑钢材硬度试验材料准备。

(3)建筑钢材硬度试验技术准备。

(4)安全操作注意事项。

(5)分组并产生组长,明确任务。

3 制定计划

(1)以小组讨论的方式制定建筑钢材硬度试验计划。

(2)与学生讨论工作计划并最终定稿。

(3)填写工作计划表(见表 6-15)。

4 实施计划

(1)学生按既定工作计划完成检查并填写任务工单(见表 6-16)。

(2)教师监控学生操作过程,及时更正学生的错误。

5 检查结果

(1)检查学生是否填写完整任务工单。

(2)回答学生所提出的问题。

(3)学生以小组讨论方式进行工作评估。

评价反馈

(1)对小组工作进行综合评价。

(2)提出改进意见和注意事项。

(3)填写任务评价表(见表 6-17)。

表 6-15　建筑钢材硬度试验工作计划表

姓名：	学号：	班级：	组别：
任务名称			
个人工作实施计划			
小组其他计划特色点			
辅导教师意见			
个人工作实施计划定稿			

表 6-16　建筑钢材硬度试验任务工单

<table>
<tr><td>姓名：</td><td>学号：</td><td>班级：</td><td>组别：</td></tr>
<tr><td colspan="2" rowspan="2">评价等级：</td><td>教师签字：</td><td>成绩：</td></tr>
<tr><td>日期：</td><td>学时：</td></tr>
<tr><td>任务名称</td><td colspan="3">建筑钢材硬度试验</td></tr>
<tr><td>能力目标</td><td colspan="3">1. 能够说出任务目的和适用范围；
2. 能够准备任务所需仪器和材料；
3. 能够独立操作任务过程；
4. 能够正确取得任务结果；
5. 能够做好仪器保养。</td></tr>
<tr><td>任务准备</td><td colspan="3">相关仪器设备和任务试样的准备</td></tr>
<tr><td>信息获取</td><td colspan="3">1. 任务目的和适用范围(15 分)
目的：________________
____
____
适用范围：________________
____
____
2. 任务所需仪器设备(15 分)
____
____
____
____
____
____
____
________________</td></tr>
</table>

续表 6-16

任务操作与要点	3. 任务准备(15 分) 4. 任务步骤(40 分) 5. 结果整理(15 分)

表 6-17　建筑钢材硬度试验任务评价表

<table>
<tr><th rowspan="2">评价内容</th><th rowspan="2">评价指标</th><th colspan="3">评价等级</th></tr>
<tr><th>自我</th><th>小组</th><th>教师</th></tr>
<tr><td rowspan="4">专业能力</td><td>A. 具有安全、文明生产和环境保护的相关知识和技能。(10 分)</td><td rowspan="4"></td><td rowspan="4"></td><td rowspan="4"></td></tr>
<tr><td>B. 高质量地完成工作任务,操作娴熟,任务工单得 85 分以上。(10 分)</td></tr>
<tr><td>C. 任务工单中数据真实,步骤完整,能用来描述整个过程。(10 分)</td></tr>
<tr><td>D. 具备了独立完成工作任务的能力。(10 分)</td></tr>
<tr><td rowspan="4">社会能力</td><td>A. 具有良好的职业道德,遵守实验室管理规定。(5 分)</td><td rowspan="4"></td><td rowspan="4"></td><td rowspan="4"></td></tr>
<tr><td>B. 具有较强的口头和书面表达能力,良好的人际交流沟通能力。(10 分)</td></tr>
<tr><td>C. 具有良好的团队合作精神和客户服务意识。(10 分)</td></tr>
<tr><td>D. 具有良好的心理素质和克服困难的能力。(5 分)</td></tr>
<tr><td rowspan="4">方法能力</td><td>A. 能够制定完善的工作计划。(5 分)</td><td rowspan="4"></td><td rowspan="4"></td><td rowspan="4"></td></tr>
<tr><td>B. 能够借助网络、文件资料等手段查找所需信息。(10 分)</td></tr>
<tr><td>C. 能够独立完成任务。(5 分)</td></tr>
<tr><td>D. 能够检查评估工作任务,并能从个案中寻找共性。(10 分)</td></tr>
<tr><td>辅导教师关于此次任务的改进意见</td><td></td><td colspan="2">总评</td><td></td></tr>
</table>

参考文献

[1] 中华人民共和国行业标准. JTG E42—2005 公路工程集料试验规程[S]. 北京:人民交通出版社,2005.

[2] 中华人民共和国行业标准. JTG B01—2003 公路工程技术标准[S]. 北京:人民交通出版社,2004.

[3] 中华人名共和国行业标准. JTG E41—2005 公路工程岩石试验规程[S]. 北京:人民交通出版社,2005.

[4] 中华人民共和国行业标准. GB/T 14685—2001 建筑用砂[S]. 北京:中国标准出版社,2001.

[5] 中华人民共和国行业标准. GB/T 14685—2001 建筑用卵石、碎石[S]. 北京:中国标准出版社,2001.

[6] 中华人民共和国国家标准. GB 175—2007 通用硅酸盐水泥[S]. 北京:中国标准出版社,2007.

[7] 中华人民共和国行业标准. JTJ 057—94 公路工程无机结合料稳定材料试验规程[S]. 北京:人民交通出版社,2007.

[8] 中华人名共和国国家标准. GB/T 17671—1999 水泥胶砂强度标准试验规程(ISO 法)[S]. 北京:中国标准出版社,1999.

[9] 中华人民共和国行业标准. JGJ 55—2000 普通混凝土配合比设计规程[S]. 北京:中国建筑工业出版社,2001.

[10] 中华人民共和国行业标准. JTG E30—2005 公路工程水泥及水泥混凝土试验规程[S]. 北京:人民交通出版社,2005.

[11] 中华人民共和国国家标准. GB/T 50081—2002 普通混凝土力学性能试验方法标准[S]. 北京:中国计划出版社,1991.

[12] 中华人民共和国国家标准. GBJ 97—94 水泥混凝土施工及验收规范[S]. 北京:中国计划出版社,1994.

[13] 中华人民共和国行业标准. JTG F30—2003 公路水泥混凝土路面施工技术规范[S]. 北京:人民交通出版社,2003.

[14] 中华人民共和国行业标准. JTG D40—2002 公路水泥混凝土路面施工技术规范[S]. 北京:人民交通出版社,2002.

[15] 中华人民共和国行业标准. JTG D62—2004 公路钢筋混凝土及预应力混凝土桥涵设计规范[S]. 北京:人民交通出版社,2004.

[16] 中华人民共和国行业标准. JGJ 98—2000 砌筑砂浆配合比设计规程[S]. 北京:中国建筑工业出版社,2001.

[17] 中华人民共和国行业标准. JGJ/T 70—2009 建筑砂浆基本性能试验方法[S]. 北京:中国建筑工业出版社,2009.

[18] 中华人民共和国行业标准. JTJ 052—2000 沥青与沥青混合料试验规程[S]. 北京:人民交通出版社,2000.

[19] 中华人民共和国国家标准. GBJ 92—96 沥青路面施工及验收规范[S]. 北京:中国计划出版社,1994.

[20] 中华人民共和国国家标准. JTG F40—2004 公路沥青路面施工技术规范[S]. 北京:人民交通出版社,2004.

[21] 中华人民共和国国家标准. JTJ 041—2000 公路桥涵施工技术规范[S]. 北京:人民交通出版社,2000.

[22] 中华人民共和国国家标准. JTJ 034—2000 公路路面基层施工技术规范[S]. 北京:人民交通出版社,2000.

[23] 中华人民共和国国家标准. GB/T 228—2002 金属材料室温拉伸试验方法[S]. 北京:中国标准出版社,2002.

[24] 中华人民共和国国家标准. GB/T 232—1999 金属材料弯曲试验方法[S]. 北京:中国标准出版社,1999.

[25] 中华人民共和国国家标准. GB 1499.1—2008 钢筋混凝土用钢第 1 部分热轧光圆钢筋[S]. 北京:中

国标准出版社,2008.
[26] 中华人民共和国国家标准. GB 1499.2—2007 钢筋混凝土用钢第 2 部分热轧带肋钢筋[S]. 北京:中国标准出版社,2007.
[27] 中国人民共和国国家标准. GB 13788—2008 冷轧带肋钢筋[S]. 北京:中国标准出版社,2007.
[28] 严家伋. 道路建筑材料[M]. 北京:中国人民交通出版社,1996.
[29] 李立寒,张南鹭. 道路建筑材料[M]. 北京:人民交通出版社,2004.
[30] 郃连河. 道路建筑材料[M]. 北京:人民交通出版社,1999.
[31] 杨云芳. 公路建筑材料[M]. 北京:人民交通出版社,1998.
[32] 申爱琴. 水泥与水泥混凝土[M]. 北京:人民交通出版社,2000.
[33] 吴初航,等. 水泥混凝土路面施工及新技术[M]. 北京:人民交通出版社,2000.
[34] 殷岳川. 公路沥青路面施工[M]. 北京:人民交通出版社,2000.
[35] 吴科如,张雄. 土木工程[M]. 上海:同济大学出版社,2003.
[36] 西安建筑科技大学,等. 建筑材料[M]. 北京:中国建筑工业出版社,1997.
[37] 习应祥等. 建筑材料[M]. 长沙:湖南大学出版社,1997.
[38] 张登良. 沥青路面[M]. 北京:人民交通出版社,1998.
[39] 刘秉京. 混凝土技术[M]. 北京:人民交通出版社,1998.
[40] 沙爱民. 半刚性路面[M]. 北京:人民交通出版社,1998.
[41] 沙庆林. 高等级公路半刚性基层沥青路面[M]. 北京:人民交通出版社,1998.
[42] 姜志青. 道路建筑材料试验实训指导[M]. 北京:人民交通出版社,2006.
[43] 王春阳. 建筑材料[M]. 北京:高等教育出版社,2002.
[44] 林祖宏. 建筑材料[M]. 北京:北京大学出版社,2008.